高等职业教育土木建筑类专业新形态教材

山东省职业教育教学改革研究重点项目（立项编号2017051）

房屋建筑构造

主　编　侯志杰

副主编　隋浩智　董玉罡　吕新华

参　编　朱　峰　张　蓓　颜　晗

主　审　王东军

北京理工大学出版社

BEIJING INSTITUTE OF TECHNOLOGY PRESS

内 容 提 要

本书基于建筑施工工作过程化和理实一体化教学任务进行编写，强调职业能力本位，以成果产出为导向，打破传统学科理论体系内容编排顺序，以完整项目为载体，掌握认知不同结构建筑的内部构造，更利于学生全面、系统、完整地掌握建筑施工工艺及流程，更加接近于将来岗位工作实际。全书分为6个项目，主要内容包括建筑认知、砖混结构建筑构造认知、框架结构建筑构造认知、剪力墙结构建筑构造认知、传统木结构建筑构造认知、钢结构工业厂房认知。

本书可作为高职高专院校建筑工程技术、建设工程管理、工程造价、建筑装饰工程技术等专业的教材，也可供建筑工程施工技术人员和建筑设计人员使用参考。

图书在版编目（CIP）数据

房屋建筑构造 / 侯志杰主编.—北京：北京理工大学出版社，2022.6重印
ISBN 978-7-5682-7560-6

Ⅰ.①房…　Ⅱ.①侯…　Ⅲ.①建筑构造－高等学校－教材　Ⅳ.①TU22

中国版本图书馆CIP数据核字（2019）第202586号

出版发行 / 北京理工大学出版社有限责任公司
社　　址 / 北京市海淀区中关村南大街5号
邮　　编 / 100081
电　　话 / （010）68914775（总编室）
　　　　　（010）82562903（教材售后服务热线）
　　　　　（010）68944723（其他图书服务热线）
网　　址 / http://www.bitpress.com.cn
经　　销 / 全国各地新华书店
印　　刷 / 北京紫瑞利印刷有限公司
开　　本 / 787毫米×1092毫米　1/16
印　　张 / 13
字　　数 / 283千字
版　　次 / 2022年6月第1版第3次印刷
定　　价 / 36.00元

责任编辑 / 江　立
文案编辑 / 江　立
责任校对 / 周瑞红
责任印制 / 边心超

图书出现印装质量问题，请拨打售后服务热线，本社负责调换

FOREWORD 前言

历经五载，五易其稿，这本教材就要出版了。五年前第一次教授《建筑构造》这门课程，鉴于课程内容体系的编排有了编写这本书的初衷。从给 2012 级建筑设计专业学生讲授《中国古建筑构造技术》课程入手，转向给建筑工程技术、建设工程管理、工程造价专业的同学讲授《建筑构造》，期间发现两者之间有些许联系和传承，传统和现代没有完全隔离：基础方面，传统的满堂红基础、条形基础，现在都还在采用；中国传统古建筑木构架体系，“墙倒屋不塌”，抗震性能得到世人的公认，同样的原理在钢筋混凝土框架结构体系中也得到了体现与传承，墙体作为填充墙仅仅起到了围挡、分隔空间和隔音的效果，墙体作为非承重墙即使倒了，房子还是不会倒掉，抗震性由此得到了完美诠释。社会在发展，技术在更新，通过材料的置换，将木材变为钢筋混凝土，将圆柱变为方柱便于施工的框架结构体系，传统木构架装配式理念得到了很好的继承与发展，前辈大国工匠大师们的智慧得以延续。

砖混结构建筑认知是学生学习这门课程的基础，钢结构建筑独成体系，木结构建筑作为传统得到保护与传承；框架—剪力墙结构体系建筑利用新材料、新技术进行革新，是一次质的跨越，当前得到广泛的运用；装配式建筑受到国家的重视而有了较大的发展。建筑功能、建造技术在传承与创新中不断得到优化，智慧建筑、绿色节能建筑，为人们的生产、生活创造了无限的美好与舒适性。

本书编写基于建筑施工管理的工作过程化，按照建筑施工的流程，以一个完整的结构体系建筑（砖混、框架、框剪、木结构、钢结构）的建造为蓝本，从地基→基础→墙体→门窗→楼梯→楼板→屋顶构造讲起，从培养学生学习兴趣入手，通过虚拟仿真技术手段了解整座建筑的构造形式，结合建筑施工工序，让学生迅速建立起一套完整的建筑建造理念。通过清晰掌握不同建筑类型的不同构造和建造内容，尽快掌握建筑构造基本知识，为顺利进入其他课程的学习打好坚实的基础。

本书共分六大部分，主要内容包括建筑基础知识认知、砖混结构建筑认知、框架结构建筑认知、剪力墙结构建筑认知、传统木结构建筑认知、钢结构建筑认知。本书按照循序渐进，由易到难的顺序编写，由于各个学校的课时授课时数不一样，前四个项目为建筑构造必学内容，后两个项目可根据课时多少灵活处理，部分选学。

本书与以往本专科的建筑构造教材编写体系不同，但传统的教学内容都会得以在每个项目中得到很好的诠释与仿真实训。该课程体系基于工作过程化和理实一体化教学，认知与实训交错进行，基于传统又有所创新。虚拟仿真教学方面选择 SketchUp 软件完成教学演示与实训。

本书由潍坊工程职业学院侯志杰担任主编并负责全书统稿，由潍坊工程职业学院隋浩智、山东华邦建设集团董玉罡、潍坊工程职业学院吕新华担任副主编；具体编写分工如下：侯志杰编写项目 1、项目 2 和项目 5，隋浩智编写项目 3，董玉罡编写项目 4，吕新华编写项目 6 并对本书的教学课件进行了统一整理，山东商务职业学院朱峰、济南工程职业技术学院张蓓、枣庄职业学院颜晗参与了本书部分项目的编写工作。全书由潍坊工程职业学院王东军主审。山东天元建设集团、山东华邦建设集团、山东青州国泰置业有限公司为本书提供了大量工地案例图片，在此表示衷心的感谢。

本教材为山东省职业教育教学改革重点资助项目教研成果之一，项目编号 2017051。

为了方便教师教学和学生自主学习，本书免费提供电子教学课件和网络课后自测题，如有需要可与本书编者取得联系进行索取（E-mail：121288499@qq.com）。与本书配套使用的相关素材资源，读者可访问 https://pan.baidu.com/s/1MMR2Y8nh9oIjj2c5vcFSPg（提取码：zvx1）进行下载。

本书在编写过程中边用边改，参阅了大量的文献资料和图稿，部分图片除了个人到工地现场拍摄外皆来自互联网和相关兄弟院校实训基地，在此一并对原作者和提供人辛勤的付出表示真诚的感谢和深深的敬意！

虽经长时间的修改，书中仍有许多不足之处，敬请各位专家、同仁和读者批评指正。

编　者

CONTENTS

目录

CONTENTS

项目 1　建筑认知

情境导入

“国家大剧院中心建筑为半椭球形钢结构壳体，东西长轴的长度为 212.2 m，南北短轴的长度为 143.64 m，高为 46.68 m。整个壳体风格简约大气，其表面由 18 398 块钛金属板和1 226 块超白透明玻璃组成，两种材质经巧妙拼接呈现出唯美的曲线，营造出舞台帷幕徐徐拉开的视觉效果。”当我们仅仅看到这样的文字描述而没有见过实物时，是无法想象出国家大剧院到底是什么样子的。只有理论联系实际，多看一些建筑视频与图片或现场实地观摩以后才会对整个建筑及内外部结构布局有所了解，这样学习起来才更有意义，印象才更加深刻。

图 1-1 所示为国家大剧院夜景。

图 1-1　国家大剧院夜景

单元教学导航

项目 认知 任务	认知 1.1　建筑构造组成认知	项目 实训 任务	实训　了解 SketchUp 虚拟仿真软件
	认知 1.2　建筑基础知识认知		实训　虚拟仿真软件 SketchUp 的基本操作
	认知 1.3　如何判别建筑物的结构形式		实训　校园或施工工地参观实训
	认知 1.4　变形缝认知		实训　变形缝绘制实训
建议课时	8 课时	建议课时	8 课时
任务描述	了解建筑构造的基本组成及建筑的分类、变形缝知识，能够判别建筑物的结构形式		
教学载体	教学 PPT 课件及教材相关内容；校园建筑、校内实训中心或建筑工地现场		
教学目标	知识目标	1. 掌握建筑的概念，了解建筑的构成要素； 2. 掌握建筑的分类及等级划分； 3. 了解建筑构造的基本组成部分，掌握建筑设计的模数及建造原则； 4. 了解建筑的结构形式	
	能力目标	1. 能够通过学习建筑的基础知识及分类，进行建筑物的识别与选型，解决不同建筑物的结构选型问题。 2. 具备根据建筑物的规模大小及使用功能确定建筑结构的能力	
过程设计	知识引导→分组学习、讨论和收集资料→制作 PPT、集中汇报→教师点评或总结；任务布置→参观考察→学生编写实训报告→提交评价		
教学方法	结合视频和图片加以讲解的多媒体教学法、项目教学法、案例教学法、现场教学法		
学习课时	16 课时		

认知 1.1　建筑构造组成认知

认知 1.1.1　什么是建筑

生活中会看到各种不同的建筑，试分析图 1-2 所示建筑的功能与作用。

图 1-2 不同的建筑

(a)住宅；(b)写字楼；(c)教学楼；(d)大坝；(e)烟囱；(f)桥梁

广义来讲，建筑是为满足人们的功能需求，按照美学原则，运用当前的物质技术条件，通过空间划分，构筑的人工空间环境。

具体来讲，建筑是人类为满足生产、生活和社会活动，运用一定的建造技术，使用建筑材料建造的房屋或构筑物。建筑是建筑物与构筑物的总称。

建筑物是供人们在其中生产、生活、学习、工作的实用空间实体(房屋、房子)；构筑物是人们为满足生产、生活需要建造的一些工程设施，如桥梁、堤坝、水塔、烟囱、蓄水池等，人们一般不直接在构筑物内生产、生活。

建筑也可以理解为从事房屋建造及其他土木工程建造施工活动。

认知 1.1.2 建筑构造的基本组成

房屋建筑由多个部分组成，其中基础、墙体、楼地层、楼梯、屋顶和门窗是房屋建筑的主要组成部分，如图 1-3 和图 1-4 所示。它们在不同的部位发挥着各自的作用。

使用 SketchUp 软件打开资源“砖混结构建筑”和“框架结构建筑”建筑模型，可以 360°观看两种不同结构建筑的构造。

一般民用建筑是由基础、墙体、楼板、楼梯、屋顶和门窗等组成。

(1)基础。基础是墙体和柱子地面以下的放大部分，承受房屋建筑的全部荷载，并传递给下面的土层——地基。基础的形式是根据上部建筑物的构造形式和地基的好坏程度而确定的。

(2)墙体或柱。墙体或柱布置在房屋的内部和四周，其主要作用是承受屋顶和楼板等构件的活荷载和自重、分隔内外部空间和抵抗自然环境的侵蚀。

有时墙体也包含柱子，柱子的主要作用是承重；墙体的主要作用是承重、围护和分隔。

(3)楼板与地坪层。楼板与地坪层是房屋建筑水平方向的构件，主要承受人、家具和设备的重量，分隔高度空间。

(4)楼梯。楼梯布置在房屋建筑的中部或两侧，是联系上、下楼层的垂直交通设施。

(5)屋顶。屋顶是房屋建筑顶部的水平构件，主要承受雨雪和上人荷载，进行保温、隔热、防排水和围护。屋顶的主要作用是承重和围护。

(6)门窗。门窗布置在墙上的适当部位。门的主要作用是交通联系、分隔和疏散，兼采光、通风；窗的主要作用是采光、通风和眺望。它们还有分隔和围护的作用。

一栋房屋建筑除上述六大基本构件外，根据使用要求还有一些其他构件，如阳台、雨篷、台阶、烟道和排气管道等。其中，将墙、柱、梁、楼板、屋架等承重构件称为建筑构件，而地面、墙面、屋面、门窗、栏杆、花格、细部装修等则称为建筑配件。

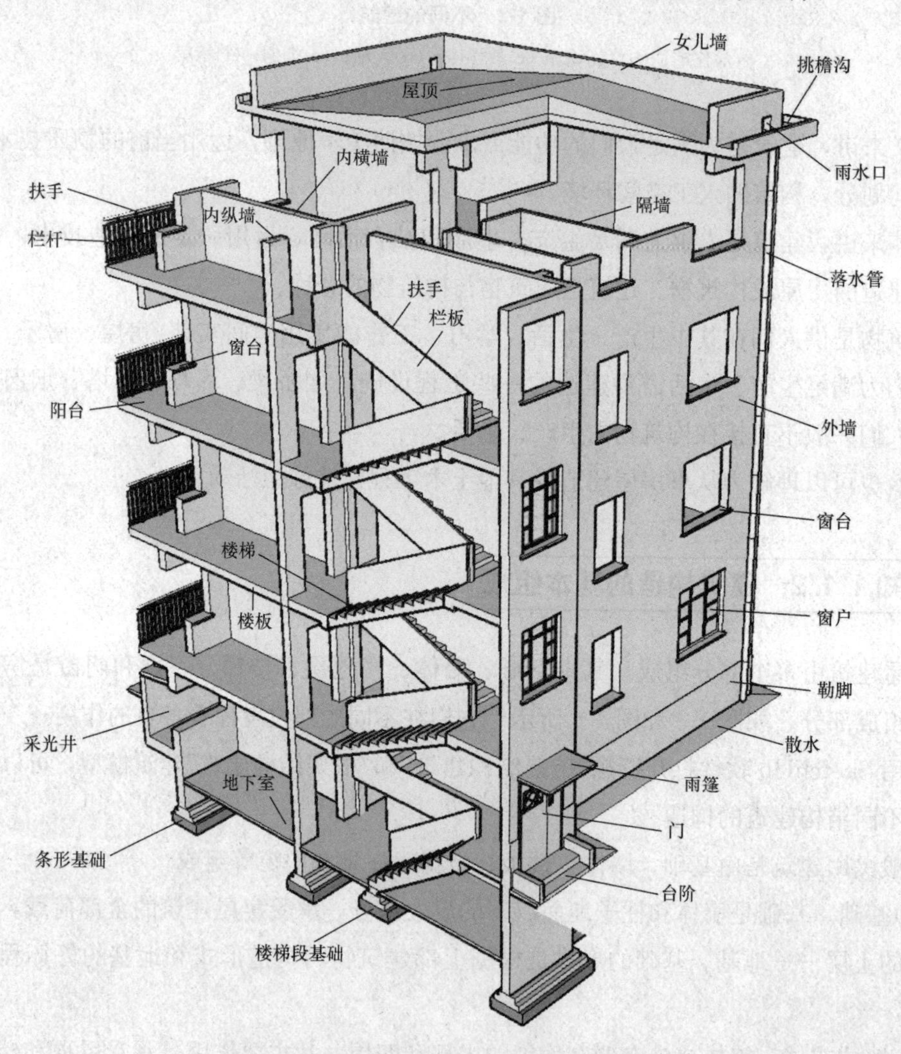

图 1-3　民用建筑的组成——砖混结构建筑

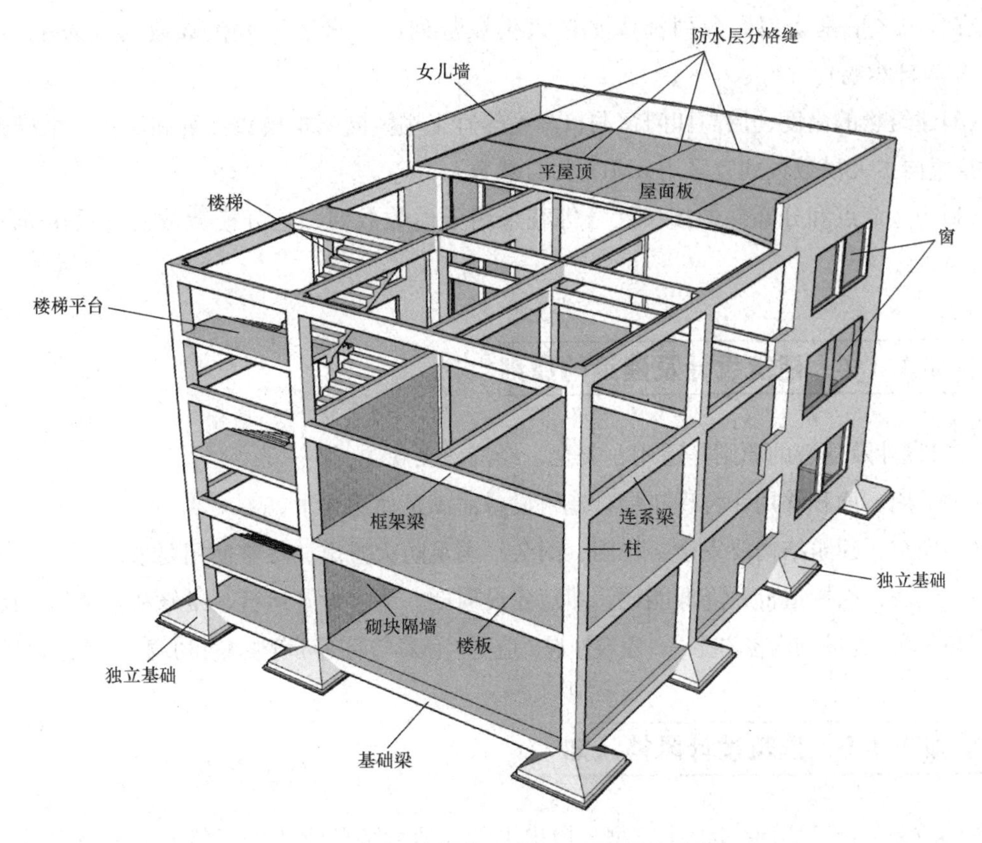

图 1-4　民用建筑的组成——框架结构建筑

认知 1.1.3　建筑设计模数

为了便于施工和跨地区作业，应将建筑构件及施工放线尺寸用同一尺度模数加以统一，从而方便管理。

1. 建筑模数协调统一标准

建筑模数包括基本模数和导出模数，导出模数又分为扩大模数和分模数。

(1)基本模数：基本模数的数值规定为 100 mm，表示符号为 M，即 1M 等于 100 mm。整个建筑物和建筑物的一部分以及建筑部件的模数化尺寸，应是基本模数的倍数。

(2)扩大模数：扩大模数的基数应为 2M、3M、6M、9M、12M……，相应的尺寸分别为 200 mm、300 mm、600 mm、900 mm、1 200 mm……。

(3)分模数：分模数的基数应为 M/10、M/5、M/2，相应的尺寸为 10 mm、20 mm、50 mm。

模数数列是指由基本模数、扩大模数、分模数为基础扩展成的一系列尺寸。

2. 模数数列的应用

(1)模数数列应根据功能性和经济性原则确定。

(2)建筑物的开间或柱距，进深或跨度，梁、板、隔墙和门窗洞口宽度等分部件的截面尺寸宜采用水平基本模数数列和水平扩大模数数列，且水平扩大模数数列宜采用 $2n$M、$3n$M(n 为自然数)。

(3)建筑物的高度、层高和门窗洞口高度等宜采用竖向基本模数数列和竖向扩大模数数列，且竖向扩大模数数列宜采用 nM(n 为自然数)。

(4)构造节点和分部件的接口尺寸等宜采用分模数数列，且分模数数列宜采用 M/10、M/5、M/2。

认知 1.1.4 建筑设计及建造的原则

建筑设计及建造的原则是适用、安全、经济、美观。

(1)适用：面积够用，合理布局，建筑设备需满足使用要求。

(2)安全：建筑结构要安全、稳固、耐久，满足防火抗震、日常使用要求。

(3)经济：控制造价、降低能耗，缩短建设周期，节省设备运行、维修和管理的费用。

(4)美观：形式与内容的统一，建筑外观、造型、色彩与周围环境整体相协调，美观、舒适。

认知 1.1.5 建筑设计风格认知

建筑风格是指建筑通过形体造型、历史沿革、地域特色形成的建筑的一种特有的内外在气质风貌特征。

建筑风格有古典主义建筑风格、哥特式建筑风格、文艺复兴建筑风格、巴洛克建筑风格、洛可可建筑风格、新古典主义建筑风格、现代建筑风格、后现代建筑风格、欧式建筑风格、中式建筑风格、北美风格和地中海建筑风格。

(1)古典主义建筑风格(图 1-5)。其包括从公元前 800 年至 1550 年期间，古希腊、古罗马、欧洲中世纪(拜占庭、哥特式)、文艺复兴时期的建筑风格。

图 1-5 古典主义建筑风格

(2)哥特式建筑风格。哥特式建筑多为教堂，有肋架拱顶和飞扶壁，有大面积的彩色玻璃窗，外观上的显著特点是有许多大大小小的尖塔和尖顶，西立面是建筑的重点，典型构图是：两边一对高高的钟楼，下面由横向券廊水平联系，三座大门由层层后退的尖券组成透视门，券面满布雕像，正门上面有一个大圆窗，称为玫瑰窗，雕刻精巧华丽。法国早期哥特式教堂的代表作是巴黎圣母院，如图 1-6 所示。

图 1-6　哥特式建筑：巴黎圣母院外景与内景

(3)文艺复兴建筑风格。文艺复兴建筑是公元 14 世纪在意大利随着文艺复兴文化运动而诞生的建筑风格，其拥有严谨的立面和平面构图以及从古典建筑中继承的柱式系统，讲究秩序和比例美感。

基于对中世纪神权主义的批判和对人道主义的肯定，建筑师希望借助古典的比例来重新塑造理想中古典社会的协调秩序。圣彼得大教堂是文艺复兴建筑的典型代表，如图 1-7 所示。

图 1-7　文艺复兴建筑：圣彼得大教堂

(4)巴洛克建筑风格。巴洛克建筑是 17—18 世纪在意大利文艺复兴建筑基础上发展起来的一种建筑和装饰风格。其特点是外形自由，追求动态新奇，喜好富丽的装饰和雕刻、强烈的色彩，常用穿插的曲面和椭圆形空间。巴洛克建筑具有前期较为浮躁、表面和后期奇特、新颖的建筑风格，如图 1-8 所示。

图 1-8　巴洛克建筑：圣保罗大教堂外景和内部装饰

(5)洛可可建筑风格。洛可可建筑风格于 18 世纪 20 年代产生于法国并流行于欧洲，是在巴洛克建筑基础上发展起来的。洛可可建筑风格最初出现在建筑的室内装饰，之后扩展到绘画、雕刻、工艺品和文学领域。洛可可建筑风格的特点是：室内用明快的色彩和纤巧的装饰，家具也非常精致且偏于烦琐，不像巴洛克建筑风格那样色彩强烈、装饰浓艳。洛可可装饰的特点是：细腻柔媚，常常采用不对称手法，喜欢用弧线和 S 形线，尤其爱用贝壳、旋涡、山石作为装饰题材，卷草舒花，缠绵盘曲，连成一体。天花和墙面有时以弧面相连，转角处布置壁画，如图 1-9 所示。

图 1-9　洛可可建筑风格

(6)新古典主义建筑风格。新古典主义建筑风格早期建筑体量宏伟，柱式运用严谨，而且很少用装饰；后期建筑把古典和现代融合起来，并加入新形势，当今这一风格在世界各地颇为流行，如图 1-10 所示。

(7)现代建筑风格。现代建筑风格的作品大都以简洁明快的几何形外观构图、使用玻璃、钢构等新材料体现时代特征为主，强调功能第一、无过分装饰，体现了现代生活快节奏、简约实用，但又富有活力的生活气息，如图 1-11 所示。

图 1-10　新古典主义建筑风格

图 1-11　现代建筑风格

(8)后现代建筑风格。后现代建筑是现代主义流派的反对者，在建筑设计中基于现代主义建筑基础之上重新引进了装饰花纹和色彩，强调历史文脉的传承和人情味，以折衷的方式借鉴不同的时期具有历史符号意义的局部，但不复古。后现代建筑是20世纪60年代后的一种新的建筑潮流，如图1-12所示。

图1-12　后现代建筑风格

(9)欧式建筑风格。欧式建筑风格包括古典欧式风格、传统欧式风格、欧式田园风格、简欧风格和北欧风格，如图1-13所示。

图1-13　欧式建筑风格

(10)中式建筑风格。我国古代宫廷建筑，多为木结构建筑，“墙倒屋不塌”，抗震性好；其平面布局严谨对称，主次分明，大屋顶、飞檐翘起、斗栱、藻井和梁枋油漆彩画等形成中式建筑特有的风格，如图1-14所示。

图1-14　中式建筑风格

(11)北美风格。美国是个移民国家，同一时期接纳了多种成熟的建筑风格，相互融合又共同发展，是典型的混合式风格。其建筑体现了多民族融合的多样性，呈现丰富多彩的国际化风格。其住宅成为国际上最先进、最人性化、最富有创意的住宅，如图1-15所示。

图 1-15　北美风格建筑

(12)地中海建筑风格。闲适、浪漫却不乏宁静是地中海建筑风格的精髓所在，成为豪宅的一种象征符号，如图 1-16 所示。

图 1-16　地中海建筑风格

课后作业

1. 什么是建筑？
2. 简述民用建筑构件组成及其作用。
3. 砖混结构与框架结构建筑有何区别？
4. 建筑中常用模数有哪些？
5. 建筑设计及建造的原则是什么？
6. 建筑的设计风格有哪些？试举出 5 例。

实训　了解 SketchUp 虚拟仿真软件

实训 1：了解 SketchUp 操作界面

(1)SketchUp 软件简介。SketchUp 软件是一套直接面向设计工程师的三维建筑模型设计创作的优秀工具。SketchUp 软件专注于建模本身，而不是软件的操作步骤，软件操作简单明了，建模流程十分直观，“画线成面，拉伸成型”，是建模常用的方法。作为建筑专业的初学者，有必要通过运用先进的三维虚拟仿真技术，通常以“做中学、学中做”的形式，快速了解并掌握建筑各部分的结构及构造，为下一步的专业学习打下坚实的基础。

SketchUp 软件及界面介绍

(2)SketchUp 操作界面。SketchUp 的操作界面主要由标题栏、菜单栏、工具栏、工具箱、工作区、状态栏七部分组成，如图 1-17 所示。

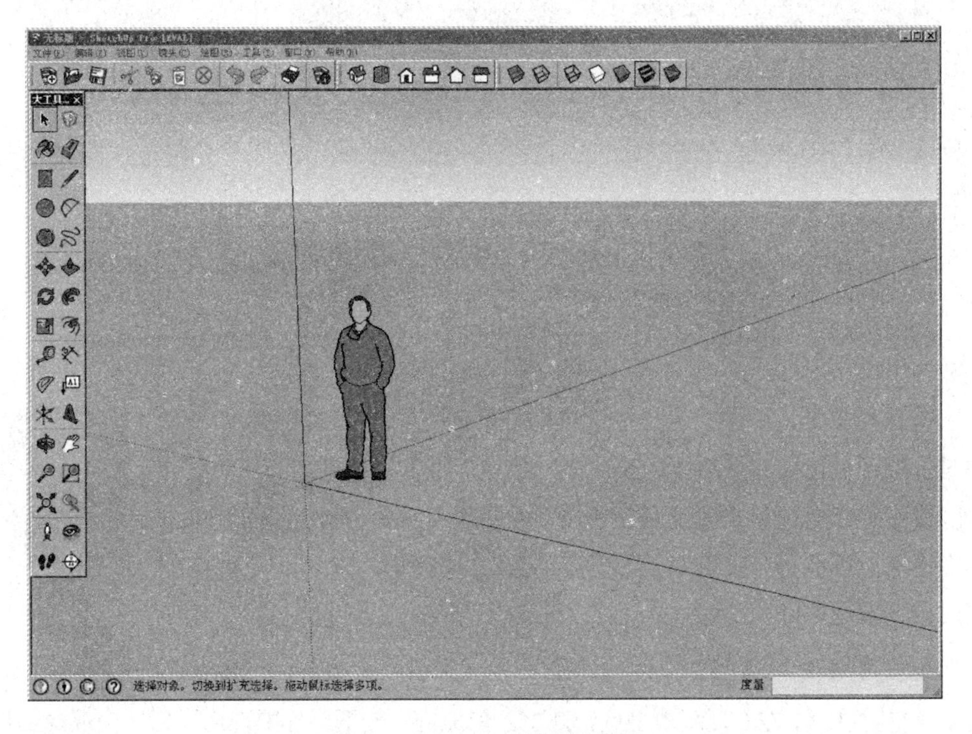

图 1-17　SketchUp 的操作界面

1)工作桌面的设置。选择菜单栏中的【查看】→【工具栏】，单击【学习开始】，取消该项选择；选择菜单栏中的【查看】→【工具栏】，分别单击【大工具栏】【风格】【标准】【视图】等选项，设置工作区域，如图 1-18(a)所示。

2)简单操作——选择和操作视窗。对软件的初次操作，首先要学会选择，其次是对工作区窗口的缩放旋转操作，下面对使用的工具逐一介绍，如图 1-18(c)所示。

首先，在工作区域内先绘制一立方体。单击大工具栏上的【矩形工具】，在工作区域内单击鼠标，确定矩形一角，将鼠标向右拖拉绘制矩形后，再次单击鼠标左键完成矩形的创建；单击大工具栏上的【推/拉工具】，在矩形内点击鼠标并向上推拉创建一立方体，如图 1-18(b)所示。

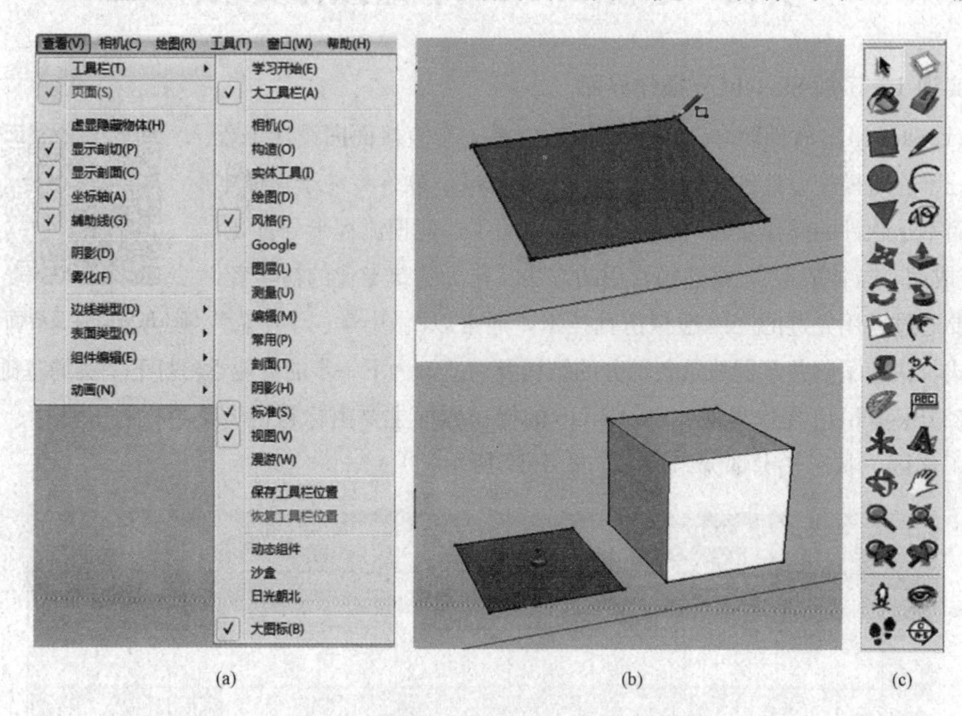

(a) (b) (c)

图 1-18　SketchUp 工作桌面设置及简单操作

(a)设置工作区域；(b)绘制立方体；(c)大工具栏

3)常用操作工具。

①选择工具：单击大工具栏上的【选择工具】，在工作区域单击鼠标左键拖拉可框选被选择物体。快捷键：按 Alt 键，切换到选择工具。

SketchUp 自学教程练习 2-3

②平移工具：单击大工具栏下方的【平移工具】，在工作区域单击鼠标左键拖拉可平移当前窗口观察当前场景。快捷键：Shift＋鼠标中键或同时按下鼠标中键和左键。

③环绕观察(转动\旋转)工具：单击大工具栏下方的【环绕观察工具】，在工作区域单击鼠标左键可上下左右环绕模型旋转观察。快捷键：按下鼠标中键切换到环绕观察工具。

④实时缩放工具：缩放视窗，向上推放大，向下拉缩小。快捷键：滚动鼠标中键。

⑤窗口(框选)缩放工具：放大显示窗口框选区域内模型。快捷键：Ctrl＋Shift＋W。

⑥充满视窗工具：当工作区域模型显示不完整时，单击充满视窗工具可使模型全部显示在窗口内；或工作区域单击鼠标右键弹出面板，选择【充满视窗】。快捷键：Ctrl＋Shift＋E。

⑦恢复视图(上一视图)工具：撤销视图变更，返回到上一次视图窗口，可多次返回。

以上工具在作图过程中使用较为频繁，请牢记。

实训 2：用 SketchUp 标注建筑各部件名称(25 分钟)

\ 【文本标注工具】的使用：选择【文本标注工具】，参照相关图例，在工作区域模型上需要标注的位置单击鼠标左键，然后在合适位置再次单击鼠标左键，切换到中文输入法，在输入框内输入汉字对模型进行文本标注。

(1)上机或书中标注三维图中各部分名称。

1)用 SketchUp 软件打开配套资源中的模块 1\ 砖混结构 . skp。

2)使用大工具箱中的 \ 【文本标注工具】，标注三维图中各部分名称。

3)无法上机实训，请直接在图 1-19 中标注。

(2)上机或书中标注三维图中各部分名称。

1)用 SketchUp 软件打开配套资源中的模块 1\ 框架结构 . skp。

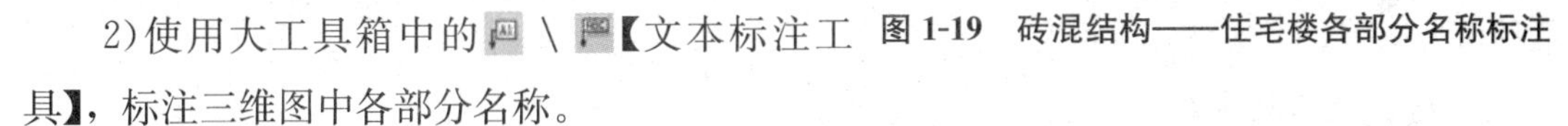

2)使用大工具箱中的 \ 【文本标注工具】，标注三维图中各部分名称。

图 1-19　砖混结构——住宅楼各部分名称标注

3)无法上机实训，请直接在图 1-20 中标注。

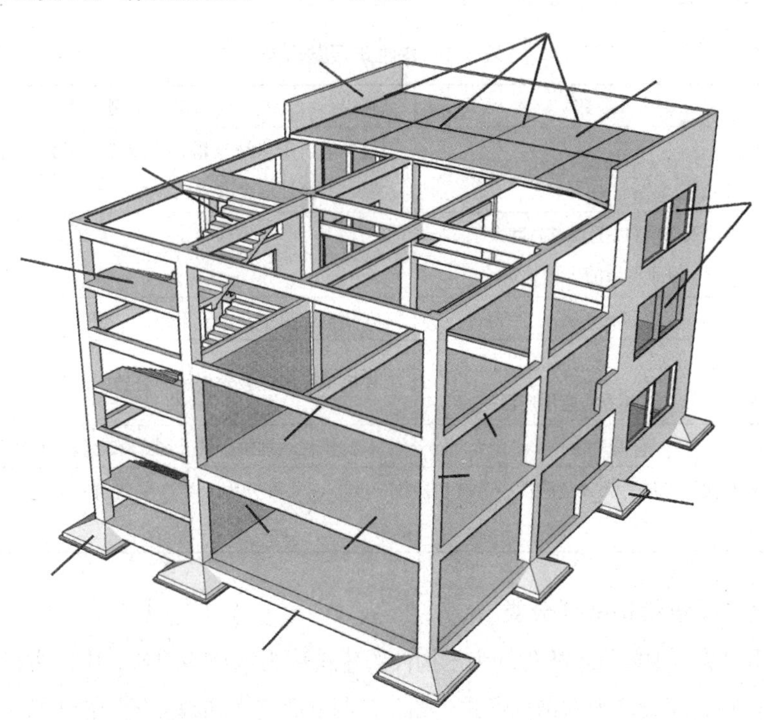

图 1-20　框架结构——建筑各部分名称标注

认知 1.2 建筑基础知识认知

认知 1.2.1 建筑的分类

1. 按建筑用途分类

建筑物按用途可分为民用建筑、工业建筑和农业建筑。

(1)民用建筑。民用建筑指的是供人们工作、学习、生活、居住等类型的建筑，如住宅、教学楼、办公楼等。民用建筑又可分为居住建筑和公共建筑。

1)居住建筑。供人们生活起居使用的建筑，如住宅单元楼、别墅、公寓、宿舍等。

2)公共建筑。供人们进行各项社会活动使用的建筑，如图书馆、展览馆、体育馆、商场、写字楼等。

(2)工业建筑。工业建筑指的是供工业生产用的建筑，如单层工业厂房、产品仓库等。

(3)农业建筑。农业建筑指的是供农、牧业生产和加工用的建筑，如粮仓、养猪场、蔬菜种植大棚等。

2. 按建筑层数分类

建筑物按建筑层数分类，见表 1-1。

表 1-1 按建筑层数分类

建筑类别	层数	举例
超高层建筑	高度超过 100 m	迪拜塔、东京晴空塔、广州塔、深圳平安大厦、台北 101 大厦、上海环球金融中心等
高层建筑	10 层及 10 层以上，或高度大于 24 m 但非单层的民用建筑	宾馆、酒店、公寓和写字楼等
中高层建筑	7～9 层	在住宅建筑中，由于不经济，建议不用。公寓、写字楼等
多层建筑	4～6 层，一般指 3 层以上、24 m 以下，应用广泛	住宅单元楼、教学楼、办公楼、医院楼房等
低层建筑	1～3 层	农村住宅、别墅、幼儿园、敬老院、园林建筑等
注：高层建筑根据使用性质、火灾危险性、疏散和扑救难度等，又可分为一类高层建筑、二类高层建筑和超高层建筑。		

3. 按建筑的承重结构材料分类

(1)木结构建筑。主要承重构件均为木构件的建筑称为木结构建筑。中国古建筑大多为木结构建筑，其梁、柱、屋架均为木结构形式，如北京明清故宫太和殿、天坛祈年殿、山西五台山佛光寺(唐代建筑)、天津蓟县(今为蓟州区)辽代独乐寺观音阁、河北应县木塔等，如图 1-21 所示。

(a) (b) (c) (d)

图 1-21　木结构建筑

(a)北京明清故宫太和殿；(b)天坛祈年殿；(c)山西五台山佛光寺；(d)河北应县木塔

(2)砌体结构建筑。砌体结构建筑是指由砖、砌块或石块等砌筑墙体承重的建筑，水平承重构件有钢筋混凝土梁、混凝土楼板；垂直承重构件有构造柱等，大多为砖混结构，一般不超过 6 层。现在国家禁用烧结普通砖，砖混结构砌体建筑使用逐渐减少。

(3)钢筋混凝土结构建筑。钢筋混凝土结构简称钢混结构，钢筋混凝土结构建筑是指建筑承重构件(梁、板、柱)均为钢筋混凝土材料的建筑。

现在建造的绝大部分民用建筑均为钢筋混凝土结构建筑，钢混结构建筑因施工方便，空间布局灵活，抗震、保温、隔声性能较好，现已成为建筑发展的主流，如图 1-22 所示。

(a) (b)

图 1-22　钢筋混凝土结构建筑

(a)框架结构建筑；(b)框架-剪力墙结构建筑

(4)钢结构建筑。钢结构建筑是指主要结构承重构件全部采用钢材的建筑。其具有自重轻、强度高等特点。

现在大多数工业厂房均采用钢结构建造，如图 1-23(a)所示；也有民居、别墅采用轻钢结构建造，如图 1-23(b)、(c)所示；其他类型建筑也有采用钢结构的，如中央电视台新楼采用钢结构，如图 1-23(d)所示。

图 1-23　钢结构建筑

(a)钢结构建筑—工业厂房；(b)施工中的轻钢结构建筑；(c)轻钢结构建筑；(d)中央电视台新楼

(5)特种结构建筑。特种结构建筑是一种以空间结构承受荷载的建筑，其屋顶多采用大跨度网架、拱、折板、薄壳、悬索、膜等结构形式，如图 1-24 所示。

图 1-24　特种结构建筑

(a)大跨度网架—施工中的北京新机场航站楼；(b)悬索结构—日本代代木国家体育馆(丹下健三设计)；

(c)

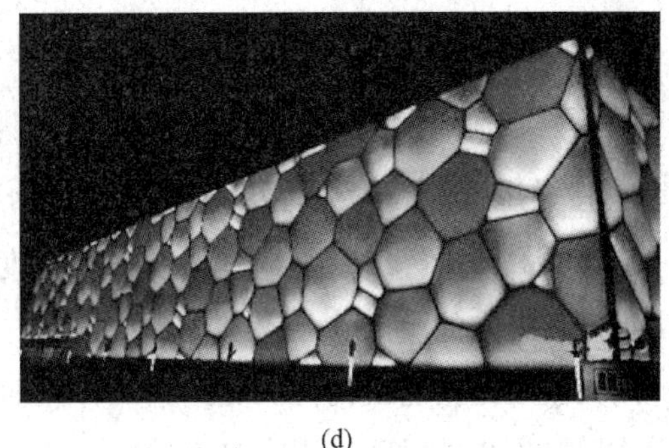

(d)

图 1-24　特种结构建筑(续)

(c)薄壳建筑一悉尼歌剧院；(d)膜结构—国家游泳中心体育馆：水立方

特种结构建筑一般用于工业建筑、农业建筑、大型公共建筑、体育展馆等。

4. 按建筑的规模和数量分类

(1)大量性建筑。大量性建筑是指建造数量较多但规模不大的中小型民用建筑，如中、小学校、幼儿园、住宅楼等。

(2)大型性建筑。大型性建筑是指建造数量较少，但体量较大的公共建筑，如体育馆、火车站、航空港、大型电影院等。

5. 按建筑的施工方法分类

施工方法是指建造房屋所使用的方法，具体可分为以下几种：

(1)现浇法。建筑的梁、板、柱等主要构件在现场进行浇筑，如图 1-25 所示。

(2)预制装配式建筑。建筑的梁、板、柱、楼梯等主要构件在工厂生产预制，施工现场进行吊装、装配，如图 1-26 所示。

图 1-25　现场浇筑

图 1-26　现场吊装楼梯构件

(3)部分现浇现砌、部分预制装配式。部分构件(梁、板、柱)在现场浇筑、现场砌筑；部分构件(梁、板、柱)在工厂生产预制，施工现场进行吊装、装配。

认知 1.2.2 民用建筑的等级划分

1. 按燃烧性能和耐火等级分类

建筑物的耐火等级是衡量建筑物耐火程度的标准，是根据组成建筑物构件的燃烧性能和耐火极限确定的。

耐火极限是指建筑构件从受到火的作用时起，到失去支持能力或完整性被破坏或失去隔火作用时为止的时间，用小时表示。

燃烧性能是指构件在空气中遇火时的不同反应，组成建筑物的主要构件在明火或高温作用下燃烧与否及燃烧的难易程度。

我国现行《建筑设计防火规范(2018 年版)》(GB 50016—2014)规定：民用建筑根据其建筑高度和层数可分为单、多层民用建筑和高层民用建筑。高层民用建筑根据其建筑高度、使用功能和楼层的建筑面积可分为一类和二类。民用建筑的分类应符合表 1-2 的规定。

表 1-2 民用建筑的分类

名称	单、多层民用建筑	高层民用建筑	
		一类	二类
住宅建筑	建筑高度不大于 27 m 的住宅建筑(包括设置商业服务网点的住宅建筑)	建筑高度大于 54 m 的住宅建筑(包括设置商业服务网点的住宅建筑)	建筑高度大于 27 m，但不大于 54 m 的住宅建筑(包括设置商业服务网点的住宅建筑)
公共建筑	1. 建筑高度大于 24 m 的单层公共建筑； 2. 建筑高度大于 24 m 的其他公共建筑	1. 建筑高度大于 50 m 的公共建筑； 2. 建筑高度为 24 m 以上部分任一楼层建筑面积大于 1 000 m^2 的商店、展览、电信、邮政、财贸金融建筑和其他多种功能组合的建筑； 3. 医疗建筑、重要公共建筑、独立建造的老年人照料设施； 4. 省级及以上的广播电视和防灾指挥调度建筑、网局级和省级民力调度建筑； 5. 藏书超过 100 万册的图书馆、书库	除一类高层公共建筑外的其他高层公共建筑

注：1. 表中未列入的建筑，其类别应根据本表类比确定。
2. 除《建筑设计防火规范(2018 年版)》(GB 50016—2014)另有规定外，宿舍、公寓等非住宅类居住建筑的防火要求，应符合《建筑设计防火规范(2018 年版)》(GB 50016—2014)有关公共建筑的规定。
3. 除《建筑设计防火规范(2018 年版)》(GB 50016—2014)另有规定外，裙房的防火要求应符合《建筑设计防火规范(2018 年版)》(GB 50016—2014)有关高层民用建筑的规定。

民用建筑的耐火等级可分为一、二、三、四级。除《建筑设计防火规范(2018 年版)》(GB 50016—2014)另有规定外，不同耐火等级建筑相应构件的燃烧性能和耐火极限不应低于表 1-3 的规定。

表 1-3　不同耐火等级建筑相应构件的燃烧性能和耐火极限(h)

构件名称		耐火等级			
		一级	二级	三级	四级
墙	防火墙	不燃性 3.00	不燃性 3.00	不燃性 3.00	不燃性 3.00
	承重墙	不燃性 3.00	不燃性 2.50	不燃性 2.00	不燃性 0.50
	非承重外墙	不燃性 1.00	不燃性 1.00	不燃性 0.50	可燃性
	楼梯间和前室的墙 电梯井的墙 住宅建筑单元之间的墙和分户墙	不燃性 2.00	不燃性 2.00	不燃性 1.50	难燃性 0.50
	疏散走道两侧的隔墙	不燃性 1.00	不燃性 1.00	不燃性 0.50	难燃性 0.25
	房间隔墙	不燃性 0.75	不燃性 0.50	难燃性 0.50	难燃性 0.25
柱		不燃性 3.00	不燃性 2.50	不燃性 2.00	难燃性 0.50
梁		不燃性 2.00	不燃性 1.50	不燃性 1.00	难燃性 0.50
模板		不燃性 1.50	不燃性 1.00	不燃性 0.50	可燃性
屋顶承重构件		不燃性 1.50	不燃性 1.00	可燃性 0.50	可燃性
疏散楼梯		不燃性 1.50	不燃性 1.00	不燃性 0.50	可燃性
吊顶(包括吊顶搁栅)		不燃性 0.25	难燃性 0.25	难燃性 0.50	可燃性

注：1. 除《建筑设计防火规范(2018 年版)》(GB 50016—2014)另有规定外，以木柱承重且墙体采用不燃材料的建筑，其耐火等级应按四级确定。

2. 住宅建筑构件的耐火极限和燃烧性能可按现行国家标准《住宅建筑规范》(GB 50368—2005)的规定执行。

民用建筑的耐火等级应根据其建筑高度、使用功能、重要性和火灾扑救难度等确定，并应符合下列规定：地下或半地下建筑(室)和一类高层建筑的耐火等级不应低于一级；单、多层重要公共建筑和二类高层建筑的耐火等级不应低于二级。除木结构建筑外，老年人照料设施的耐火等级不应低于三级。

建筑高度大于 250 m 的建筑，除应符合《建筑设计防火规范(2018 年版)》(GB 50016—2014)的要求外，还应结合实际情况采取更加严格的防火措施。其防火设计应提交国家消防主管部门组织专题研究、论证。

2. 按使用年限耐久性分类

(1)设计耐久等级。民用建筑耐久等级的指标是使用年限。在《民用建筑设计统一标准》(GB 50352—2019)中对建筑物的使用年限规定，见表1-4。

表1-4 设计使用年限分类

类别	设计使用年限/年	示例
1	5	临时性建筑
2	25	易于替换结构构件的建筑
3	50	普通建筑和构筑物
4	100	纪念性建筑和特别重要的建筑

(2)使用耐久年限等级。建筑主体结构的正常使用年限主要分为四级，见表1-5。

表1-5 使用耐久年限

等级	设计使用年限	建筑类型
一级	100年以上	纪念性建筑和特别重要的建筑、高层建筑
二级	50～100年	一般普通建筑
三级	25～50年	次要建筑
四级	15年以下	临时性或简易建筑

认知1.2.3 建筑的构成要素

从图1-2所示不同的建筑中可以看出，不同功能的建筑，建筑外观造型差异巨大，各具特色。“适用、安全、经济、美观”是我国建筑设计施工的基本方针，是对建筑产品设计建造的总体要求。建筑构成的要素主要包括建筑功能、建筑技术和建筑形象三个方面的内容。

1. 建筑功能

从大的方面讲，主要是满足人们生活、居住、工作、学习、购物、娱乐、生产等功能需求，现代建筑的功能越来越复杂；从小的方面讲，就是保障人们生活起居、保温隔热、挡风避雨、活动便利、采光通风等基本功能要求。

不同功能的需求，形成不同的建筑类型，如居住建筑、公共建筑、商业建筑、生产性建筑等，如图1-27所示。

2. 建筑技术

建筑技术是房屋建造的技术手段，主要包括物质和生产技术两个方面的内容，即建筑材料、建筑设备、建筑结构和施工技术等。

(1)建筑材料是构成建筑的基本物质要素；

(2)建筑设备(水、电、暖、空调、通风、消防、通信等)是保证建筑物达到某种要求的设施物质条件；

(a)

(b)

(c)

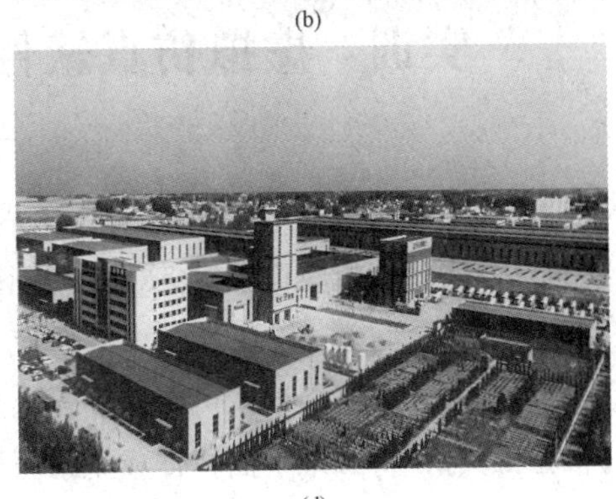

(d)

图 1-27　按建筑功能分类

(a)居住建筑(别墅)；(b)公共建筑(安徽砀山市民活动中心)；

(c)商业建筑(写字楼超市)；(d)生产性建筑(临沂河东区天元产业园北区)

(3)建筑结构是满足建筑受力要求的基本骨架；

(4)建筑施工技术是实现房屋建造的技术保障和重要手段。

3. 建筑形象

建筑形象包括建筑的立面造型、建筑色彩肌理、光影装饰处理等，建筑形象处理得当，会产生良好的艺术效果。

在建筑构成的三要素中，建筑功能起主导和引领作用，建筑技术是实现房屋建造的保障，建筑形象是建筑功能和建筑技术的外在表现，常常具有一定的象征性和审美特性。三者是辩证的统一。

课后作业

1. 建筑按用途、性质可分为哪些类型？
2. 建筑按层数可分为哪些类型？
3. 建筑按承重结构材料可分为哪些类型？
4. 大量性建筑与大型性建筑有什么区别？

5. 特种结构建筑有哪些结构形式？
6. 建筑按防火性能分为哪几个等级？
7. 建筑主体结构按正常使用年限可分为哪些级别？
8. 建筑按使用年限耐久性可分为哪些级别？
9. 建筑构成的要素有哪些？

实训　虚拟仿真软件 SketchUp 的基本操作

实训 1：简单操作一创建三维模型

SketchUp 绘图工具

上机：双击计算机桌面上的 SketchUp 图标，打开 SketchUp 软件。

使用工具：

【矩形工具】：绘制矩形，可以精确输入尺寸。

【推拉工具】：将二维平面拉伸成三维图形。

【圆形工具】：绘制圆形，可以精确输入尺寸。

绘制立方体或长方体的步骤如下：

(1)设置绘图环境，将绘图单位改为 mm。

(2)选择【矩形工具】，在工作区域随意绘制一个四边形；使用【推拉工具】，将二维平面拉伸成三维图形。

SketchUp 编辑工具

(3)选择【圆形工具】，在绘制的四边形上绘制不同的圆形，使用【推拉工具】，选中一个圆形向下推拉至立方体底面松手，用鼠标左键双击其他所有圆形，将二维平面变为三维图形。

实训 2：创建茶几

茶几制作练习

通过一个实例了解 SketchUp 软件的一般建模流程，并了解相关操作命令，如图 1-28 所示。操作步骤如下：

图 1-28　茶几模型

设置绘图单位为 mm。基本尺寸：40 mm 为基本参考单位。台面尺寸为 400 mm × 400 mm，台面高度为 40 mm，腿长为 400 mm，楞宽为 40 mm。4 条腿，腿截面尺寸为 40 mm×40 mm，捕捉端点为参考点画出 40 mm ×40 mm 截面。

(1)在工作区域用【矩形工具】绘制一个 400 mm×400 mm 的矩形(拖拉矩形，在右下角输入框内输入“400，400”，按回车键)，生成一个矩形。

(2)用【推拉工具】向上推出 40 mm。

(3)旋转台面，在底面四角各绘制一个 40 mm×40 mm 的矩形作为茶几腿的截面，用【推拉工具】向下推出 400 mm，用鼠标左键双击其他三个截面，茶几腿制作完成。

(4)台面造型制作：台面上用偏移复制命令向里偏移 40 mm 画出一个矩形：选中顶面→直接移动一下鼠标，再输入 40，按回车键即可。

(5)选中茶几中间面，向下推移 2 mm。

(6)均分段数：选中里面下面的线段，单击鼠标右键，在弹出的快捷菜单中选择【等分】命令，输入 13 并按回车键，在线段上共出现 13 个端点。

(小提示：输入段数：13，11，15，需输入奇数个数，若输入 12，则出现 12 条线，一侧镂空，另一侧齐平，效果不好；奇数段→偶数结果)

(7)选中左边线段，再选中线段端点，按住 Ctrl＋鼠标左键，右移线段与上一条线段端点重合后复制 12 条线段(输入：×12↙)。

(8)选择【推拉工具】将其中靠近侧边的一个面向下推，出现蓝色平面停止即可镂空，双击鼠标左键将其他面镂空。

(9)破面的处理：由于线面交叉重叠，容易出现破面；旋转茶几，将茶几底面两侧未镂空面用【线工具】描边，重新描一下线，选中面，删除两次完成。

课后作业

1. 参考实物用 SketchUp 软件制作一款电脑桌的模型。

2. 使用 SketchUp 软件自行绘制如图 1-29 所示的立体五角星。

图 1-29　五角星绘制

五角星制作演示

认知 1.3　如何判别建筑物的结构形式

建筑是由不同的建筑结构构件(基础、梁板柱、墙体、屋顶等)，通过一定的结构方式连接成为一个整体框架(主体)，再加上其他构配件(门窗等)最后形成一个完整的建筑物。

知识链接

建筑构件：将承受建筑物的荷载，保证建筑物结构安全的部分，如基础、承重墙或柱、楼板、梁架、楼梯等称为建筑构件。

建筑结构：建筑构件相互连接形成的主要承重骨架，称为建筑结构。

民用建筑的结构类型有两种分类方法：一是按使用材料分类；二是按承重方式分类。

认知 1.3.1 按使用材料判别

1. 按使用材料分类

按使用材料分类，可分为以下四种常见的结构类型：

(1)钢筋混凝土结构：建筑的主体结构采用钢筋绑扎以及混凝土材料浇筑而成。

(2)钢结构：建筑的主体结构采用钢材等材料铆合、焊接而成。其包括轻钢结构建筑。

(3)砌体结构：建筑的主体结构采用砖块、砌块、石块等砌筑而成，包括砖结构、砖混结构等。

(4)木结构：建筑的主体结构采用木制梁、柱、屋架等。

2. 一般分类法

(1)钢筋混凝土结构。建筑物主要承重部分的建筑构件全部采用钢筋混凝土浇筑制作。这种结构主要适用于大型公共建筑、高层建筑和小区住宅。其当前建造数量最大，是普遍采用的结构类型。这种结构形式的优点是便于施工，施工速度快，抗震效果好。

(2)钢结构。建筑物的主要承重构件全部采用钢材来制作。钢结构建筑与钢筋混凝土建筑相比自重轻，施工方便，速度快。目前大多适用于大型公共建筑和工业厂房。

(3)砖混结构。砖混结构是以砖墙或砖柱、钢筋混凝土楼板、屋面板作为承重结构的建筑。这种结构形式抗震性能差，前期受楼板尺寸限制室内空间小。国内 20 世纪 70 年代至 2018 年前后建造数量最大，当前存留已不多，现在已较少使用这种结构形式。但楼板改为混凝土浇筑后，室内空间布局相对灵活，抗震性加强，一般适用于农村建房或低层住宅。

(4)木结构。我国木构架是建筑的精髓，建筑物的承重主要是通过木制梁、柱、屋架等来完成，俗有“墙倒屋不塌”之说，建筑构件之间的连接是榫卯结构，抗震性能好；但耗材量大，结构空间布局不灵活，现在主要用于古建筑修复、仿古建筑，以及西南地区的穿斗式房屋的建造。传统木结构建筑如北京天坛、故宫三大殿及传统亭台楼榭等。

(5)砖木结构。砖木结构是以砖墙或砖柱、木构架作为建筑物的主要承重结构。这类建筑为砖木结构建筑，传承了传统砖木结构房屋的特点，如典型的北京四合院建筑。

(6)土木结构。土木结构是以生土墙和木屋架作为建筑物的主要承重结构。这类建筑可以就地取材，成本造价低，适用于乡村建筑，现在使用的已很少了。

认知 1.3.2　按承重方式判别

1. 按承重方式分类

按承重方式分类，可分为以下三种常见的结构类型：

(1)承重墙结构：建筑主要通过墙体等来承重，另有圈梁、构造柱等加强建筑的整体抗震性。

(2)框架结构：建筑通过梁、板、柱等来承重，承重构件使用刚性连接。

(3)排架结构：屋面承重结构与柱顶柔性连接。其包括框、排架结构等承重构，既有刚性连接，又有柔性连接。

知识链接

刚性连接：连接在一起的两个构件相互限制对方任意方向的位移和变形。如整体浇筑在一起的梁、柱即为刚性连接。

柔性连接：连在一起的两个构件，在保证整个建筑物结构安全的前提下(适当的变形不至于结构坍塌)，允许一定的变形与位移。如传统木结构的榫卯结构，允许少量的位移。

2. 一般分类法

(1)承重墙结构。由墙体来承受楼板及屋顶传来的全部荷载的，称为墙承重结构。土木结构、砖木结构、砖混结构的建筑大多属于这一类，如图 1-30(a)所示。

(2)框架结构。用柱、梁组成的框架承受楼板、屋顶传来的全部荷载的，称为框架结构，如图 1-30(b)所示。

在框架结构建筑中，一般采用钢筋混凝土结构或钢结构组成框架，墙只起围护和分隔作用。框架结构适用于大跨度建筑、荷载大的建筑及高层建筑。

(3)框架-剪力墙结构。框架-剪力墙结构简称框剪结构，这种结构是在框架结构中布置一定数量的剪力墙。框架-剪力墙结构的形式是高层住宅及建筑采用最为广泛的一种结构形式，剪力墙主要承受水平荷载，有相当大的侧向刚度力抵抗建筑结构产生变形，竖向荷载由框架承担。该结构一般适用于 10～20 层的建筑，如图 1-30(c)所示。

框架-剪力墙结构能够满足不同建筑功能的要求。其既具有框架结构平面布置灵活的特点，又具有剪力墙结构形成较大空间、侧向刚度较大的优点。

(4)剪力墙结构。用钢筋混凝土墙板来代替框架结构中的梁柱，能承担各类荷载引起的内力，并能有效控制结构的水平力，这种用钢筋混凝土墙板来承受竖向和水平力的结构称为剪力墙结构，如图 1-30(c)所示。这种结构在高层房屋中被大量运用。

(5)空间结构。用空间构架如网架、薄壳、悬索等来承受全部荷载的，称为空间结构，如图 1-30(d)所示。这种类型建筑适用于需要大跨度、大空间而内部又不允许设柱的大型公共建筑，如天文馆、体育馆等。

(6)排架结构。排架结构适用于大跨度单层结构，是单层厂房结构的基本结构形式。其由屋架、柱和基础组成。柱与屋架铰接，与基础刚接。由屋架、柱子和基础构成横向平面排架，是厂房的主要承重体系，再通过屋面板、吊车梁、支撑等纵向构件将平面排架连接起来，构成整体的空间结构。在施工上多为预制成构件后，采用吊装装配施工。

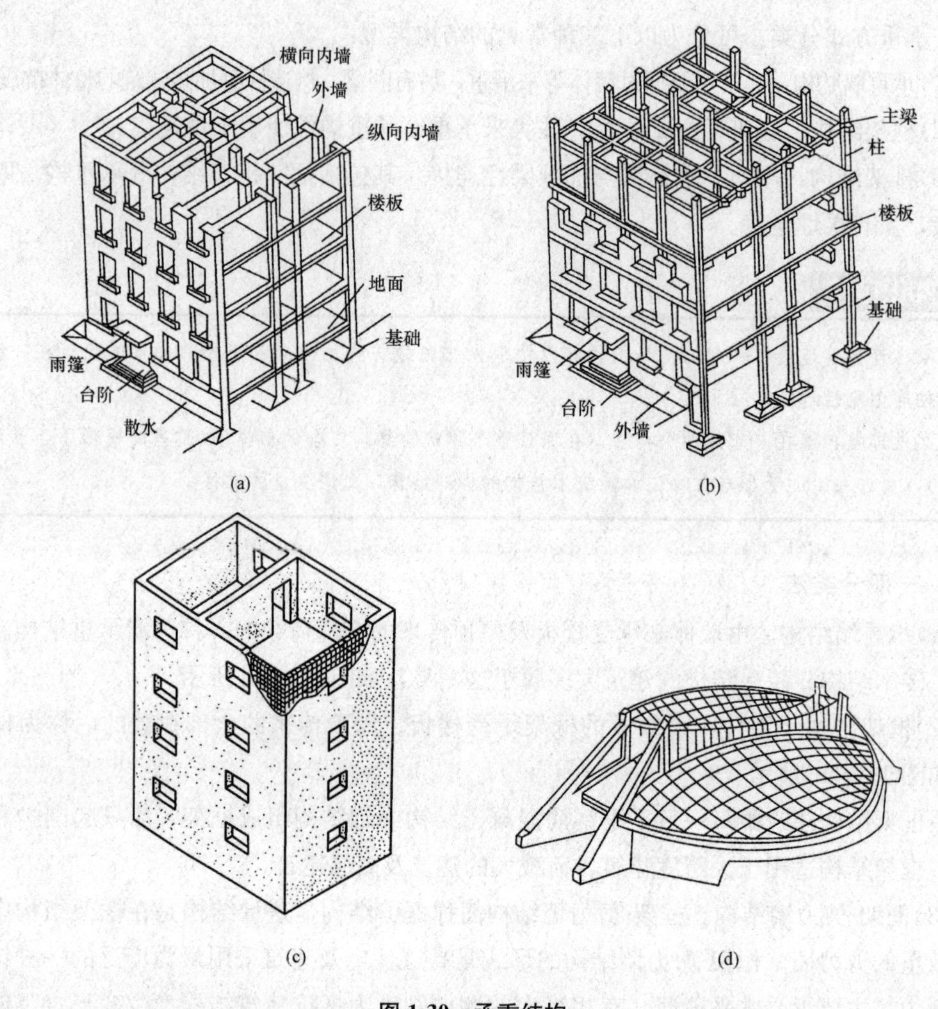

图 1-30　承重结构

(a)承重墙结构；(b)框架结构；(c)剪力墙结构；(d)空间结构(组合悬索)

课后作业

1. 按使用材料分类，建筑物的结构类型有哪些？
2. 按使用材料区分当前建筑物的三大结构类型分别是什么？
3. 按承重方式不同，建筑物的承重结构有哪些？
4. 按承重方式判别，建筑物的三大结构类型分别是什么？

实训　校园或施工工地参观实训

1. 实训目的及性质

实训目的：学习者通过对校园及其他民用建筑(或建筑施工现场等)实地参观和亲身体验，识别建筑物和构筑物；初步了解常用建筑类型，了解不同形体、不同材料的装饰效果，熟知建筑各个组成部分的构造名称，为以后的学习建立一个感性认知。

实训性质：专业必修基础任务。

参观场地：可以是校园建筑及民用建筑，也可以到建筑工地参观考察(工地考察需任课老师带队统一组织，学生个人不得擅自行动)。

2. 实训任务与内容

(1)任务。参观考察校园建筑物或建筑工地施工现场。

(2)内容及深度。

1)参观校园建筑，了解建筑外观的造型特点、建筑风格、构造名称；观察室外活动场地铺装，了解室内地面、墙面、柱面、顶面所使用的材料；观察室内细部构造等。

2)建筑施工工地现场观察建筑物的墙体构造、基础、梁、板、柱、楼梯、管道布局、构造节点以及建筑材料、施工工序等内容。

3. 实训要求

(1)学生应按照课程标准和任务指导书的安排，认真完成各部分认知实践的内容。

(2)学生在完成实践教学内容的过程中，应严格按照老师要求，听从带队老师安排，不迟到、不早退、有事请假，认真完成实践教学工作任务。

(3)安全要求：包括参观建筑物现场、实习、实训施工现场的安全，校园内外的交通安全，听从带队老师指挥。

(4)纪律要求：参观室内办公、教学、工作区域严禁大声说话，以免干扰他人正常办公、教学、工作等；进入工地要戴安全帽，遵守工地纪律，注意安全，文明参观。

(5)实训结束后，学生应提交500字左右的实训报告。

4. 评价标准

实训成绩由实习纪律、实习记录和实习报告组成，占课程综合评定成绩的5%。

5. 时间安排

课中或课下完成。

6. 参观学时

1～2课时。

课后作业

课后完成500字左右的实训报告，下次课提交。班级、姓名、学号填写完整。

认知1.4 变形缝认知

认知1.4.1 裂缝产生的原因及危害

1. 房屋墙体产生裂缝的原因

(1)温差裂缝。温差裂缝的轻重程度与室内外温度、施工质量、伸缩缝间距大小、屋顶保温情况、开窗大小、墙体厚度等有关。温差裂缝虽然与建筑物体型、材料性能、施工质量等因素有关，但主要原因是温差变化。

(2)不均匀沉降裂缝。建筑物不均匀沉降会引起建筑物纵、横向不规则弯曲变形，当建筑物整体刚度较差，基础不足以调整因沉降差而产生的应力时，便产生裂缝。

通常，伴随地面开裂，重者可使房屋倾斜。

2. 地震作用产生的裂缝

《建筑抗震设计规范(2016年版)》(GB 50011—2010)适用抗震设防烈度为于6～9度的地区。通常将其概括为："小震不坏，中震可修、大震不倒"。结构物在强烈地震中不损坏是不可能的，抗震设防的底线是建筑物不倒塌，只要不倒塌就可以大大减少生命财产的损失，减轻灾害。

认知1.4.2 变形缝的类型及要求

变形缝是为防止建筑物在外界因素(温度变化、地基不均匀沉降及地震)作用下产生变形，导致开裂，甚至破坏而预留的构造缝隙。

变形缝按其作用不同可分为伸缩缝、沉降缝和防震缝三种类型。

1. 伸缩缝

建筑物受温度变化影响时，会产生胀缩变形，建筑物的体积越大，变形就越大，当建筑物的长度超过一定限度时，会因变形过大而开裂。为避免这种情况发生，通常沿建筑物高度方向设置缝隙，将建筑物断开，使建筑物分隔成几个独立部分，各部分可自由胀缩，这种构造缝称为伸缩缝。

伸缩缝的宽度一般为 20～40 mm。其位置和间距与建筑物的结构类型、材料、施工条件及当地温度变化情况有关。墙体伸缩缝视墙体厚度、材料及施工条件不同，可做成平缝(墙厚在一砖以内)、错口缝、企口缝(墙厚在一砖以上)等截面形式，如图 1-31 所示。

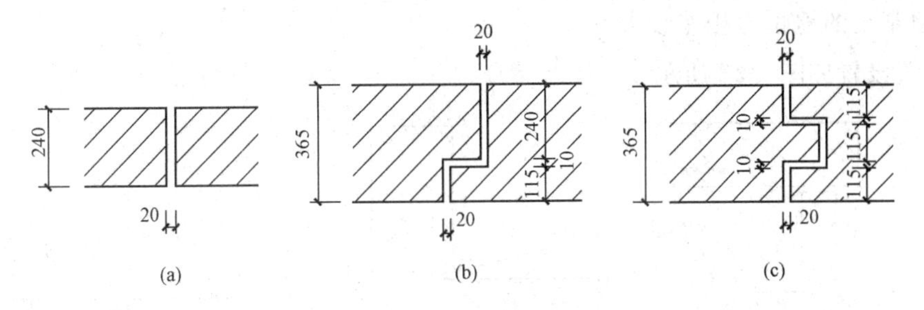

图 1-31　墙体伸缩缝构造

(a)平缝；(b)错口缝；(c)企口缝

伸缩缝要求将建筑物的墙体、楼板层、屋顶等地面以上部分全部断开，基础因埋在土中，受温度变化影响较小，不需断开。

除设置伸缩缝外，一般为减小温度和混凝土对结构的影响，混凝土板宜每 30～40 m 留出施工后浇带，带宽为 800～1 000 mm，钢筋采用搭接接头，后浇带混凝土宜在 45 d 后浇筑，如图 1-32 所示。

图 1-32　后浇带

2. 沉降缝

为防止建筑物因其高度、荷载、结构及地基承载力的不同，而出现不均匀沉降，以致发生错动开裂，沿建筑物高度设置竖向缝隙，将建筑划分成若干个可以自由沉降的单元，这种垂直缝称为沉降缝。

沉降缝是解决由于建筑物高度不同、重量不同、平面转折部位等而产生的不均匀沉降变形。设沉降缝时，要求从基础到屋顶所有构件均设缝断开，其宽度与地基的性质和建筑物的高度有关，地基越软弱，建筑的高度越大，沉降缝的宽度也就越大。

符合下列条件之一者应设置沉降缝：

(1)当建筑物相邻两部分有高差；

(2)相邻两部分荷载相差较大；

(3)建筑体形复杂，连接部位较为薄弱；

(4)结构形式不同；

(5)基础埋置深度相差悬殊；

(6)地基土的地耐力相差较大。

沉降缝设置如图 1-33 所示。

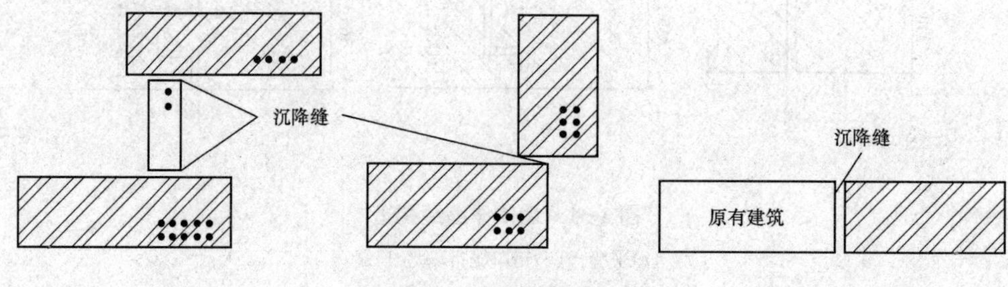

图 1-33 沉降缝设置示意

设置沉降缝时，要求从基础到屋顶所有构件均设缝断开，其宽度与地基的性质和建筑物的高度有关。沉降缝可兼起伸缩缝的作用，而伸缩缝却不能代替沉降缝，故沉降缝在构造设计时满足伸缩和沉降双重要求。

3. 防震缝

钢筋混凝土房屋需要设置防震缝时，各类房屋的防震缝宽度：当高度不超过 15 m 时，最小缝宽取 100 mm；超过 15 m 时，应在 100 mm 的基础上按表 1-6 的规定增加缝宽。必要时可按计算校核防震缝的宽度。

表 1-6 防震缝的宽度

设防烈度	建筑物高度	缝宽
7 度	每增加 4 m	在 70 mm 基础上增加 20 mm
8 度	每增加 3 m	在 70 mm 基础上增加 20 mm
9 度	每增加 2 m	在 70 mm 基础上增加 20 mm

在地震设防的地区，当建筑体形复杂或各部分的结构刚度、高度、重量相差较大时，应在变形敏感部位设缝，将建筑物分为若干个体形规整、结构单一的单元，防止在地震波的作用下互相挤压、拉伸，造成变形破坏，这种缝隙称为防震缝。

设置防震缝时，一般基础可不断开，但在平面复杂的建筑中，当建筑各相连部分的刚度差别很大时，必须将基础分开，具有沉降缝要求的防震缝也应将基础分开。在地震设防区，防震缝应与伸缩缝、沉降缝统一布置，并满足防震缝的设计要求，防震缝构造及要求与伸缩缝相似，但墙体不应处理成错口缝和企口缝。

防震缝因缝隙较宽，在构造处理时，应考虑盖缝条的牢固性以及适应变形的能力，通常采取覆盖的做法，盖板和钢钉之间留有上下少量活动的余地，以适应沉降要求。

认知 1.4.3　变形缝的构造

建筑物的变形缝可采用由施工单位现场制作的变形缝，也可以采用变形缝装置。建筑变形缝应具有足够的强度和刚度以及隔声、防火、防水等功能。由于施工现场制作的变形缝，难以达到今后对建筑的要求，因而变形缝朝着变形缝装置方向发展，是建筑业发展的趋向，如图 1-34(a)所示。

《建筑外墙防水工程技术规程》(JGJ/T 235－2011)中规定，变形缝部位应增设合成高分子防水卷材附加层，卷材两端应满粘于墙体，满粘的宽度不应小于 150 mm，并应用钉固定；卷材收头应用密封材料密封，如图 1-34 所示。

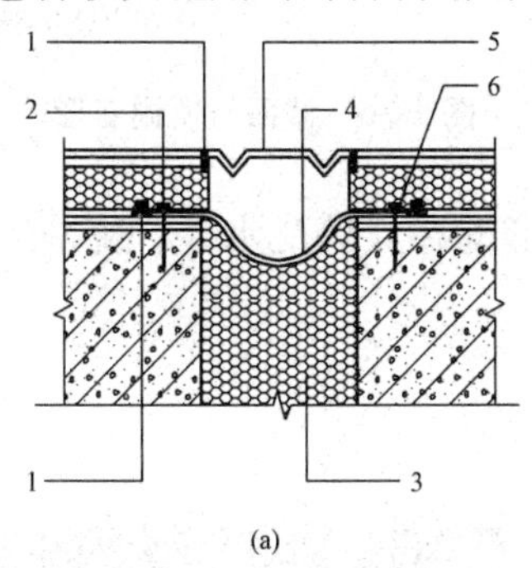

(a)

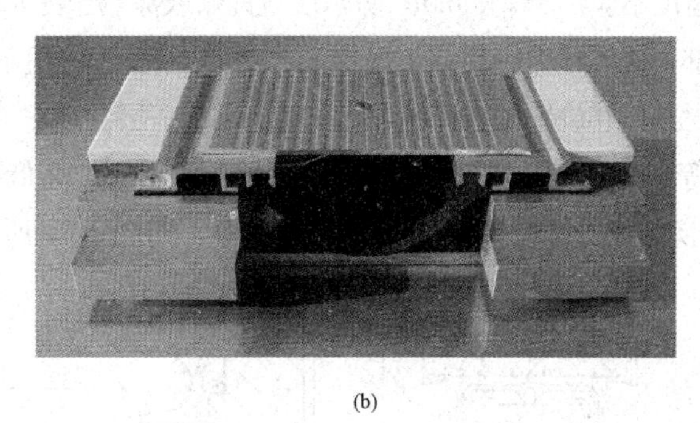

(b)

图 1-34　变形缝装置

(a)变形缝防水构造；(b)实物图

1—密封材料；2—锚栓；3—衬垫材料；4—合成高分子防水卷材(两端粘结)；5—不锈钢钢板；6—压条

1. 墙体的变形缝构造

外墙变形缝根据使用要求做防水构造，外墙缝部位在室内外相通时，必须做防水构造。外墙变形缝的保温构造位置应与所在墙体的保温层位置一致，如图 1-35 所示。

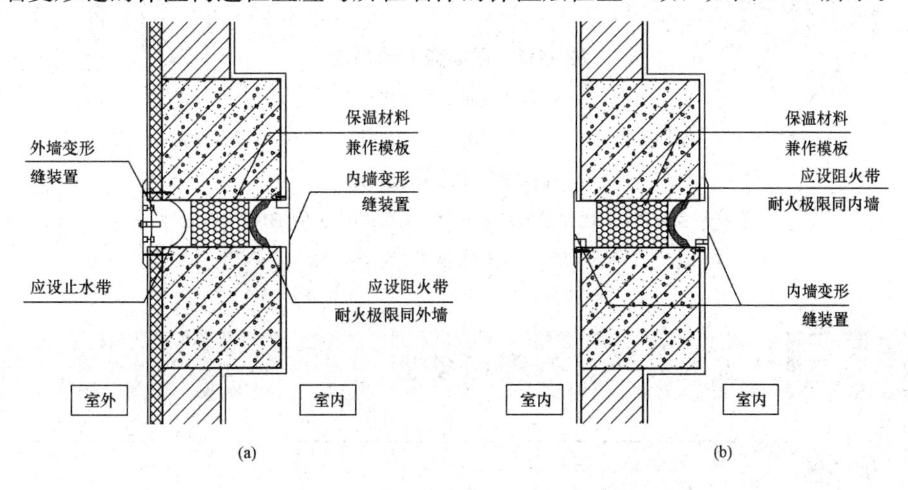

图 1-35　墙体变形缝装置构造示意图

(a)外墙与内墙变形缝平面；(b)内墙变形缝平面

2. 楼地面的变形缝构造

阻火带应设在结构梁或板部位，即顶棚；止水带只适应无防水构造的楼面偶尔有拖擦楼面少量用水时的使用条件，有防水要求的楼面应由建筑专业按工程进行防水设计，如图 1-36 所示。

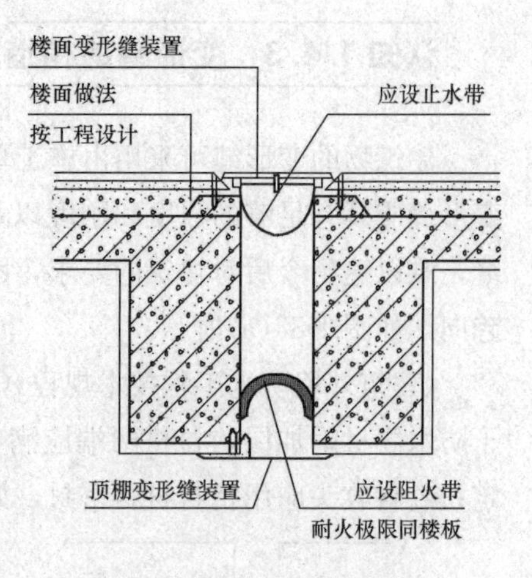

图 1-36 楼面与顶棚变形缝

3. 屋面的伸缩缝构造

屋面伸缩缝的位置和缝宽应与墙体、楼地面的伸缩缝一致。一般设在同一标高屋顶或建筑物的高低错落处。变形缝泛水处的防水层下应增设附加层，附加层在平面和立面的宽度不应小于 250 mm；防水层应铺贴或涂刷至泛水墙的顶部；变形缝内应预填不燃保温材料，上部应采用防水卷材封盖，并放置衬垫材料，再在其上干铺一层卷材。

等高变形缝顶部宜加扣混凝土或金属盖板；高低跨变形缝在立墙泛水处，应采用有足够变形能力的材料和构造进行密封处理，如图 1-37 所示。

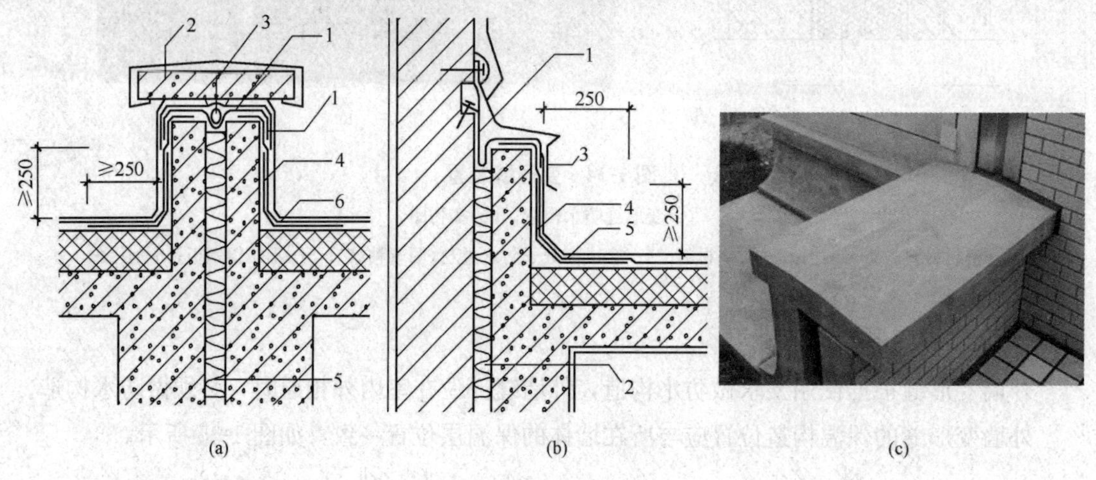

图 1-37 屋面变形缝构造

(a)等高屋面变形缝构造；

1—卷材封盖；2—混凝土盖板；3—衬垫材料；4—附加层；5—不燃保温材料；6—防水层

(b)高低跨屋面变形缝构造；

1—卷材封盖；2—不燃保温材料；3—金属盖板；4—附加层；5—防水层

(c)实物图

课后作业

一、填空题

1. 变形缝根据其影响因素的不同可分为__________、__________和__________三大类。

2. 设置__________时，必须将建筑的基础、墙体、楼层及屋顶等部分全部在垂直方向断开。

3. 伸缩缝的宽度一般在__________，以保证缝两侧的建筑构件能在水平方向自由伸缩。

4. 墙体伸缩缝视墙体厚度、材料及施工条件不同，可做成__________、__________、__________等截面形式。

二、单选题

1. 建筑物高差在(　　)m 以上时，宜设防震缝。

A. 3　　B. 6　　C. 9　　D. 12

2. (　　)要求将建筑物的墙体、楼板层、屋顶等基础以上的部分全部断开，基础部分因受温度变化影响大小，不必断开。

A. 伸缩缝　　B. 沉降缝　　C. 防震缝　　D. 构造缝

3. 设置防震缝时，当建筑高度不超过 15 m 时，可采用(　　)mm 为最小宽度。

A. 30　　B. 50　　C. 70　　D. 90

4. (　　)的宽度与地基的性质和建筑物的高度有关，地基越软弱，建筑物高度越大，缝宽也就越大。

A. 沉降缝　　B. 防震缝　　C. 构造缝　　D. 伸缩缝

5. 下列说法正确的是(　　)。

A. 伸缩缝基础必须断开　　B. 沉降缝基础必须断开

C. 防震缝基础必须断开　　D. 变形缝基础设置无规定

6. 墙体沉降缝处进行盖缝处理后应确保其缝两边部分能够保持(　　)自由变形。

A. 水平方向　　B. 竖直方向　　C. 水平和竖直方向　　D. 45°方向

三、简答题

1. 在什么情况下须考虑留设伸缩缝？

2. 在什么情况下须留设沉降缝？宽度由什么因素确定？

3. 基础沉降缝的处理形式有哪几种？

4. 在什么情况下须留设防震缝？防震缝宽度确定的主要依据是什么？

实训　变形缝的绘制实训

实训 1：绘制墙体伸缩缝

请使用 SketchUp 软件绘制图 1-31 所示的墙体伸缩缝楼体沉降缝模型。(15 分钟)

实训 2：绘制沉降缝楼体模型

根据图 1-33 所示，用 SketchUp 软件绘制楼体沉降缝模型。(10 分钟)

实训 3：绘制屋面变形缝模型

参照图 1-37 所示，用 SketchUp 软件绘制屋面变形缝模型。(65 分钟)

项目 2　砖混结构建筑构造认知

情境导入

问题导入：如图 2-1 所示，某小区要建住宅楼 12 栋，每栋住宅楼 3 个单元，户型为三室两厅，建筑面积为 120 m^2，砖混结构，建筑层数为六层，需要设置电梯，如何建设？分组讨论，组长回答最佳方案。

1. 住宅楼 12 栋如何布局？
2. 建筑结构形式、面积、层数？
3. 为何要设置电梯？
4. 若是进行施工，施工工序是怎样的？

图 2-1　住宅楼设计

单元教学导航

<table>
<tr><td rowspan="9">项目
认知
任务</td><td>认知 2.1　砖混结构建筑认知
——地基、基础、地圈梁、散水认知</td><td rowspan="9">项目
实训
任务</td><td>实训　基础及基础圈梁仿真实训</td></tr>
<tr><td>认知 2.2　砖混结构建筑构造认知——墙体构造认知</td><td>实训　墙体砌筑仿真实训</td></tr>
<tr><td>认知 2.3　构造柱、墙体细部及门窗构造认知</td><td>实训　老虎窗筒单房屋的绘制</td></tr>
<tr><td>认知 2.4　墙面装修、地下室防潮防水构造认知</td><td>实训　圈梁、构造柱、墙面装修实训</td></tr>
<tr><td>认知 2.5　楼地层与顶棚、阳台、雨篷构造认知</td><td>实训　校园建筑三维模型制作实训</td></tr>
<tr><td></td><td></td></tr>
<tr><td></td><td></td></tr>
<tr><td></td><td></td></tr>
<tr><td></td><td></td></tr>
<tr><td>建议课时</td><td>10 课时</td><td>建议课时</td><td>10 课时</td></tr>
<tr><td>任务描述</td><td colspan="3">了解基础、墙体、门窗的分类及其细部构造，能够掌握墙体的组砌方式，把握圈梁、构造柱的结构形式</td></tr>
<tr><td>教学载体</td><td colspan="3">教学 PPT 课件及教材相关内容；实体建筑模型、虚拟仿真或建筑工地现场</td></tr>
<tr><td rowspan="2">教学目标</td><td>知识目标</td><td colspan="2">了解基础、墙体分类与作用、墙体承重方案，了解墙体细部构造、室内外墙体装修处理</td></tr>
<tr><td>能力目标</td><td colspan="2">能够掌握基础、墙体、门窗、楼板不同部位的细部构造做法，掌握墙体的组砌方式，把握圈梁、构造柱的结构形式，为将来的建筑施工、工程预算、工程管理等职业岗位打下良好的基础</td></tr>
<tr><td>过程设计</td><td colspan="3">知识引导→虚拟仿真、实例分析→学生实训操作、体验认知→教师点评或总结；任务布置→参观考察→写出心得→提交评价</td></tr>
<tr><td>案例教学</td><td colspan="3">砖混结构实例设计说明：基础：条形基础；墙体：普通砖砌筑；砌筑方式(砖墙砌法)：24 墙一顺一丁式；结构：砖混结构(砖墙、构造柱、圈梁)；承重：墙体</td></tr>
<tr><td>教学方法</td><td colspan="3">结合视频和图片加以讲解的多媒体教学法、项目教学法、现场教学法、虚拟仿真教学法</td></tr>
<tr><td>学习课时</td><td colspan="3">认知共计 10 课时，实训共计 10 课时，合计 20 课时</td></tr>
</table>

认知 2.1 砖混结构建筑认知——地基、基础、地圈梁、散水

认知 2.1.1 砖混结构建筑认知

19 世纪 50 年代以后，随着水泥、混凝土和钢筋混凝土的应用，砖混结构建筑迅速兴起。高强度砖和砂浆的应用，推动了砖承重建筑的发展。砖混结构建筑砌筑材料主要有烧结普通砖、多孔砖、砂浆等。直至 21 世纪前 10 年，随着国家对烧结普通砖的限制使用，砖混结构建筑建造方式才逐渐转为框架、框剪、剪力墙等结构建筑形式。砖混结构建筑如图 2-2 所示。

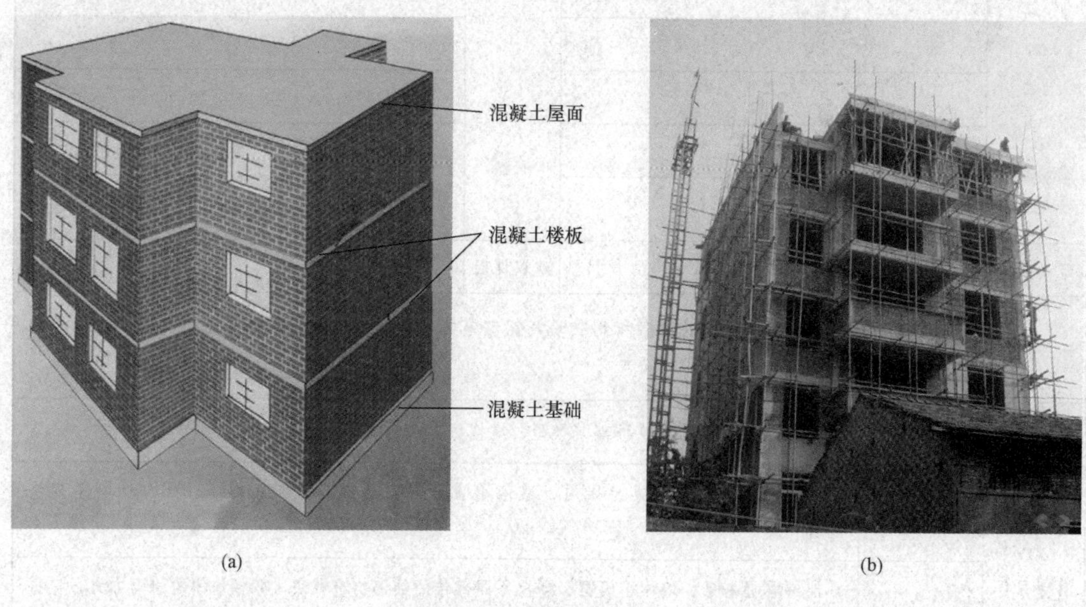

图 2-2 砖混结构建筑

(a)圈梁＋(构造柱)＋预制楼板(20 世纪 50—80 年代)；

(b)圈梁＋构造柱＋现浇楼板(20 世纪 90—21 世纪前 10 年)

砖混结构是混合结构的一种，是采用砖墙来承重，钢筋混凝土圈梁、过梁、构造柱、楼板等构件传递均匀受力构成的混合结构体系。以承重砖墙为主体的砖混结构建筑，在设计时应注意：门窗洞口不宜开得过大，排列有序；内横墙间的距离不能过大；砖墙体型宜规整和便于灵活布置。构件的选择和布置应考虑结构的强度和稳定性等要求，还要满足耐久性、耐火性及其他构造要求，如外墙的保温隔热、防潮、表面装饰和门窗开设，以及特殊功能要求。建于地震区的房屋，要根据防震规范采取防震措施，如采用配筋砌体、设置构造柱、圈梁等。

拓展知识

砖混结构建筑构造设计说明：

基础：条形基础

墙体：红砖砌筑

砌筑方式(砖墙砌法)：24 墙一顺一丁式

结构：砖混结构(砖墙、构造柱、圈梁)

承重：墙体

【案例导入分析】

小区传达室一般为一层砖混结构建筑，空间面积体量不大，1～3 间不等，如图 2-3 所示。本节以某一个住宅小区的传达室为例，来了解一下砖混结构建筑的基本构造。

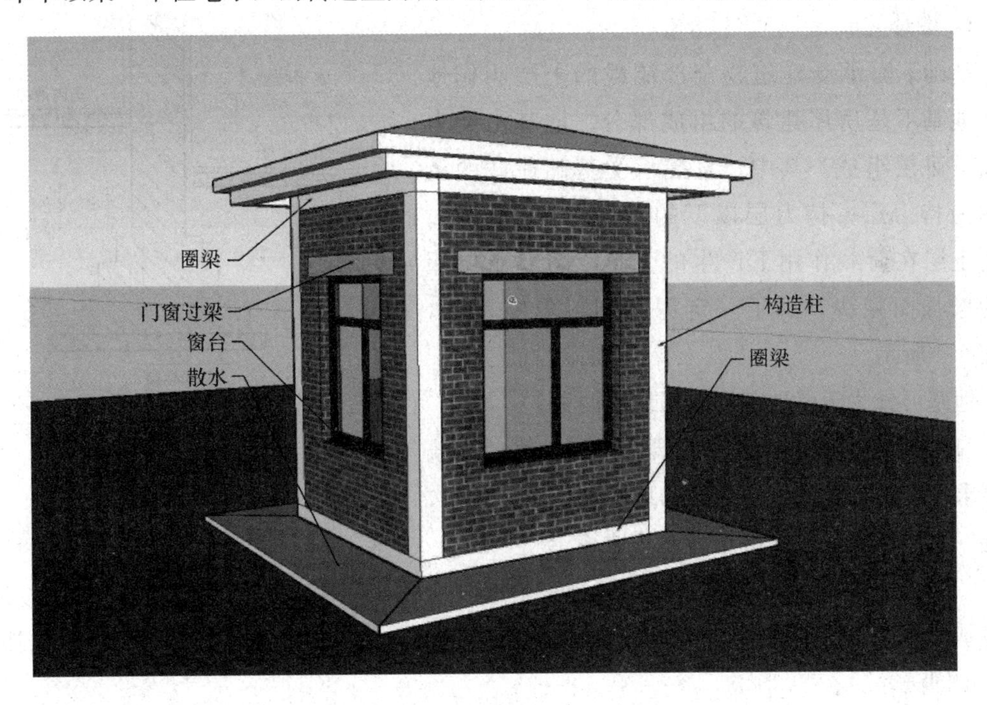

图 2-3　虚拟仿真：传达室构造

【虚拟仿真演示】

步骤：

(1)使用软件 SketchUp6.0 及以上版本打开配套素材/“项目 2 砖混结构建筑构造认知”/“传达室 .skp”，使用【轨道】(旋转、转动)命令可以 360°旋转观看模型细部构造。

(2)使用【编辑】—【隐藏】命令，选中某些构件，可以隐藏。

(3)若要完整显示所有构件，使用【编辑】—【取消隐藏】—【全部】。

(4)使用【轨道】(旋转)命令可 360°旋转观看模型细部构造，使教学内容更加形象、直观。

(5)通过实例演示，我们可以了解到，传达室的基本构造包括：地圈梁、散水、构造柱、墙体、窗户、过梁、圈梁、屋顶等构件。

拓展知识

砖混结构建筑基于建造施工工序的工作过程化模式：

(1)地基与基础→(2)地圈梁→(3)墙体(楼梯同步进行)→(4)门窗洞口预留→(5)门窗过梁→(6)构造柱→(7)圈梁、楼板(阳台)→(8)重复(3～7项)→(9)屋顶。

认知 2.1.2 地基与基础

1. 地基

基础下面承受建筑物全部荷载的土层叫作地基。地基不是房屋建筑的组成部分。地基由持力层和下卧层组成。其中，直接承受基础荷载的土层称为持力层；持力层以下的土层称为下卧层。地基土层在荷载作用下产生的变形，随着土层深度的增加而减少，到了一定深度则可忽略不计，如图 2-4 所示。

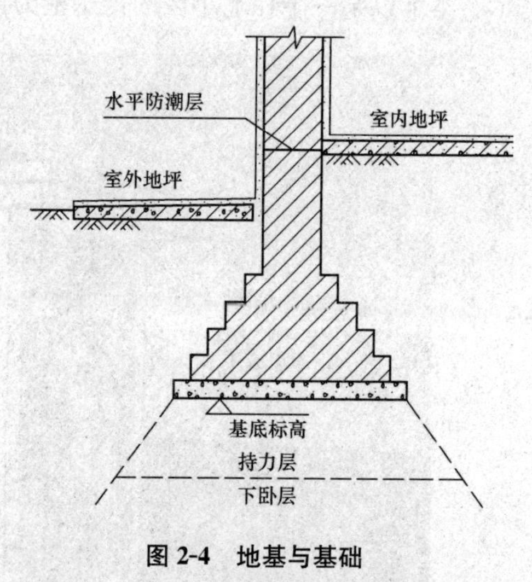

图 2-4 地基与基础

地基可分为天然地基和人工地基两种。

(1)天然地基是指天然土层即可满足地基的承载力要求，不需要经过人工处理的地基。岩石、碎石、砂土、黏性土等一般均可作为天然地基。

(2)当天然岩土无法满足地基的承载力要求时，可以对地基进行人工处理和加固，这样的地基称为人工地基，其处理方法有换填垫层法、预压法、强夯法、振冲法、深层搅拌法、化学加固法等。

2. 基础

基础是建筑物最下面的构件，是建筑物的墙或柱子在地下的扩大部分，由地基来承托。基础要保证结实、稳固牢靠，能够承托整个建筑的荷载及重量，它直接与土层相接触，承受建筑物的全部荷载，并将这些荷载连同本身的重量一起传递给地基。

(1)基础的结构形式。

1)砖混结构建筑常用基础类型有：条形基础等；

2)框架、剪力墙结构常用基础类型有：独立基础、条形基础、井格基础、筏形基础、桩基础、箱形基础等，如图 2-5 所示。

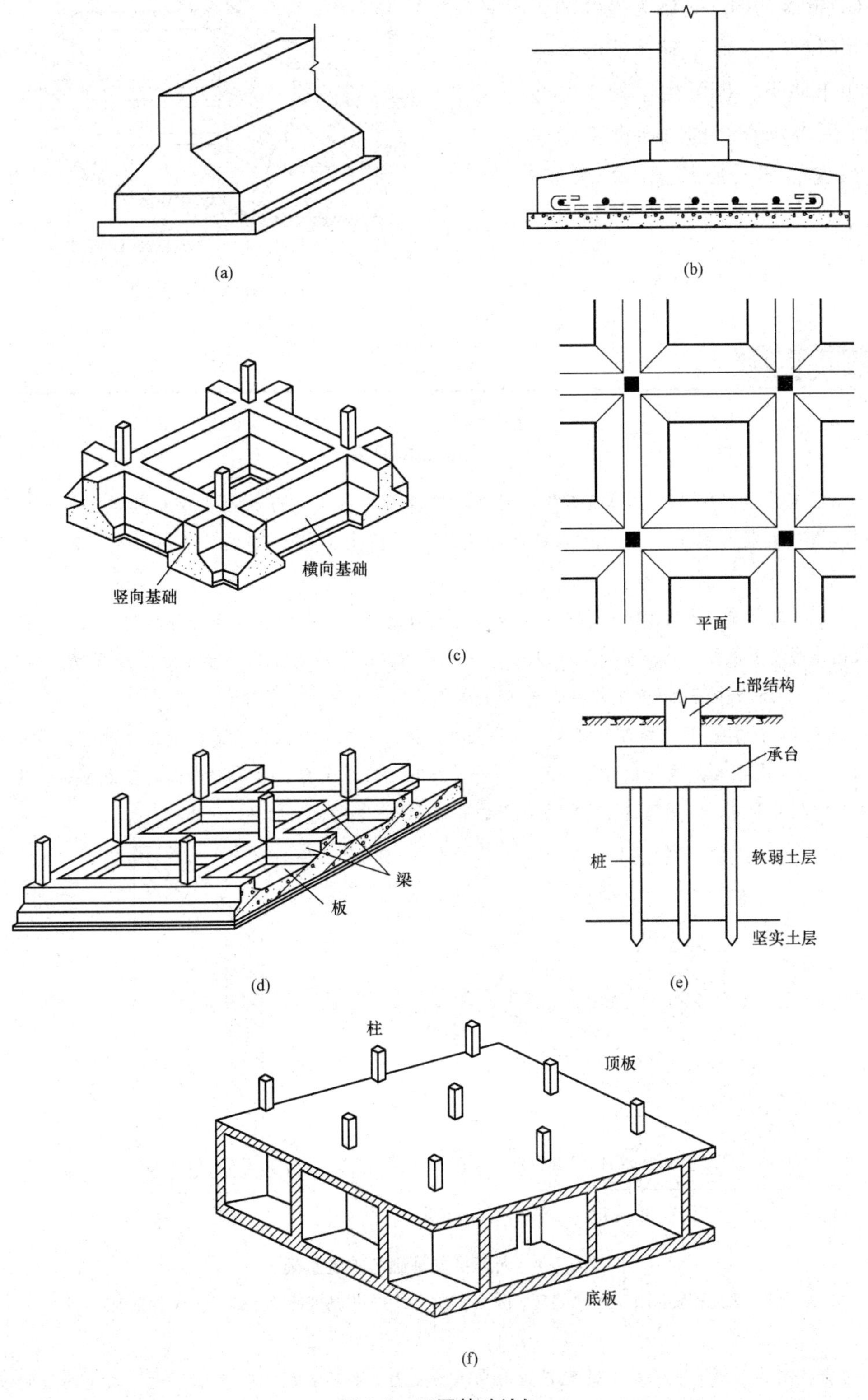

图 2-5　不同基础认知

(a)条形基础；(b)独立基础；(c)井格基础；(d)筏形基础；(e)桩基础；(f)箱形基础

(2)条形基础。基础为连续的长条形状时称为条形基础。条形基础一般用于墙下，也可用于柱下。当建筑采用墙承重结构时通常将墙底加宽形成墙下条形基础，如图 2-6 所示。

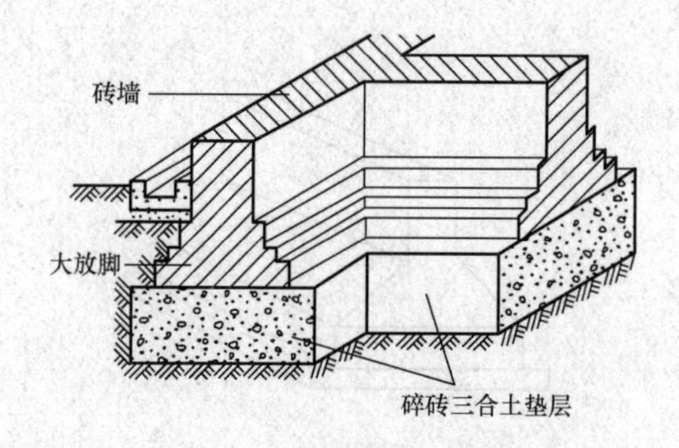

图 2-6　墙下条形基础

拓展知识

基础的种类

刚性基础和柔性基础：基础按照使用的材料及受力特点可分为刚性基础和柔性基础，即无筋扩展基础和扩展基础；在选择基础时，须综合考虑上部结构形式、荷载大小、地基状况等因素。

无筋扩展基础：是指由砖、毛石、混凝土或毛石混凝土、灰土和三合土等材料组成的，且不需配置钢筋的墙下条形基础或柱下独立基础。一般是用砖、石、灰土、混凝土等抗压强度大而抗弯、抗剪强度小的材料做基础(受刚性角的限制)，如图 2-7(a)所示。

扩展基础：框架-剪力墙建筑常采用扩展基础。将上部结构传来的荷载，通过向侧边扩展成一定底面积，使作用在基底的压应力等于或小于地基土的允许承载力，而基础内部的应力应同时满足材料本身的强度要求，这种起到压力扩散作用的基础称为扩展基础，如图 2-7(b)所示。

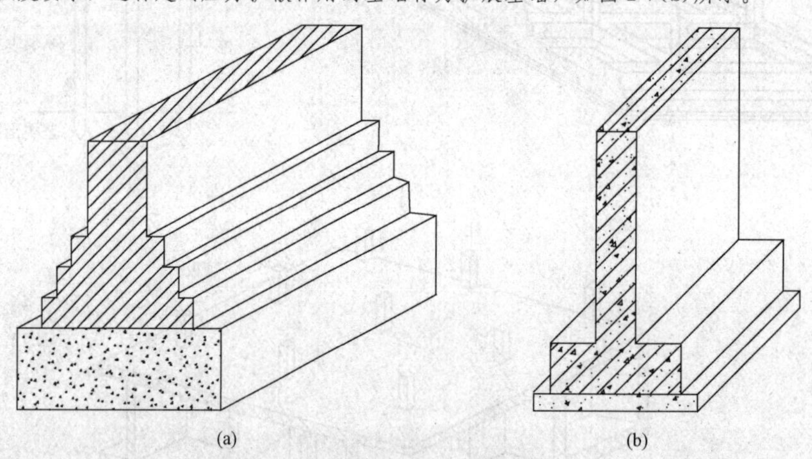

图 2-7　无筋扩展基础与扩展基础

(a)无筋扩展基础(烧结普通砖—刚性基础)；(b)扩展基础(钢筋混凝土—柔性基础)

扩展基础通过混凝土基础下部配置钢筋来承受底面的拉力，所以，基础不受宽高比的限制，可以做得宽而薄，一般为扁锥形，端部最薄处的厚度不宜小于 200 mm。

图 2-6(a)为砖砌刚性条形基础，底下为素混凝土基础垫层，上部为砖材基础及墙体。图 2-6(b)为钢筋混凝土条形基础，底部为三合土垫层，上部为钢筋混凝土基础及墙体。

(3)基础埋深。为确保建筑物的使用安全，基础要埋入土层中一定的深度。一般把从室外设计地面(地坪)到基础底面的垂直距离，称为基础的埋置深度，简称埋深，如图 2-8 所示。

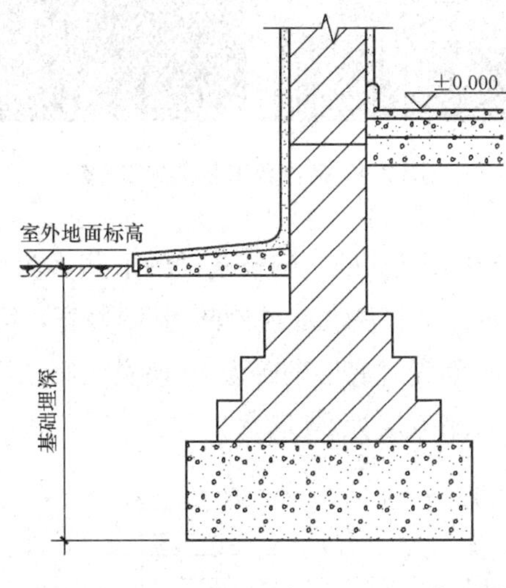

图 2-8　基础的埋置深度

(4)深基础与浅基础。基础通常按照埋置深度，可分为浅基础和深基础两种，在满足地基稳定和变形要求的前提下基础宜浅埋。传统意义上讲，浅基础和深基础的定义如下：

1)深基础：埋深大于等于 5 m 或埋深大于等于基础宽度的 4 倍的基础称为深基础。

2)浅基础：埋深在 0.5～5 m 之间或埋深小于基础宽度的 4 倍的基础称为浅基础。

认知 2.1.3　砖混结构基础认知

基础选用：砖混结构建筑一般使用条形基础，如图 2-9 所示。条形基础是墙下条基——砖石墙的基础形式。

图 2-9　砖砌条形基础施工

图 2-9　砖砌条形基础施工(续)

条形基础传统砌法为砖砌条形基础。砌筑基础的形式多为大放脚，可分为等高式和间隔式两种，如图 2-10(b)所示。如等高式底层砌砖为 56 墙宽，第二层为 48 墙宽，第三层为 37 墙宽，第四层为 24 墙宽；间隔式底层砌砖为 72 墙宽，第二层单皮为 56 墙宽，第三层为 48 墙宽，第四层为 37 墙宽，第五层为 24 墙宽。

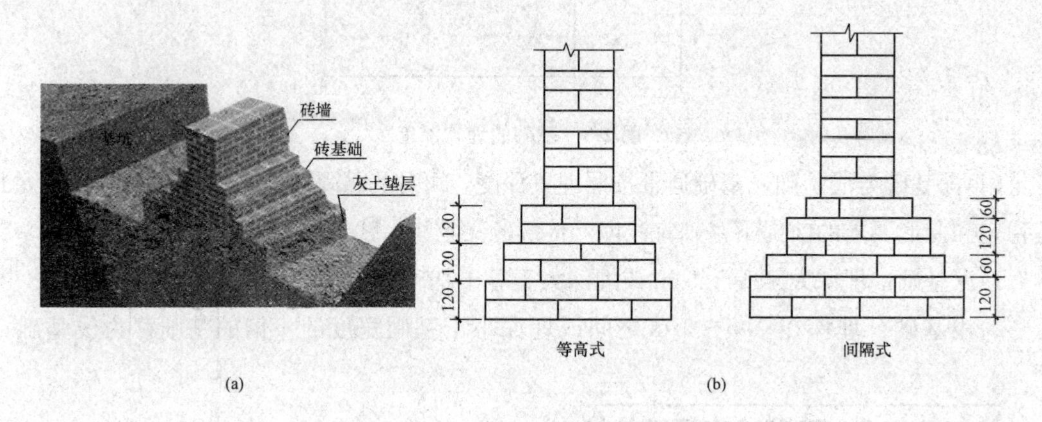

图 2-10　大放脚一砖砌条形基础

认知 2.1.4　砖混结构建筑圈梁

圈梁、构造柱是砖混结构建筑的一部分，通过增设圈梁、构造柱(图 2-11)，加强了水平与垂直方向的拉结，增加了砖混结构的整体性，使整个楼体成为一个整体，增强了抗震性，减少了不均匀沉降造成的地基下陷、墙体开裂等通病。

在砌体结构房屋中，在砌体内沿建筑物外墙四周及部分内横墙设置的连续封闭的钢筋混凝土梁称为圈梁。圈梁起到提高房屋空间刚度，增加建筑物的整体性、稳定性，提高砖石砌体的抗剪、抗拉强度，防止由于地基不均匀沉降，地震或其他较大振动荷载对房屋的破坏的作用。在房屋的基础上部连续的钢筋混凝土梁叫作基础圈梁，或称为地圈梁。而在墙体上部，紧挨楼板设置的钢筋混凝土梁叫作上圈梁。在砌体结构中，圈梁有钢筋砖圈梁和钢筋混凝土圈梁两种。圈梁的构造如图 2-12 所示。

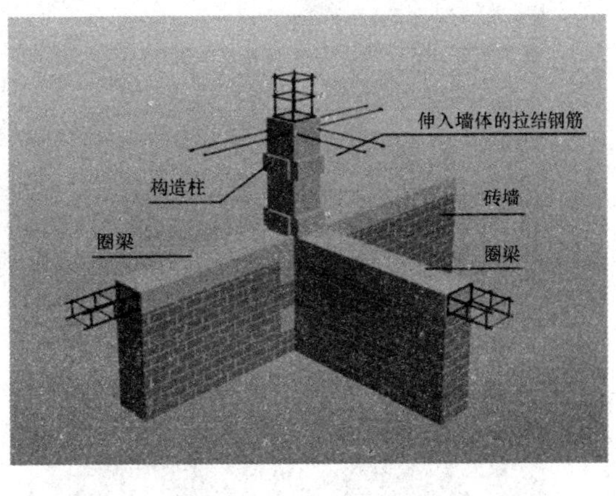

图 2-11 圈梁、构造柱

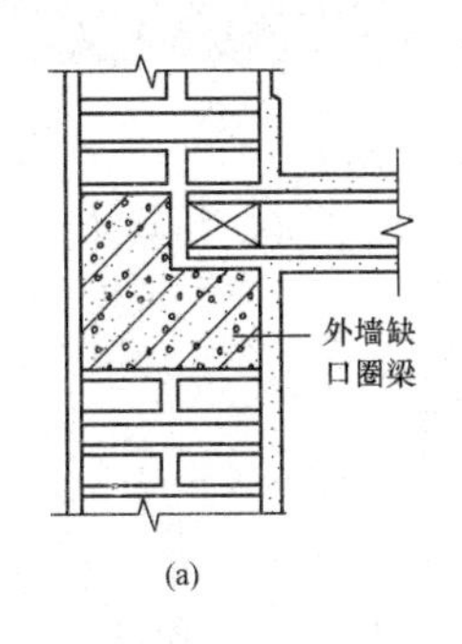

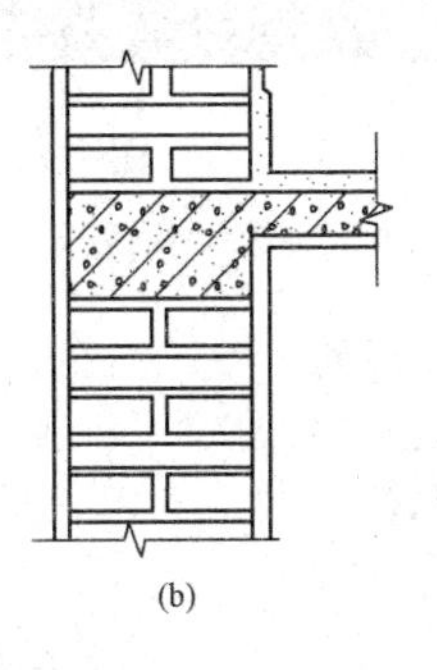

图 2-12 圈梁构造

圈梁是要封闭的，若遇到门洞不能封闭时应加设附加圈梁，如图 2-13 所示。

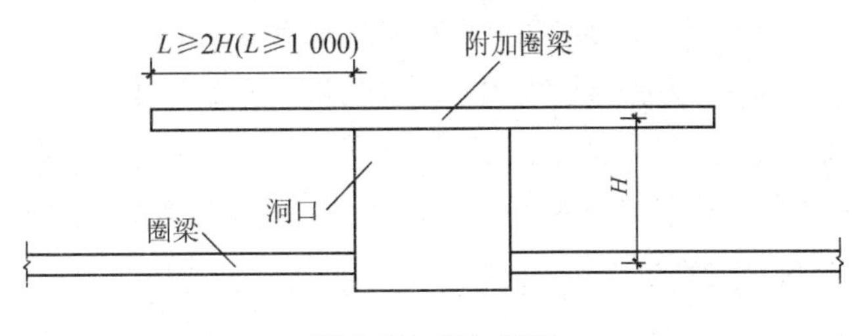

图 2-13 附加圈梁

认知 2.1.5 基础圈梁(地圈梁)

地圈梁放置在条形基础之上，大放脚条形基础砌筑完成以后，在其上需铺设地圈梁。地圈梁的施工为先绑扎好钢筋，支模板，然后浇筑混凝土。待混凝土干固以后，回填土并整平地面，然后砌筑墙体，如图 2-14 所示。

图 2-14　基础圈梁及回填土

基础圈梁施工顺序：绑扎钢筋⟶支模板⟶浇筑混凝土⟶拆模⟶回填土

认知 2.1.6　散水

房屋基础部分四周无论屋面是否为有组织或无组织排水都要通过散水将雨水排除到地面上。当屋面为有组织排水时，一般设雨水管将雨水排放到散水上后排到地面上；当层面为无组织排水时，雨水通过屋面直接滴落到散水面上。

(1)散水的位置：建筑物外墙与地面(室外地坪)接触部分。

(2)散水的作用：将建筑物屋顶泄落雨水缓冲后散落到地面上，防止雨水跌落冲击地面造成凹陷损坏地面及墙体。

(3)散水设计的要求：散水应设不小于 3%～5%的排水坡度。散水宽度一般为 600～1 000 mm，应比屋檐挑出的宽度长 150～200 mm 以上。本例宽度为 800 mm，并向外做不小于 3%的排水坡度。

(4)散水的做法：散水的做法通常是在素土夯实上铺灰土、砖、混凝土等材料，厚度为 60～70 mm。散水与外墙交接处设沉降缝，与墙体分开，缝宽为 20 mm；散水转角处每隔 6 m 左右设置变形缝，缝宽为 10～20 mm，缝内以沥青砂浆等弹性材料嵌缝，防止外墙下沉时或热胀冷缩时将散水拉裂。散水的两种构造做法如图 2-15 所示。

【虚拟仿真教学】

使用 SketchUp 软件打开配套资源中的“项目 2 砖混结构”→“模型 02 _ 传达室散水”观看(图 2-16)。

(1)选中图中“地面”，单击鼠标右键将其【隐藏】。

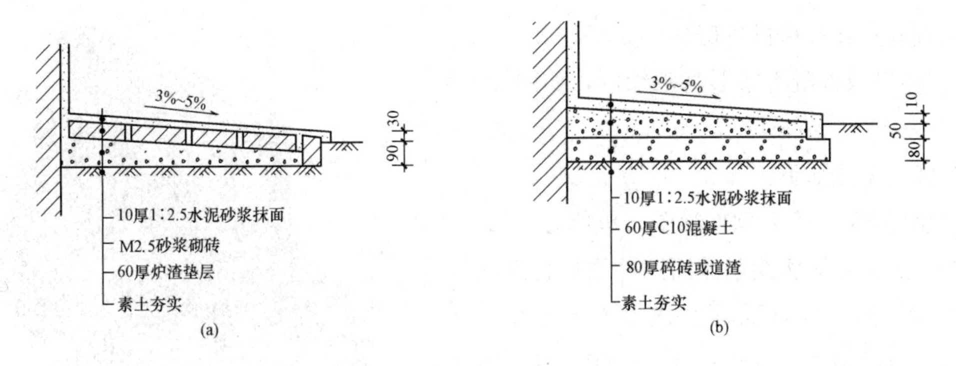

图 2-15　散水的构造

(a)砖铺散水；(b)混凝土散水

(2)本例中的散水做法与图 2-15(b)所示混凝土散水为同一做法，可互为参考。场景中按住鼠标中键旋转，可见底部为“80 厚碎砖或道渣”，将本层隐藏可见“60 厚 C10 混凝土”，最外层为“10 厚 1∶2.5 水泥砂浆抹面”。

(3)也可用【工具箱】/【剖切工具】剖切后观察。

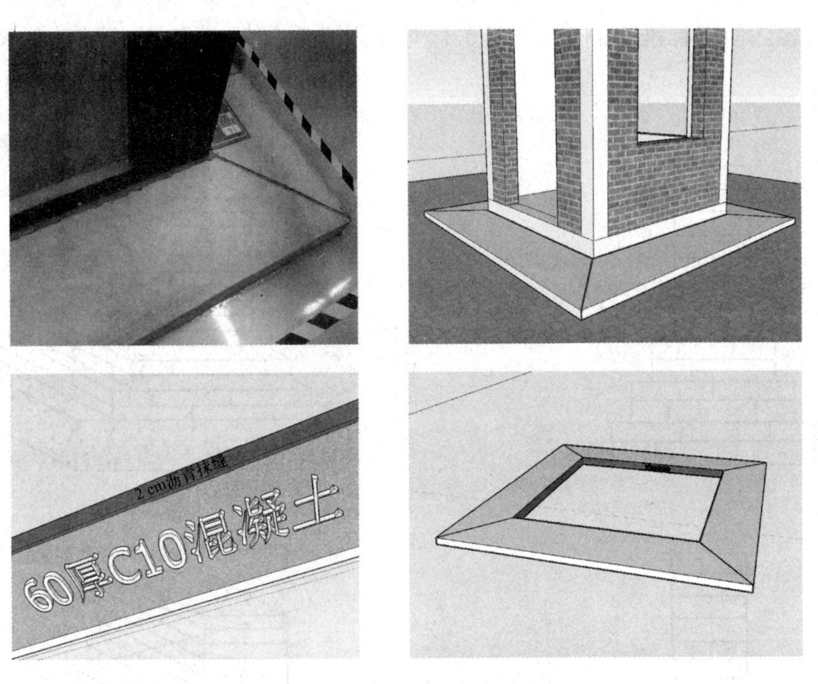

图 2-16　传达室散水构造

实训　砖混结构建筑构造认知——基础及基础圈梁仿真实训

实训 1：基础及基础圈梁构造仿真实训

使用 SketchUp 软件绘制条形基础。(45 分钟)

实训地点：计算机机房。

(1)砖砌及混凝土条形基础绘制，如图 2-7 所示。(20 分钟)

步骤与方法如下：

1)设置 SketchUp 软件绘图，单位为 mm。

2)按照实际比例绘制截面图并添加材料图例，或者将图片导入 SketchUp 软件进行描图处理。

3)将截面图(节点详图、构造详图、节点大样图)进行拉伸(挤出)即可完成。

4)保存为条形基础 . skp 文件格式。

(2)大放脚条形基础与基础圈梁绘制仿真实训，如图 2-17 所示。(25 分钟)

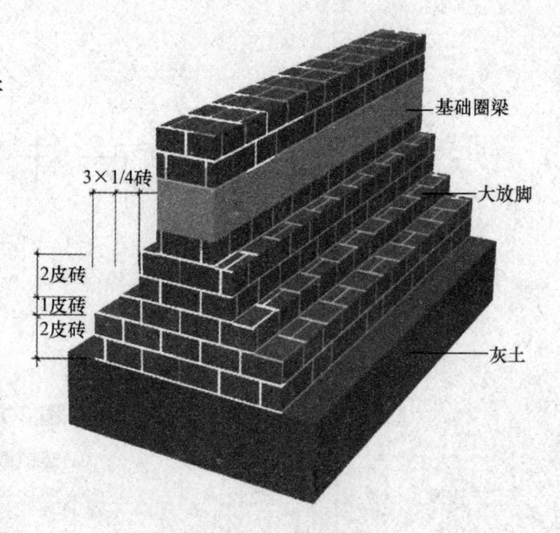

图 2-17　条形基础

实训 2：大放脚砌筑实训

实训地点：建筑工程实训中心砌体实训室。

实训内容：使用标准机制砖(红砖)干砌等高式和间隔式条形基础，如图 2-18 所示(45 分钟)。

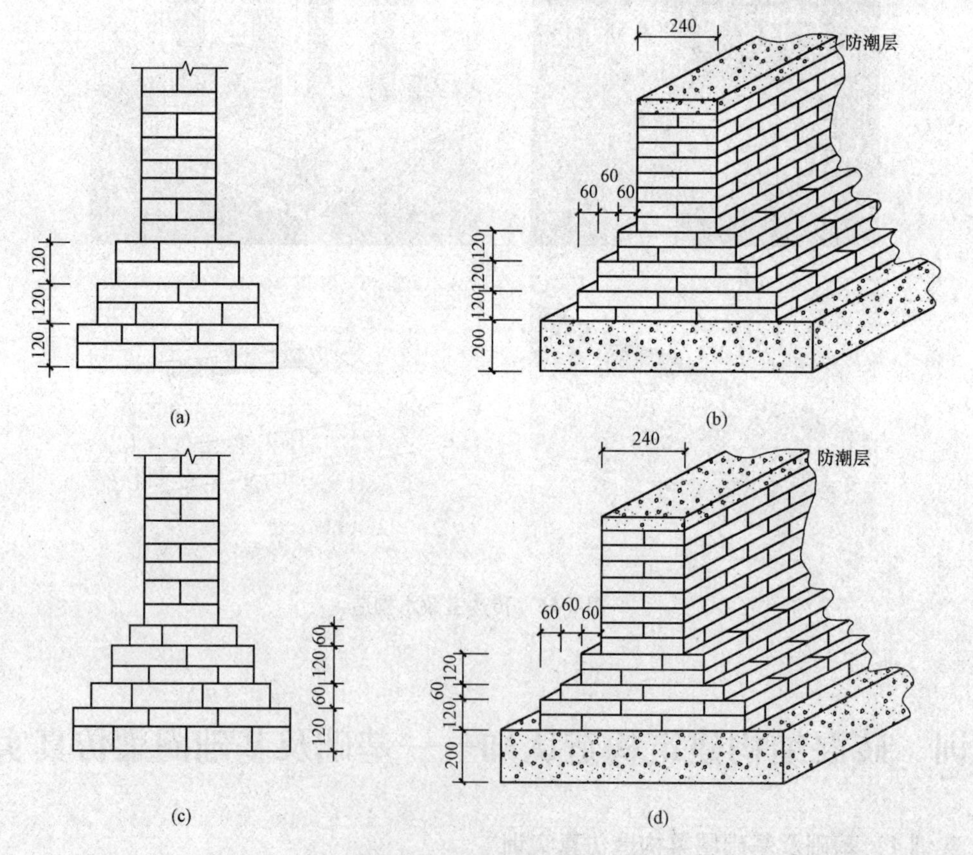

图 2-18　大放脚条形基础

(a)等高式；(b)等高式大放脚；(c)间隔式；(d)不等高式大放脚

分组：3～4 人一组，分工协作，进行条形基础的砌筑(干砌，不使用灰浆，但需适当保留 8～12 mm 的灰缝)。几组轮换砌筑，未执行任务的小组在一旁观摩，禁止大声喧哗，保证课堂秩序。

步骤与方法如下：

(1)清理场地或选择平整场地。

(2)场地画线，标注起始范围。

(3)按照图注样式进行搬砖干砌。

(4)砌筑完成后由其他小组检查评议，最后由教师点评、打分，作为小组及个人实训成绩。

(5)另一组开始砌筑并由其他小组检查评议，教师点评、打分。

认知 2.2　砖混结构建筑构造认知——墙体构造

认知 2.2.1　墙体的分类

1. 按墙体所处位置分类

根据墙体所处位置不同，可分为外墙和内墙。外墙是指建筑四周与室外环境接触的墙体；内墙是指建筑内部的墙体。墙体按其方向，可分为横墙和纵墙。横墙指的是建筑短轴方向的墙体；纵墙指的是建筑长轴方向的墙体。外横墙即为山墙；外纵墙即为檐墙，如图 2-19 所示。

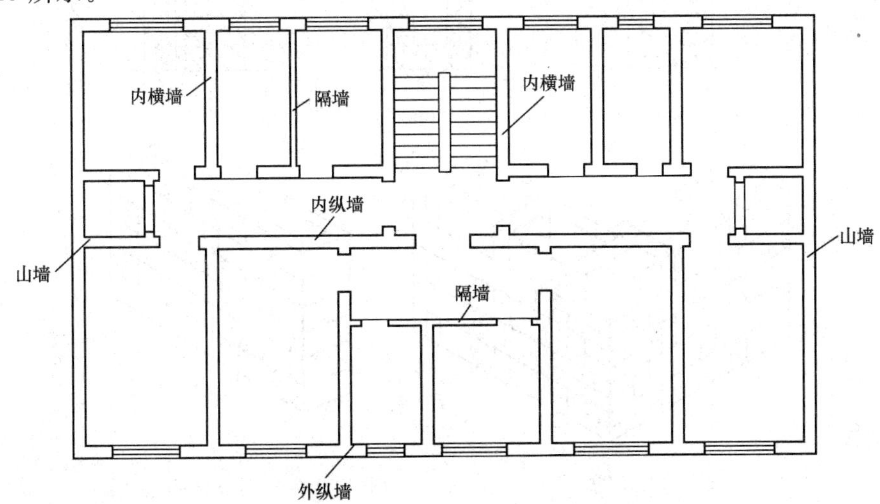

图 2-19　三户型住宅楼平面图墙体不同位置名称

窗间墙：窗与窗或门与窗之间的墙；窗下墙：窗口下方的墙；窗上墙：窗口上方的墙；女儿墙：屋顶上部的墙，如图 2-20 所示。

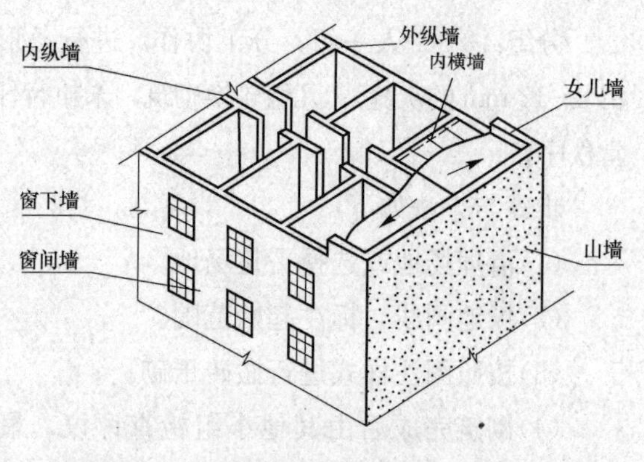

图 2-20　住宅楼外墙墙体不同位置名称

2. 按墙体受力情况分类

根据墙体受力情况，可分为承重墙和非承重墙。承重墙主要承受楼板及上部屋顶等其他构件传来的荷载；非承重墙除承受自身重力外石承受其他构件所带来的荷载。非承重墙包括自承重墙、隔墙、填充墙、幕墙。隔墙、填充墙起分隔空间作用，将自身重量传递给梁或楼板，不承受外来荷载。填充墙一般指的是框架结构中柱子之间的墙体，不承重。幕墙是指悬挂于建筑物外部的轻质墙。

3. 按墙体所用材料分类

根据墙体所用材料，可分为土墙、砖墙、石墙、砌块墙、混凝土墙等。

4. 按墙体构造方式分类

根据墙体构造方式，可分为实体墙、空体墙、复合墙。实体墙是由单一材料制成的烧结普通砖或其他实体砌块砌筑而成的墙，如砖墙、毛石砌块墙等，目前我国严格限制使用烧结实心砖，进而改用节能型的砌块砖墙；空体墙又称空心墙，用本身带孔的材料或内部空腔组砌形成，如空心砌块墙、空斗墙等；复合墙由两种以上材料组合而成，如混凝土、加气混凝土复合墙，其中混凝土起承重作用，加气混凝土起保温隔热作用，如图 2-21 所示。

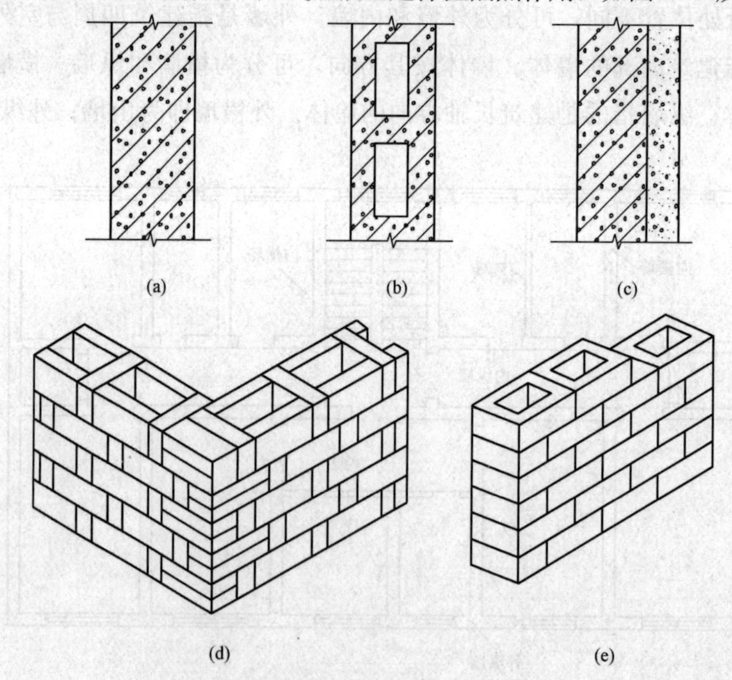

图 2-21　墙体构造形式

(a)实体墙；(b)空体墙；(c)复合墙；(d)空斗砖墙；(e)空心砌块墙

5. 按施墙体工方法分类

根据墙体施工方法不同，可分为砌筑墙、板筑墙和装配板材墙三种。

(1)砌筑墙。砌筑墙是用砂浆等胶结材料将砖石块材组砌而成，如砖墙、石墙、砌块墙等，如图 2-22 所示。

图 2-22　砖混结构砌筑墙体及浇筑楼板、过梁、构造柱

(2)板筑墙。板筑墙是施工时现场支模板，模板内夯筑或浇筑材料捣实而成的墙体，如夯土墙、现浇混凝土墙等，如图 2-23(a)所示。

(3)装配板材墙。装配板材墙是预制成大型板材构件，在施工现场安装的墙体，如预制混凝土大板墙、轻质条板内隔墙等。装配板材墙机械化程度高，施工速度快，工期短，是建筑工业化的方向，如图 2-23(b)所示。

(a)

(b)

图 2-23　混凝土墙及预制混凝土大板墙

认知 2.2.2　砖混结构墙体承重方式

砖混结构建筑以墙体承重为主结构，常要求各层承重墙上、下必须对齐；各层门、窗

洞口也要上下对齐。砖混结构建筑的墙体结构布置方案，通常有横墙承重、纵墙承重、纵横墙双向承重、局部框架承重几种方式，如图 2-24 所示。

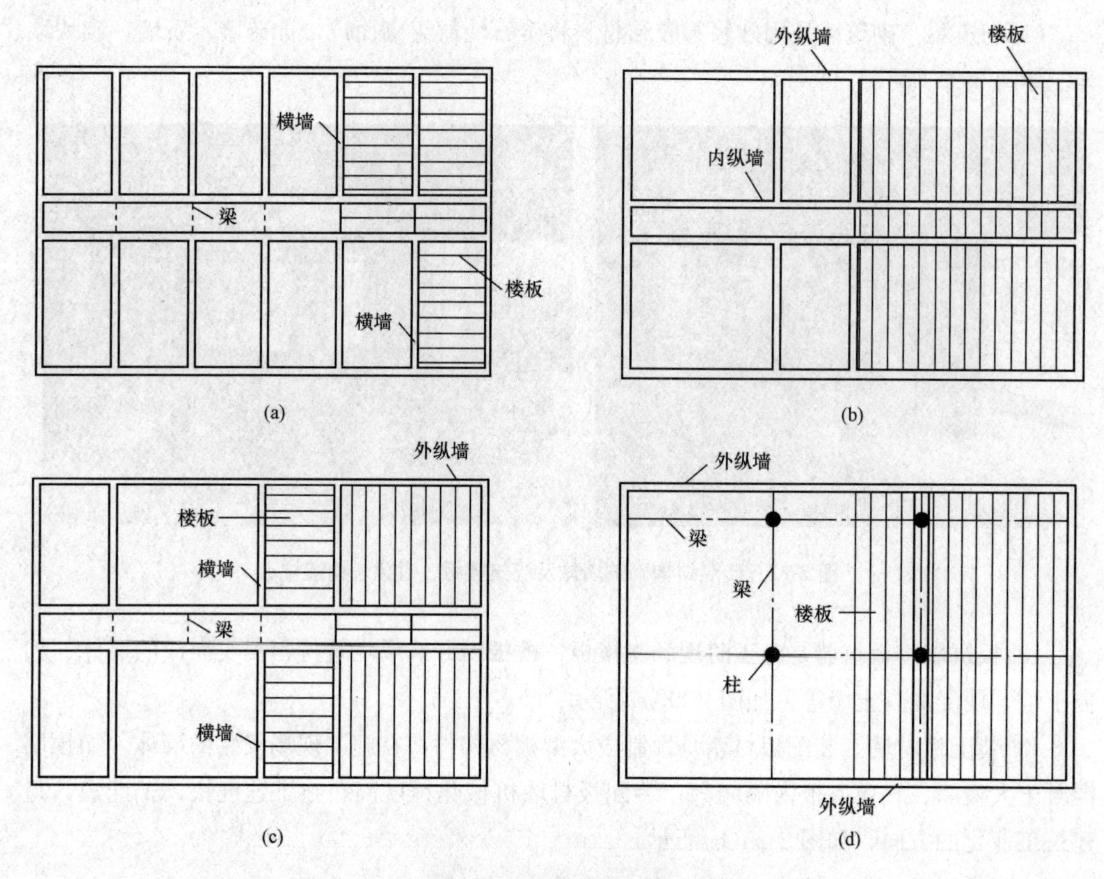

图 2-24　墙体承重方案

(a)横墙承重体系；(b)纵墙承重体系；

(c)纵横墙双向承重体系；(d)局部框架承重体系

(1)横墙承重。横墙承重是将楼板及屋面板等水平承重构件搁置在横墙上，楼板及屋面板的荷载由横墙下传到基础，纵墙为非承重墙，只起围护分隔、纵向稳定和拉结的作用，如图 2-24(a)所示。

横墙承重的优点：由于横墙较密，又有纵墙拉结，房屋的整体性好，横向刚度大，有利于抵抗地震作用等水平荷载。同时因为纵墙为非承重墙，在外墙上开窗比较灵活。

横墙承重的缺点：由于横墙间距受到限制，建筑开间尺寸较小，布局不够灵活。

横墙承重适用于房间墙体位置固定、开间尺寸不大的建筑，如宿舍、旅馆、住宅等。

(2)纵墙承重。纵墙承重是将楼板及屋面板等水平承重构件搁置在纵墙上，横墙只起分隔和连接纵墙的作用，如图 2-24(b)所示。

纵墙承重的优点：开间划分灵活，能分隔出较大的房间，以适用不同的需要。

纵墙承重的缺点：在纵墙上开设门窗洞口受到限制，其整体性较差。

纵墙承重适用于需要灵活平面布局的建筑，如教学楼、办公楼、商店等。

(3)纵横墙双向承重。纵横墙双向承重是将楼板分别布置在纵墙或横墙上，纵横墙均可能为承重墙，如图 2-24(c)所示。

纵横墙双向承重的优点：纵横墙承重方案平面布置灵活，空间刚度较好。

纵横墙双向承重的缺点：水平承重构件类型多，施工较为复杂。

纵横墙双向承重适用于开间、进深变化多，房间类型多，平面较复杂的建筑，如医院、住宅、幼儿园、单元式住宅等。

(4)半框架混合承重。半框架混合承重是在建筑内部采用梁、柱组成的框架承重，外围四周采用墙体承重，楼板荷载由梁、柱或墙体共同承担，这种结构布置又称部分框架结构、内部框架或墙与内柱混合承重方案，如图 2-24(d)所示。

半框架混合承重的优点：半框架承重方案的室内空间较大，划分灵活。

半框架混合承重的缺点：耗费钢材、水泥较多。

这种结构形式混合体系受力不明确，抗震很不利，现在的抗震规范已经禁止采用这种结构形式。

认知 2.2.3　墙体材料

构成墙体的材料是块材(砖、石、砌体)与砂浆。块材强度等级的符号为 MU；砂浆强度等级的符号为 M。

砖墙属于砌筑墙体，由砖和砂浆等材料按一定方式砌筑而成，具有保温、隔热、隔声等优点。砖墙的主要组成材料是砖和砂浆。

1. 砖

从所用材料上，可分为烧结普通砖、灰砂砖、页岩砖、煤矸石砖、水泥砖、矿渣砖等；从形状上，可分为实心砖、烧结多孔砖和空心砖。

普通砖及尺寸

(1)烧结普通砖：尺寸标准规格为 240 mm×115 mm×53 mm，砌筑时灰缝尺寸为8～12 mm。通常机制而成，因取材占用耕地农田，现已被国家限制使用，如图 2-25 所示。

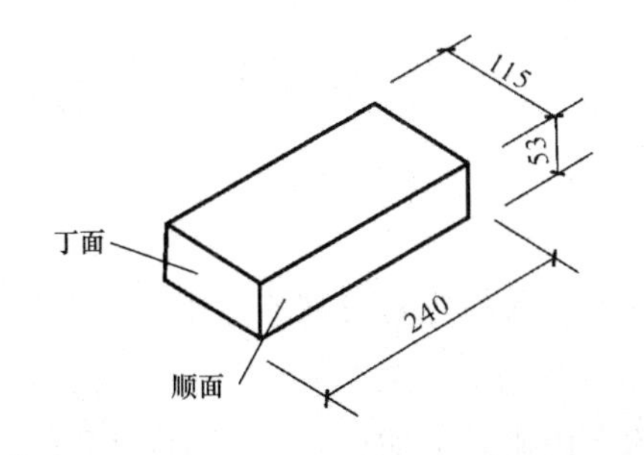

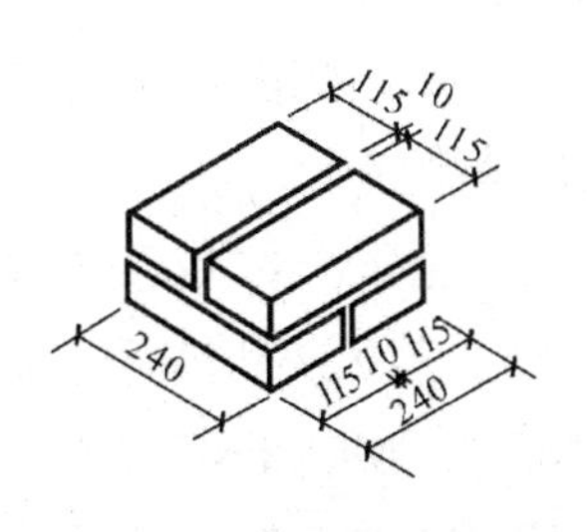

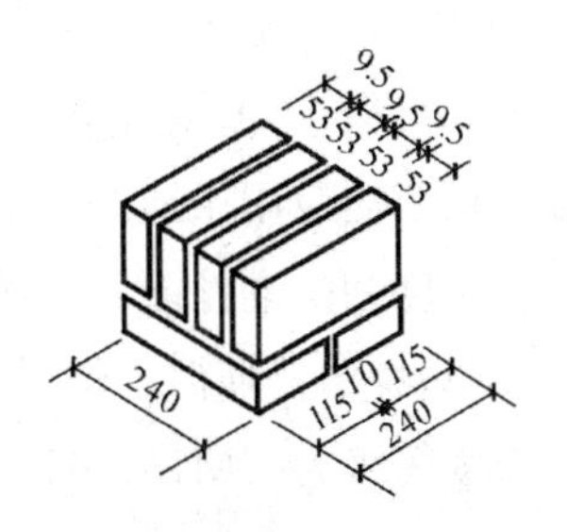

图 2-25　标准机制烧结普通砖的尺寸

砖墙厚度及名称见表 2-1。

表 2-1 砖墙厚度及名称

墙厚名称	习惯叫法	实际尺寸/mm	墙厚名称	习惯叫法	实际尺寸/mm
半砖墙	12 墙	115	一砖半墙	37 墙	365
3/4 砖墙	18 墙	178	二砖墙	49 墙	490
一砖墙	24 墙	240	二砖半墙	62 墙	615

(2)烧结多孔砖：尺寸规格为 240 mm×115 mm×90 mm，或 190 mm×190 mm×90 mm 等。其是由黏土、页岩、煤矸石为主要原料焙烧而成，孔洞率为 15%～35%，圆孔或非圆孔，孔径小、数量多，可用于承重部位，简称多孔砖。其分为 P 型和 M 型两种，如图 2-26 所示。

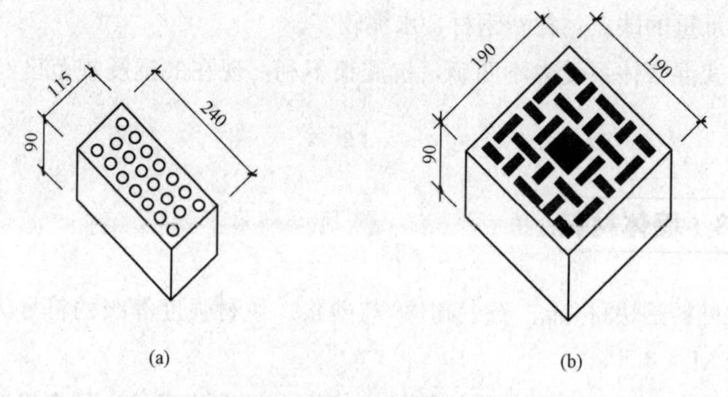

图 2-26 多孔砖尺寸

(a)P 型多孔砖；(b)M 型多孔砖

2. 砂浆

砂浆是砌体的胶结材料，将砌块连接为一体，并将砌块间缝填平、密实，使其均匀传力，并提高保温、隔热、隔声性能。砂浆要有一定的强度、稠度和保水性，保证墙体的承载力，并便于施工。

常用的砌筑砂浆主要有水泥砂浆、混合砂浆和石灰砂浆。

(1)水泥砂浆由水泥和砂加水搅拌而成，强度高，但可塑性和保水性差，适宜潮湿环境中的墙体，如地下室、砖基础等。

(2)混合砂浆是由水泥、石灰膏、砂用水拌和而成，强度高，它的保水性、和易性较好，被广泛应用于地面以上的砌体中。

强度和防潮性能：水泥砂浆＞混合砂浆＞石灰砂浆。

(1)烧结普通砖、烧结多孔砖、蒸压灰砂普通砖和蒸压粉煤灰普通砖砌体采用的普通砂浆强度等级为：M15、M10、M7.5、M5 和 M2.5。

(2)蒸压灰砂普通砖和蒸压粉煤灰普通砖砌体采用的专用砌筑砂浆强度等级为：Ms15、Ms10、Ms7.5、Ms5.0。

(3)混凝土普通砖、混凝土多孔砖、单排孔混凝土砌块和煤矸石混凝土砌块砌体采用的砂浆强度等级为：Mb20、Mb15、Mb10、Mb7.5和Mb5。

认知2.2.4　砖墙的砌筑方式

为保证墙体的强度和稳定性，砌筑墙体时应遵循的基本原则是：横平竖直、错缝搭接、避免通缝、砂浆饱满、厚薄均匀。

砌筑时，砖外侧较长的面朝外称为顺砖；外侧较短的面朝外称为丁砖。每砌一层砖称为“一皮”。上、下皮之间的水平灰缝称为横缝；左、右砖之间的垂直灰缝称为竖缝，如图2-27所示。

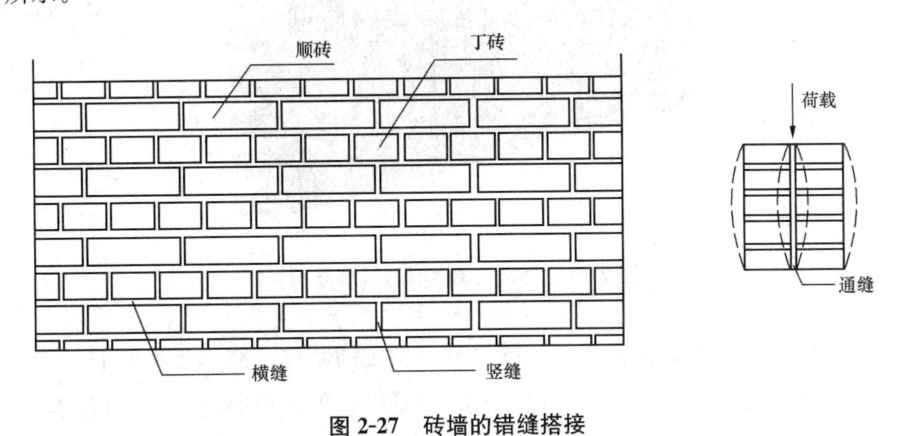

图2-27　砖墙的错缝搭接

砖墙的砌筑方式有全顺式、一顺一丁式、多顺一丁式、三顺一丁式、梅花丁(丁顺相间、十字)式、三三一式、两平一侧式等，如图2-28所示。

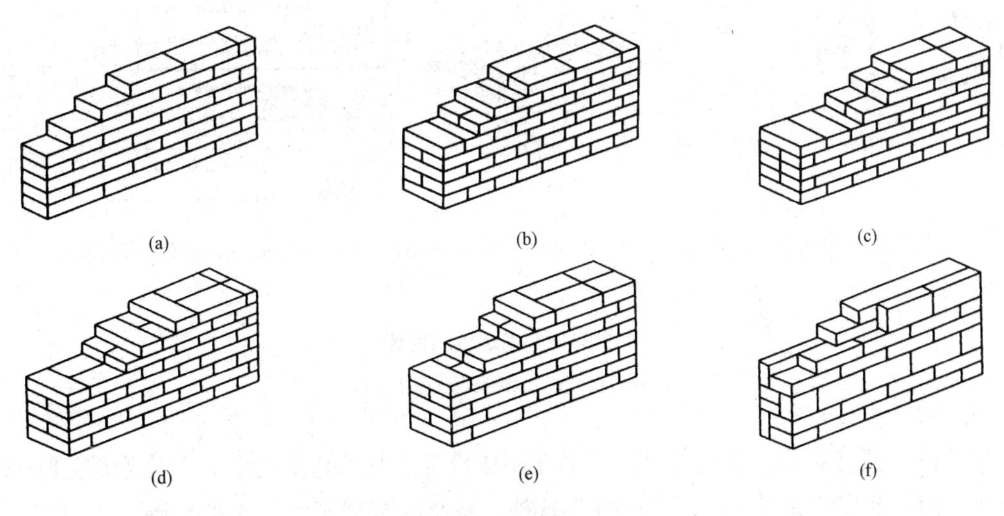

图2-28　砖墙的砌筑方式

(a)12墙全顺式；(b)24墙一顺一丁式；(c)24墙多顺一丁式；

(d)24墙梅花丁(丁顺相间、十字)式；(e)24墙三三一式；(f)18墙两平一侧式

实训　墙体砌筑仿真实训

实训 1：12 墙砌筑仿真实训

如图 2-29 所示的砌筑墙体为普通砖 12 墙，采用常见的全顺式砌法。

12 普通砖墙砌筑

图 2-29　全顺式 12 墙砌筑(展开图)

在砌筑 12 墙之前，先学会普通砖的制作及一皮砖的制作。制作步骤如下：

(1)绘图环境的设置：菜单栏【窗口】【场景信息】中，单位形制选择【十进制】，单位设置为毫米，如图 2-30(a)所示。

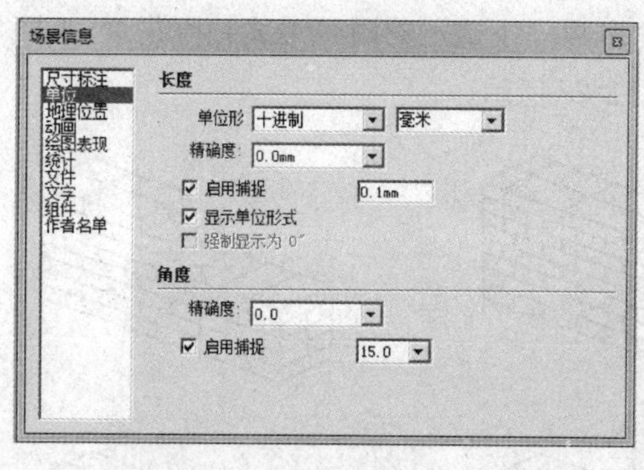

(a)

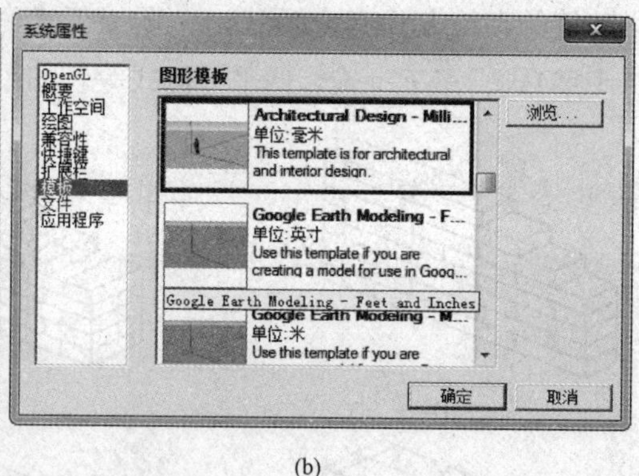

(b)

图 2-30　绘图环境的设置

(a)单位设置；(b)模板选择毫米模板

(2)【窗口】【参数设置】(系统属性)面板中【模板】选择毫米选项，单击【确定】按钮。小提示：第一次设置完成后，再一次打开软件，系统将自动延续上次的绘图环境设置，不需要重新设置。

(3)在绘图区域绘制一个长为 240 mm，宽为 115 mm 的矩形。画出矩形，右下角输入框内直接输入 240，115 然后按回车键，向上推拉 53 mm 并添加红色，一块普通砖绘制完成，如图 2-31 所示。

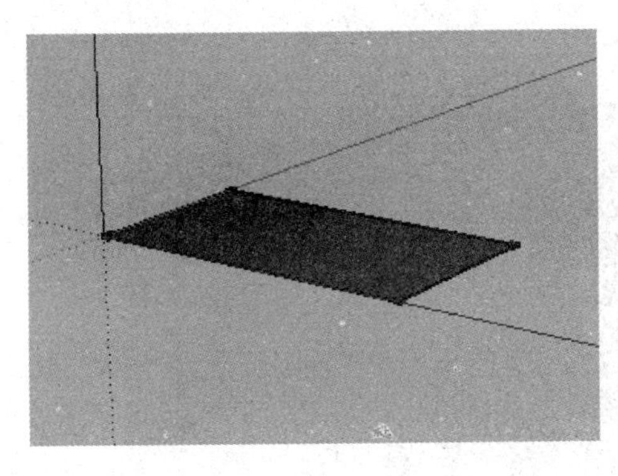
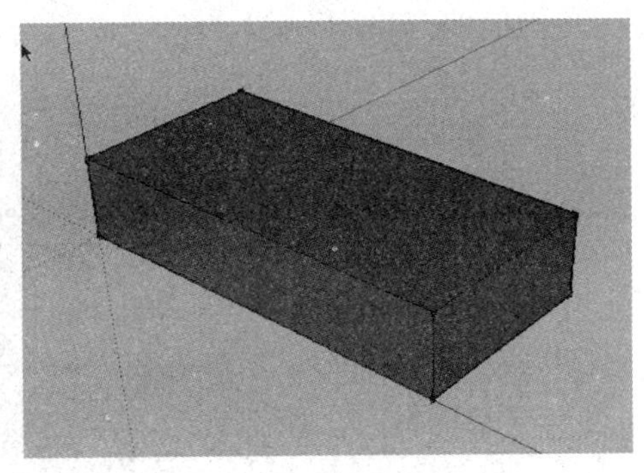

图 2-31　红砖的绘制

(4)选择普通砖，并单击【移动工具】，按 Ctrl 键，沿红色轴移动，输入 250(240+10 mm 灰缝)，按回车键，输入×9，再次按回车键，一皮砖绘制完成，如图 2-32 所示。

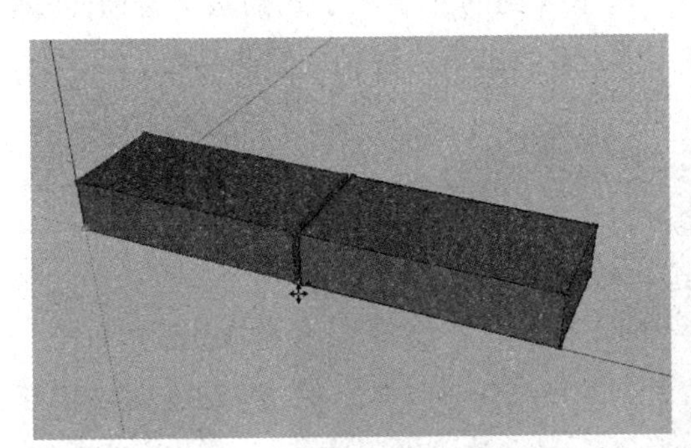
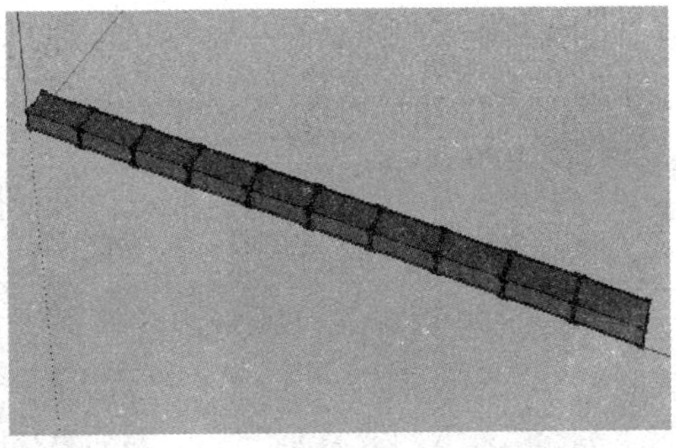

图 2-32　一皮砖的制作

(5)单击工具栏上【视图】选项中的【前视图】按钮。选择一皮砖，向上移动复制 63 mm，并将其沿红色轴向右移动，实现“错缝搭接”，无直缝，如图 2-33(a)所示。

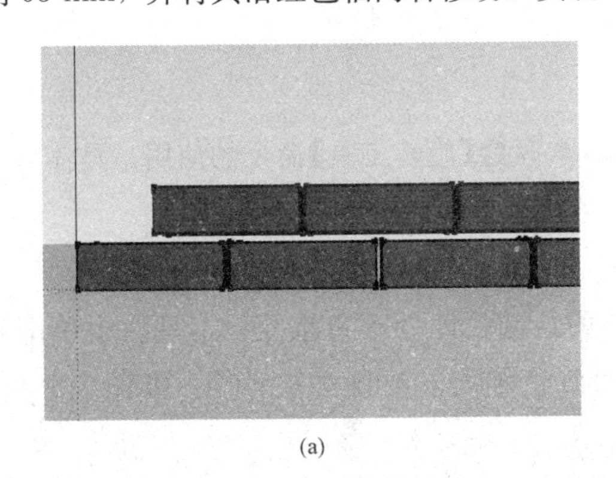
(a)

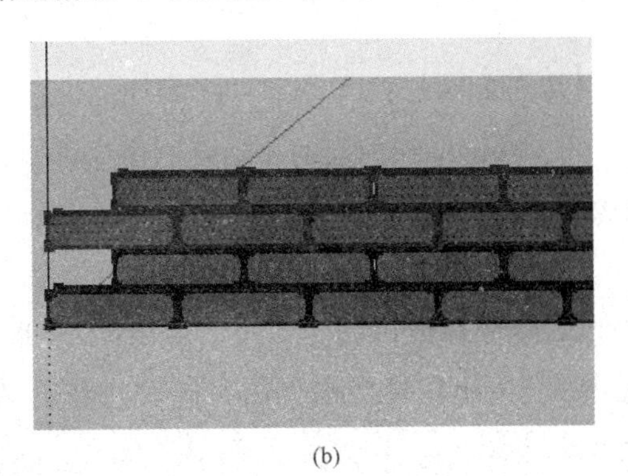
(b)

图 2-33　两皮砖、多皮砖的制作

(a)两皮砖的制作、移动、错缝；(b)多皮砖的复制方法同前

(6)选择制作好的两皮砖，沿蓝色轴向上移动复制 126 mm，输入×6 复制 6 层，12 墙体制作完成，如图 2-33(b)和图 2-34 所示。

图 2-34　完成的红砖 12 墙

实训 2：24 墙砌筑仿真实训

如图 2-35 所示的砌筑墙体为普通砖 24 墙，采用常见的一顺一丁式砌法。普通砖 24 墙的砌筑仿真制作采用常见的一顺一丁的砌法，比 12 墙的砌筑方法稍微复杂一些。

图 2-35　24 墙砌筑(展开图)、传达室及围墙墙体构造

24 普通砖砖墙砌筑

【仿真实训】

本例中除掌握前面的移动复制命令外，还需掌握【旋转工具】命令的使用。具体操作步骤及要点如下：

(1)设置绘图环境，单位为 mm。

(2)绘制标准机制砖 1 块，步骤同 12 墙砖的绘制，此处不再重复；工具栏中单击【顶视图】按钮切换至顶视图，同时将普通砖沿红色轴向左复制 1 块备用，如图 2-36(a)所示。

(3)选择工具箱中的【旋转工具】命令，捕捉左侧普通砖的左下侧端点并沿红色轴向右拉伸点击，再沿逆时针方向旋转 90°单击鼠标确定，如图 2-36(b)所示。

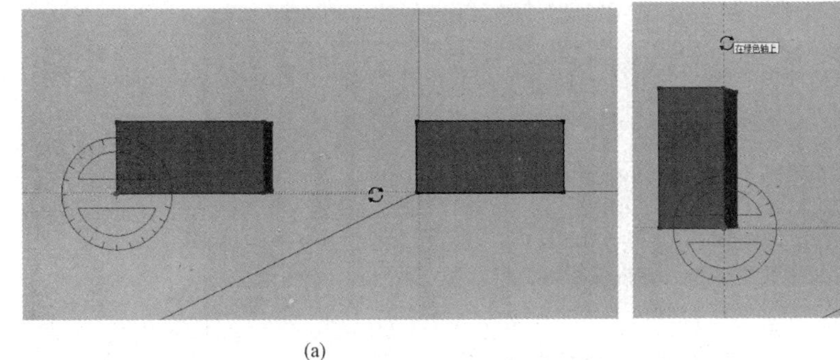

(a)

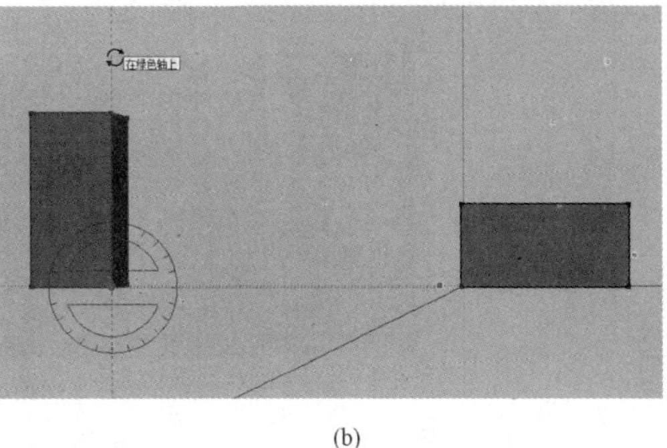

(b)

图 2-36　复制红砖并旋转

(4)将顺砖向上复制一块，灰缝皆为 10 mm，如图 2-37(a)所示；选中 2 块砖并将视图切换至【前视图】，向右复制间距输入 250，多重复制 10 块，如图 2-37(b)所示。

(5)选择先前复制的备用普通砖，向上移动 63 mm，如图 2-37(c)所示。

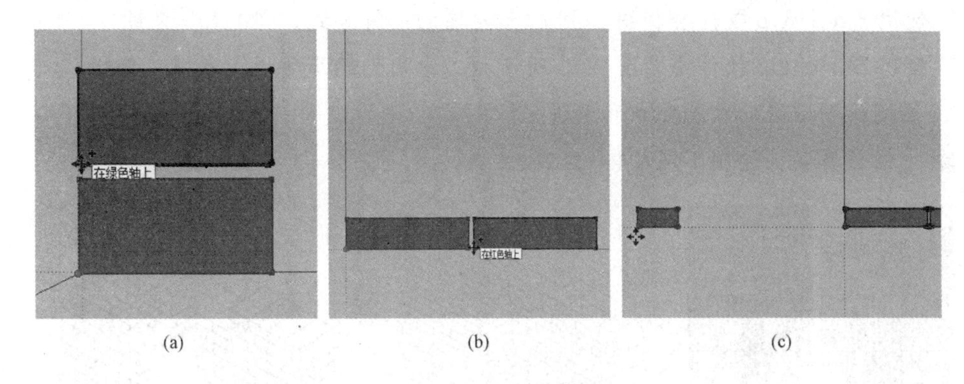

(a)　(b)　(c)

图 2-37　一皮砖制作

(a)顶视图中沿绿色轴复制顺砖；(b)前视图中向右复制 10 块；

(c)左侧备用普通砖移动至一皮砖上方左侧

(6)前视图中沿红色轴复制顺砖向右复制 20 块丁砖，如图 2-38(a)、(b)所示。

(7)选择制作好的两皮砖，沿蓝色轴向上移动复制 126 mm，输入×6 复制 6 层，24 墙体制作完成，如图 2-38(c)和图 2-39 所示。

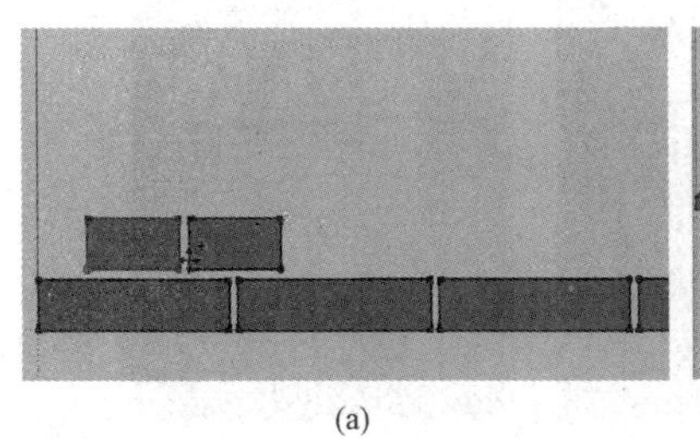

(a)

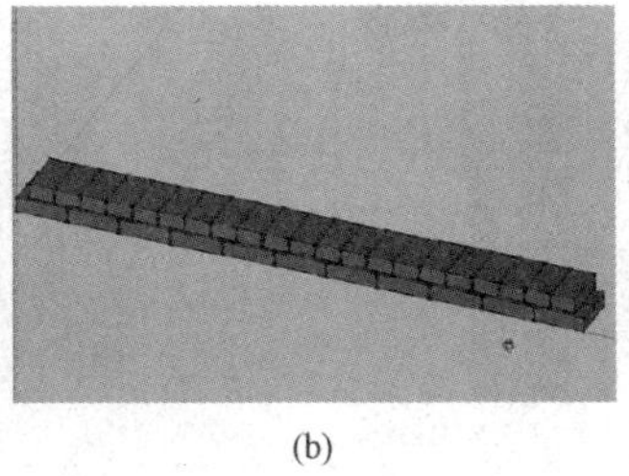

(b)

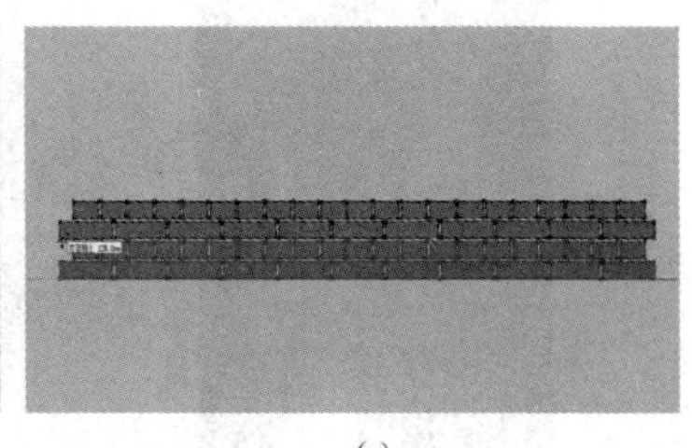

(c)

图 2-38　两皮砖及多皮砖制作

(a)前视图中向右复制普通砖；(b)复制 20 块丁砖；(c)同时复制 2 皮

图 2-39　24 墙体制作完成

课后作业

1. 使用 SketchUp 软件绘制图 2-25 所示标准机制烧结普通砖及组砌。(10～25 分钟)
2. 使用 SketchUp 软件绘制图 2-28 所示砖墙的砌筑方式。(10～25 分钟)
3. 使用 SketchUp 软件绘制图 2-40 所示施工中用到的马牙槎、直槎、斜槎。
4. 绘图说明圈梁的构造要点和做法。
5. 上机仿真实训绘制不同墙体的组砌方式。

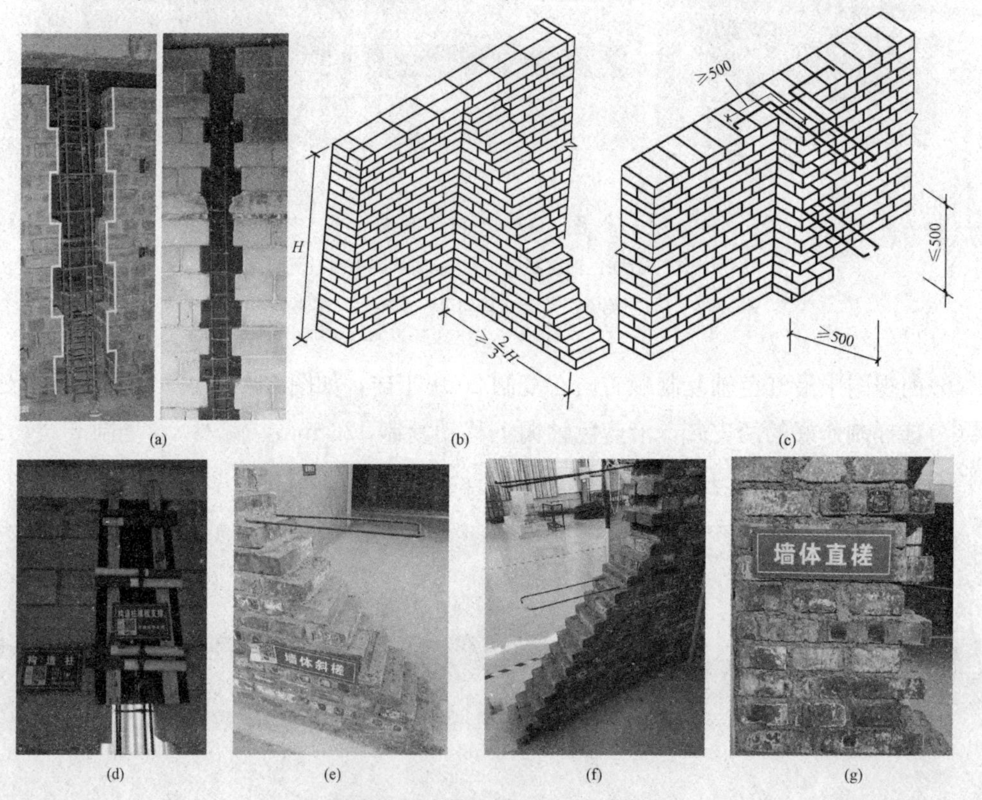

图 2-40　马牙槎、斜槎、直槎

(a)马牙槎；(b)斜槎；(c)直槎；(d)构造柱；(e)、(f)墙体斜槎；(g)墙体直槎

认知 2.3 构造柱、墙体细部及门窗构造认知

构造柱是砖混结构建筑的一部分，通过增设圈梁、构造柱，加强了水平与垂直方向的拉结，增加了砖混结构的整体性，使整个楼体成为一个整体，增强了抗震性，减少了不均匀沉降造成的地基下陷、墙体开裂等通病。

认知 2.3.1 构造柱

在多层砌体房屋中，为了加强房屋的整体性、提高房屋的抗震性能，根据构造要求中规定的部位设置构造柱，如图 2-41 所示。

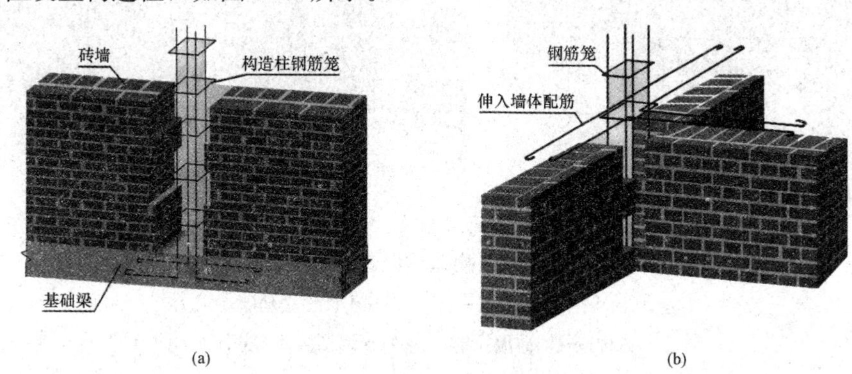

图 2-41 构造柱的位置

(a)构造柱与基础梁的连结；(b)先砌墙再浇构造柱

(1)砖混结构建筑构造柱设置位置，见表 2-2，如图 2-42 所示。

表 2-2 砖砌体房屋构造柱设置要求

<table>
<tr><td colspan="4">房屋层数</td><td colspan="2" rowspan="2">设置部位</td></tr>
<tr><td>6 度</td><td>7 度</td><td>8 度</td><td>9 度</td></tr>
<tr><td>≤五</td><td>≤四</td><td>≤三</td><td></td><td rowspan="3">楼、电梯间四角，楼梯斜梯段上下端对应的墙体处；
外墙四角和对应转角；
错层部位横墙与外纵墙交接处；
大房间内外墙交接处；
较大洞口两侧</td><td>隔 12 m 或单元横墙与外纵墙交接处；
楼梯间对应的另一侧内横墙与外纵墙交接处</td></tr>
<tr><td>六</td><td>五</td><td>四</td><td>二</td><td>隔开间横墙(轴线)与外墙交接处；
山墙与内纵墙交接处</td></tr>
<tr><td>七</td><td>六、七</td><td>五、六</td><td>三、四</td><td>内墙(轴处)与外墙交接处；
内墙的局部较小墙垛处；
内纵墙与横墙(轴线)交接处</td></tr>
<tr><td colspan="6">注：1. 较大洞口，内墙指不小于 2.1 m 的洞口；外墙在内外墙交接处已设置构造柱时允许适当放宽，但洞侧墙体应加强；
2. 当按相关规定确定的层数超出本表范围，构造柱设计要求不应低于本表中相应烈度的最高要求且宜适当提高。</td></tr>
</table>

(a) (b) (c) (d)

图 2-42　构造柱设置的位置

(a)转角处构造柱；(b)构造柱不设独立基础；

(c)构造柱与砖墙拉结；(d)纵横墙交接处构造柱

(2)构造柱断面尺寸。构造柱最小截面可采用 180 mm×240 mm(墙厚 190 mm 时为 180 mm×190 mm)；常用断面有：240 mm×240 mm，240 mm×360 mm，360 mm×360 mm。

(3)构造柱配筋。纵筋宜采用 4Φ12，箍筋直径不小于 Φ6，间距不大于 250 mm，并在上、下搭接处加密。设计烈度为 7 度超过六层、设计烈度为 8 度超过五层及设计烈度为9 度时，构造柱纵筋宜采用 4Φ14，箍筋直径不小于 Φ8，间距不大于 200 mm。并且，一般情况下，房屋四角的构造柱钢筋直径均较其他构造柱钢筋直径大一个等级。

(4)构造柱与墙体的连接。构造柱与墙连接处应砌成马牙槎，沿墙高每隔 500 mm 设 2Φ6 水平钢筋和 Φ4 分布短筋平面内点焊组成的拉结网片或 Φ4 点焊钢筋网片，每边伸入墙内不宜小于 1 m。6、7 度时底部 1/3 楼层，8 度时底部 1/2 楼层，9 度时全部楼层，上述拉结钢筋网片应沿墙体水平通长设置。

(5)构造柱的锚固。构造柱不单独设置基础，但应伸入室外地坪以下 500 mm 的基础内，或者锚固于浅于室外地坪以下 500 mm 的地圈梁内。

(6)房屋高度和层数接近规定的限值时，纵、横墙内构造柱间距尚应符合下列要求：

1)横墙内的构造柱间距不宜大于层高的二倍；下部 1/3 楼层的构造柱间距适当减小；

2)当外纵墙开间大于 3.9m 时，应另设加强措施。内纵墙的构造柱间距不宜大于 4.2 m。

构造柱的三维结构示意图，如图 2-43 所示。

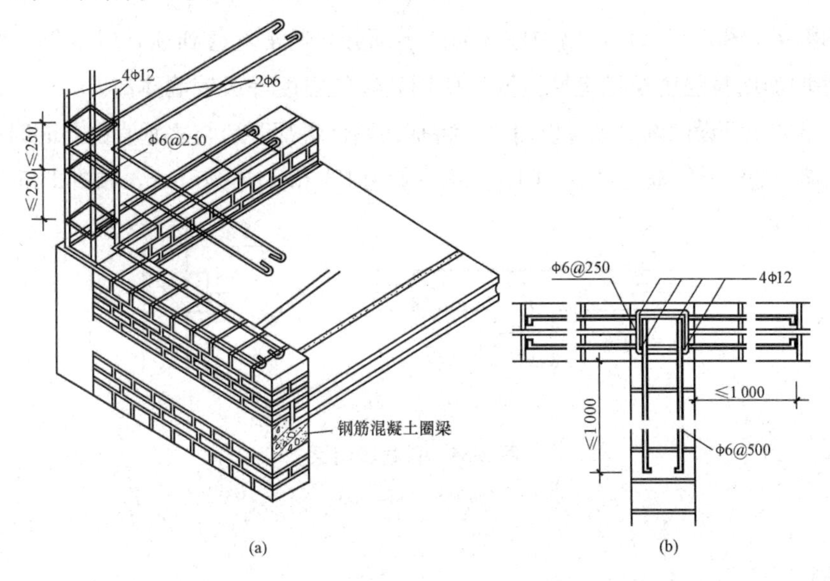

图 2-43　构造柱的三维结构示意图

认知 2.3.2　墙体细部构造

1. 砌体拉结筋

砖砌体的转角处和交接处对非抗震设防及在抗震设防烈度为 6 度、7 度地区的临时间断处，当不能留斜槎时，除转角处外可留直槎，但应做成凸槎。留直槎处应加设拉结钢筋(图 2-44)，其拉结筋应符合下列规定：

(1)每 120 mm 墙厚应设置 1Φ6 拉结钢筋；当墙厚为 120 mm 时，应设置 2Φ6 拉结钢筋；

(2)间距沿墙高不应超过 500 mm，且竖向间距偏差不应超过 100 mm；

(3)埋入长度从留槎处算起，每边均不应小于 500 mm；对抗震设防烈度 6 度、7 度的地区，不应小于 1 000 mm；

(4)末端应设 90°弯钩。

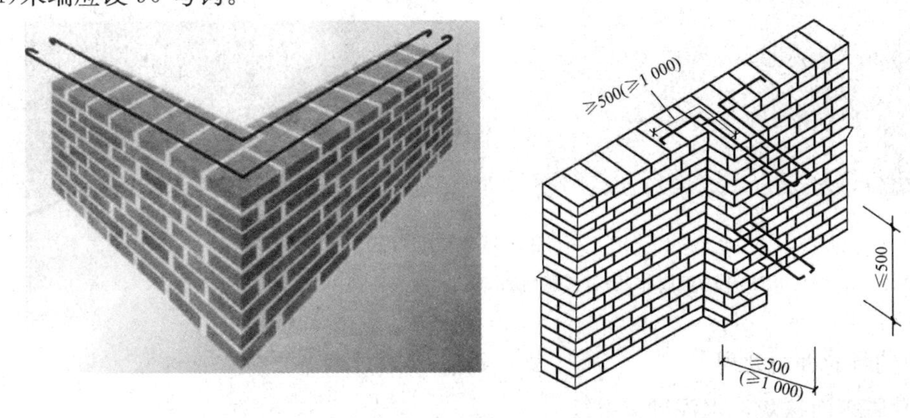

图 2-44　砌体拉结筋

2. 壁柱和门垛

壁柱(墙墩)[图 2-45(a)]：墙中柱状的凸出部分，通常直通到顶，以承受上部梁及屋架的荷载，并增加墙身强度及稳定性。壁柱所用砂浆的强度等级较墙体高。

门垛：墙体上开设门洞一般应设门垛，特别在墙体端部开启与之垂直的门洞时必须设置门垛，以保证墙身稳定和门框的安装。门垛长度一般为 120 mm 或 240 mm，如图 2-45(b)所示。

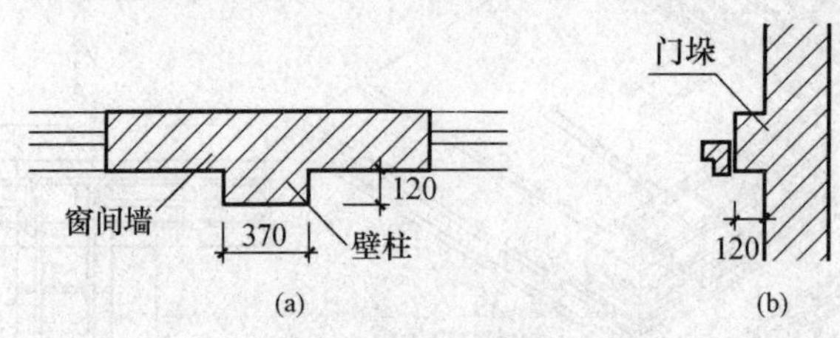

图 2-45　壁柱和门垛

(a)壁柱；(b)门垛

3. 勒脚

勒脚是外墙墙身接近室外地面的部分，为防止雨水上溅墙身和机械力等的影响，所以要求勒脚坚固、耐久和防潮。一般情况下，其高度为室内地坪与室外地坪或室外地面的高差部分。一般采用图 2-46 所示的几种构造做法。

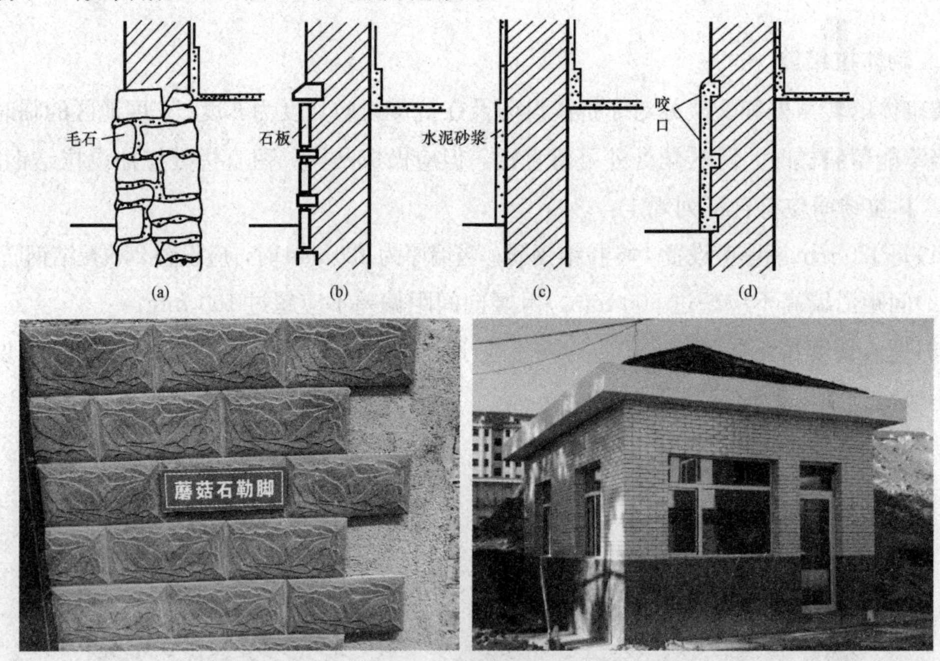

图 2-46　勒脚做法

(a)毛石勒脚；(b)石板贴面勒脚；(c)抹灰勒脚；(d)带咬口抹灰勒脚

(1)勒脚的表面处理。

1)勒脚表面抹灰：水泥砂浆等。

4)勒脚贴面：天然石材或人工石材，如花岗石、蘑菇石、水磨石板等。

3)石材勒脚：墙体采用条石、混凝土等坚固材料。

(2)勒脚的做法。

1)抹灰勒脚：可采用 20 mm 厚 1∶3 水泥砂浆抹面，1∶2 水泥白石子浆水刷石或斩假石抹面。此法多用于一般建筑。有时，为增强抹灰层与墙面基层的粘贴性能，防止抹灰层起壳脱落，将抹灰层做成“咬口”形式。

2)贴面勒脚：可采用天然石材或人工石材做成的石板贴面，如花岗石、水磨石板等。其耐久性、装饰效果好，适用于高标准建筑。

3)石材勒脚：可采用石材，如条石等砌筑，耐久坚固，防水性能好，常用于生产天然石材的地区。

4. 门窗过梁

当墙体上开设门窗洞口时，为了支撑洞口上部砌体所传来的各种荷载，并将这些荷载传给窗间墙，常在门窗洞口上设置横梁，该梁称为过梁。过梁是用来支撑门窗洞口上部砖砌体和楼板层荷载的构件。

门窗过梁可分为钢筋混凝土过梁、钢筋砖过梁、砖拱过梁三种。

(1)钢筋混凝土过梁。钢筋混凝土过梁有现浇和预制两种，梁高及配筋由计算确定。钢筋混凝土过梁，坚固耐久，有较大的抗弯抗剪强度，可用在跨度较大的门窗洞口上。当房屋可能产生不均匀下沉或受振动时尤为适宜。钢筋混凝土过梁可预制装配，加快施工进度，所以目前广泛被采用。为了施工方便，梁高应与砖的皮数相适应，以方便墙体连续砌筑，故常见梁高为 60 mm、120 mm、180 mm、240 mm，即 60 mm 的整倍数。梁宽一般同墙厚，梁两端支承在墙上的长度不少于 240 mm，以保证足够的承压面积，如图 2-47 所示。

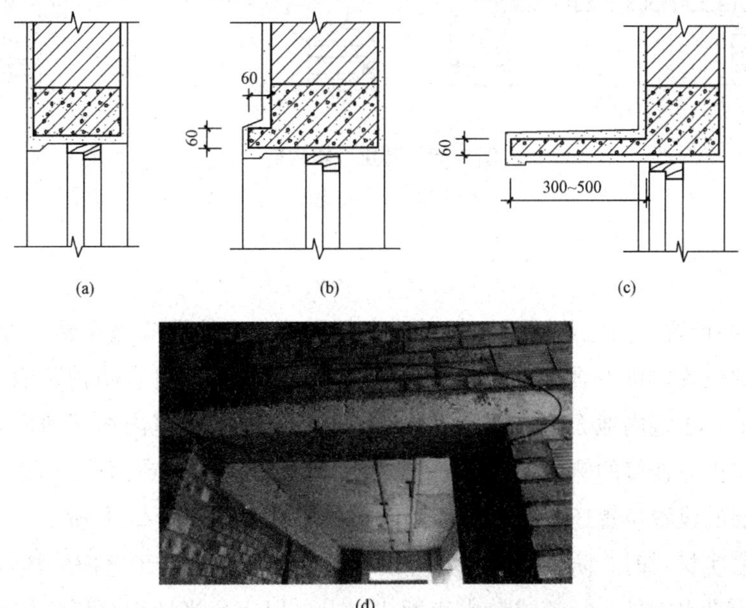

图 2-47　钢筋混凝土过梁构造

(a)矩形过梁；(b)L 形过梁；(c)带窗楣板的过梁；(d)过梁实物

(2)钢筋砖过梁。钢筋砖过梁又称平砌砖过梁，用砖不低于 MU7.5，砌筑砂浆不低于 M5。一般在洞口上方先支木模，砌筑时先在洞口上面的模板上铺 20～30 mm 厚水泥砂浆，下设 3～4 根 Φ6 钢筋，钢筋弯钩伸入支座内不少于 240 mm，上面用 M5.0 水泥砂浆砌 5～7 皮砖，钢筋砖过梁最大跨度可达 2 m，如图 2-48 所示。

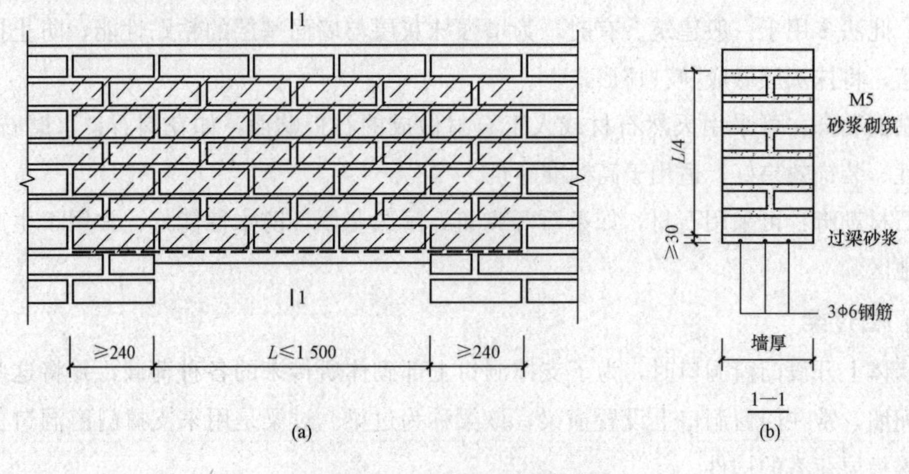

图 2-48　钢筋砖过梁构造

(a)正立面图；(b)剖立面图

(3)砖拱过梁。砖砌平拱一般适用于洞口宽度小于 1 200 mm，无不均匀下沉的一般建筑中。其为传统做法，施工复杂，目前已较少采用，如图 2-49 所示。

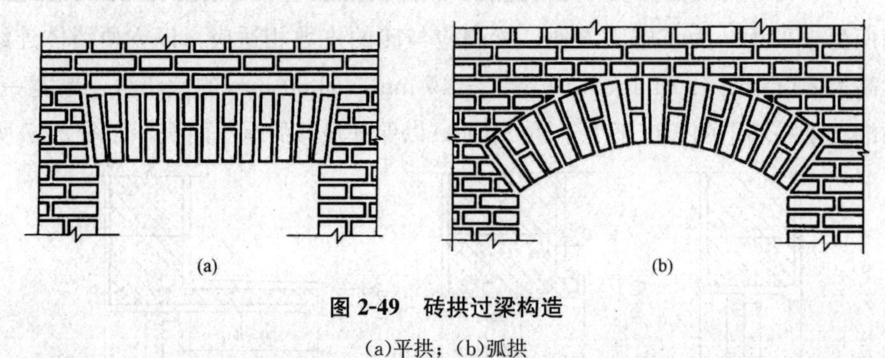

图 2-49　砖拱过梁构造

(a)平拱；(b)弧拱

5. 防潮层

(1)防潮层的位置。为杜绝地下潮气对墙身的影响，砌体墙应该在勒脚处设置防潮层。按照墙体所处的位置，可单设水平防潮层或者同时设置水平和垂直两种防潮层。砌体墙应在室外地面以上，于室内地面垫层处设置连续的水平防潮层；室内相邻地面有高差时，应在高差处墙身与土体连接的侧面加设防潮层；湿度大的房间外墙或内墙内侧应设防潮层。

墙身防潮层的设置位置还与所在的墙及地面情况有关，如图 2-50 所示。当室内地面垫层为混凝土等密实材料时，防潮层的位置应设在垫层范围内，低于室内地坪 60 mm 处。室内防潮层应至少高出室外人行道或散水表面 150 mm 以上。当地面垫层为混凝土等密实材料时，水平防潮层设在垫层范围内，并低于室内地坪 60 mm(即一皮砖)处。当室内地面垫层为炉渣、碎石等透水材料时，水平防潮层的位置应平齐或高于室内地面 60 mm。当内墙两侧室内地面有标高差时，防潮层设在两不同标高的室内地坪以下 60 mm(即一皮砖)处，并在两防潮层之间墙的内侧设垂直防潮层。

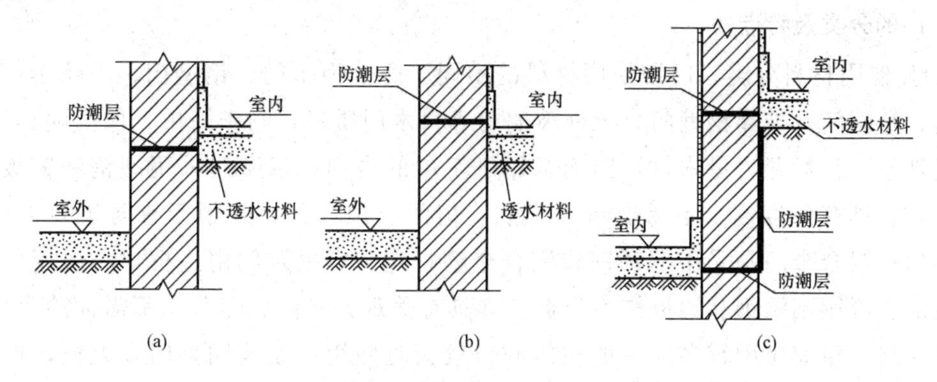

图 2-50　墙身防潮层的位置

(2)防潮层的材料：油毡防潮层；防水砂浆防潮层；细石混凝土防潮层。细石混凝土一般是指粗骨料最大粒径不大于 15 mm 的混凝土。

(3)防潮层的构造做法。墙身水平防潮层常用构造做法(图 2-51)有以下三种：

1)防水砂浆防潮层：采用 1∶2 水泥砂浆加水泥用量 3%～5%的防水剂，厚度为 20～25 mm 或用防水砂浆砌三皮砖作防潮层。此种做法构造简单，但砂浆开裂或不饱满时影响防潮效果。

2)细石混凝土防潮层：采用 60 mm 厚的细石混凝土带，每半砖厚设置 1Φ6 钢筋，其防潮性能好。

3)油毡防潮层：先抹 20 mm 厚水泥砂浆找平层，上铺一毡二油，此种做法防水效果好，但有油毡隔离，削弱了砖墙的整体性，不应在刚度要求高或地震区采用。

如果墙身采用不透水的材料(如条石或混凝土等)或设有钢筋混凝土地圈梁时，可以不设防潮层。

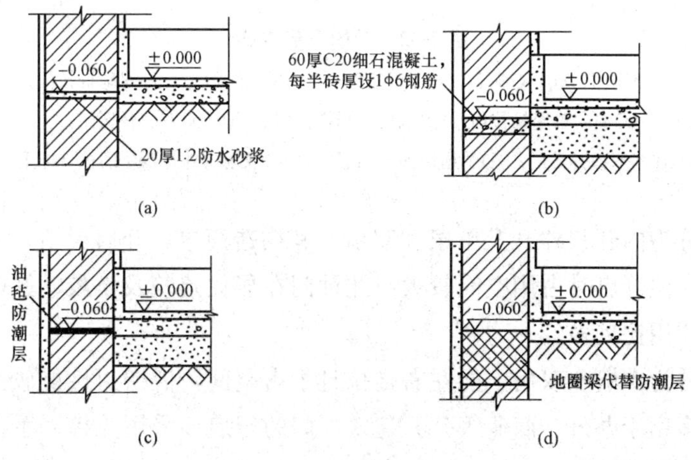

图 2-51　墙身防潮层的构造做法

认知 2.3.3　门窗

1. 门的分类及特点

(1)按使用材料分类。门按使用材料的不同，可分为木门、钢型门、不锈钢门、铝合金门、塑钢门、玻璃钢型门、无框玻璃门等。木门质轻，制作简单，保温隔热性好，但防腐性差，且耗费大量木材，因而常用于房屋的内门；钢型门采用型钢和钢板等焊接而成，它具有强度高、不易变形等优点，但耐腐蚀性差，多用于有防盗要求的门；不锈钢门和铝合金门是采用不锈钢和铝合金型材作为门框及门扇边框，一般用玻璃作为门板，也可用不锈钢和铝板作为门板。其具有美观、光洁、耐久、不需油漆等优点，但价格较高，目前应用较多，一般在门洞口较大时使用；玻璃钢型门、无框玻璃门多用于公共建筑的出入口，美观大方，但成本较高，为安全计，门扇外一般还要设如卷帘门等安全门。

(2)按开启方式分类。门按开启方式，可分为平开门、推拉门、弹簧门、旋转门、折叠门、卷帘门、翻板门等，如图 2-52 所示。

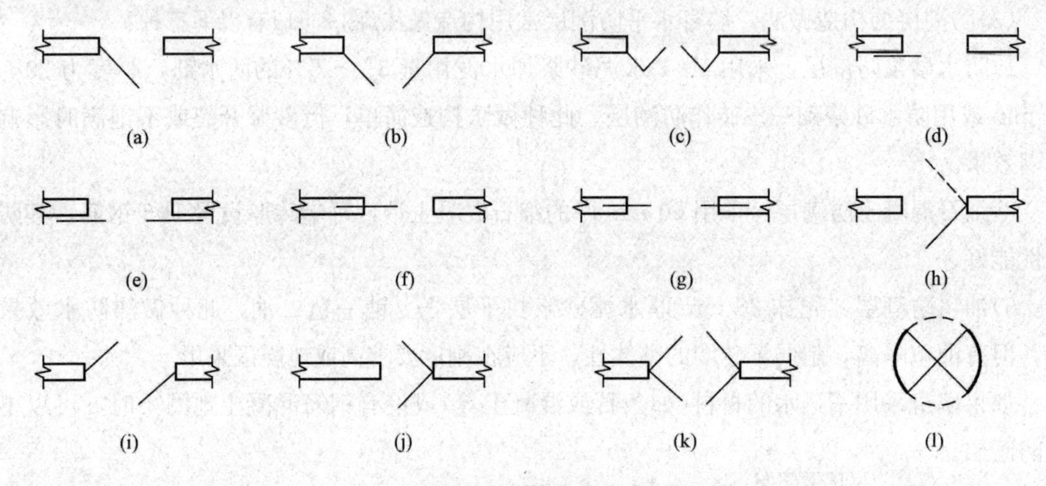

图 2-52　门的开启方式

(a)单扇门；(b)双扇门；(c)平开折门；(d)单扇推拉门；(e)双扇推拉门；
(f)墙内单扇推拉门；(g)墙内双扇推拉门；(h)单扇双面弹簧门；
(i)双扇双面弹簧门；(j)单扇内外开双层门；(k)双扇内外开双层门；(l)转门

1)平开门可分为内开和外开及单扇和双扇。其构造简单，开启灵活，密封性能好，制作和安装较方便，但开启时占用空间较大。此种门在居住建筑及学校、医院、办公楼等公共建筑的内门中应用比较多。

2)推拉门可分为单扇和双扇，能左右推拉且不占空间，但密封性能较差，可手动和自动。自动推拉门多用于办公、商业等公共建筑，门的开启多采用光控。手动推拉门多用于房间的隔断和卫生间等处。

3)弹簧门多用于公共建筑人流多的出入口。开启后可自动关闭，密封性能差。

4)旋转门是由四扇门相互垂直组成的十字形，绕中竖轴旋转的门。其密封性能及保温隔热性能比较好，且卫生、方便，多用于宾馆、饭店、公寓等大型公共建筑的正门。

5)折叠门多用于尺寸较大的洞口。开启后门扇相互折叠，占用空间较少。

6)卷帘门有手动和自动、正卷和反卷之分。开启时不占用空间。

7)翻板门外表平整，不占用空间，多用于仓库、车库等。

另外，门按所在位置不同，又可分为内门(在内墙上的门)和外门(在外墙上的门)。

2. 窗户的分类及特点

(1)按所使用材料分类。窗按所使用材料，可分为木窗、铝合金窗、塑钢窗等，如图 2-53 所示。

(a)

(b)

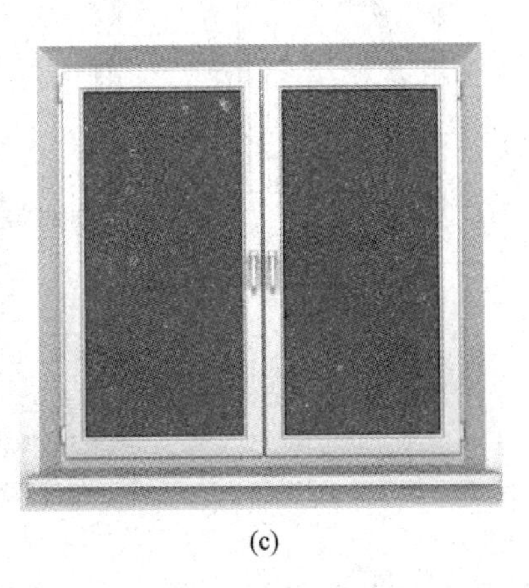

(c)

图 2-53　窗的构造

(a)木窗；(b)铝合金窗；(c)塑钢窗

1)木窗是用松木、杉木制作而成，具有制作简单，经济，密封性能、保温性能好等优点，但相对透光面积小，防火性能差，耗用木材，耐久性低，易变形、损坏等。过去经常采用此种窗，目前随着窗材料的增多，已基本上不再采用。

2)铝合金窗是由铝合金型材用拼按件装配而成，其成本较高，但具有轻质、高强，美观耐久，耐腐蚀，刚度大，变形小，开启方便等优点，目前应用较多。

3)塑钢窗是由塑钢型材装配而成，其密闭性好，保温、隔热、隔声，表面光洁，便于开启；但成本较高。该窗与铝合金窗同样是目前应用较多的窗。

(2)按开启方式分类。窗按照开启方式，可分为固定窗、平开窗、悬窗、立转窗、推拉窗等，如图 2-54 所示。

1)固定窗。固定窗不需窗扇，玻璃直接镶嵌于窗框上，不能开启，不能通风。通常用于外门的亮子和楼梯间等处，供采光、观察和围护所用。

2)平开窗。平开窗有内开和外开两种。其构造比较简单，制作、安装、维修、开启都比较方便，通风面积比较大，但因为此种窗在外墙上外开时容易被风刮坏，内开

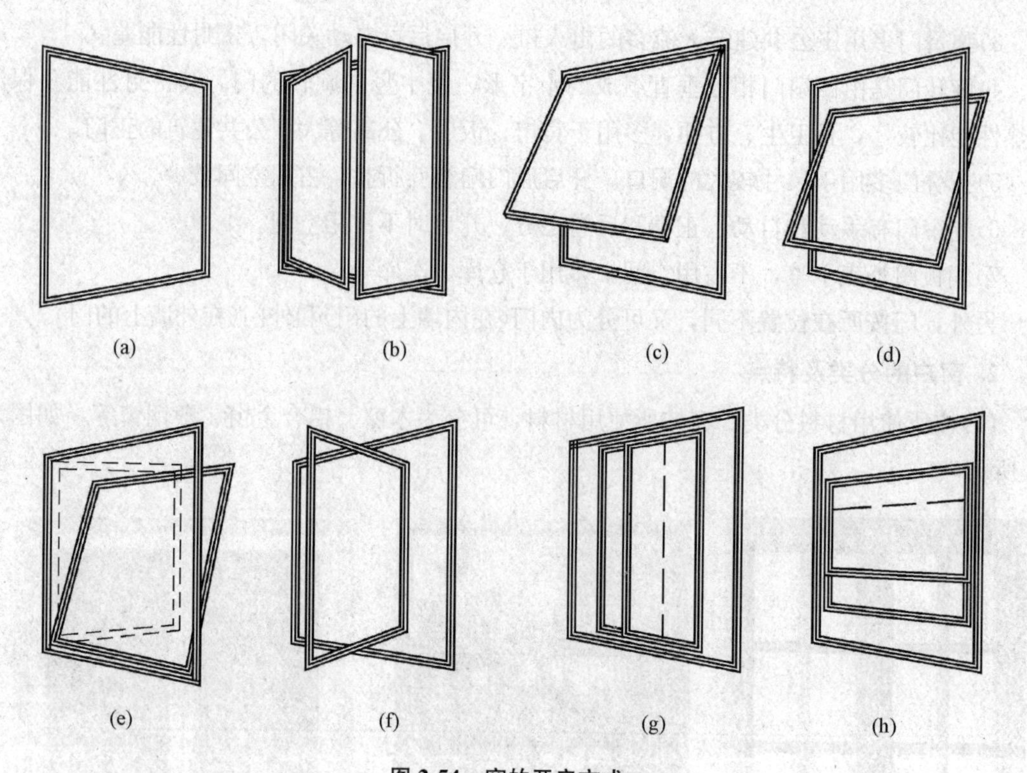

图 2-54　窗的开启方式

(a)固定窗；(b)平开窗；(c)上悬窗；(d)中悬窗；(e)下悬窗；
(f)立转窗；(g)水平推拉窗；(h)垂直推拉窗

时又占用室内空间，所以目前应用越来越少。过去应用的木窗和钢窗多为此种开启形式。

3)悬窗。悬窗根据水平旋转轴的位置不同，可分为上悬窗、中悬窗和下悬窗三种。为了避免雨水进入室内，上悬窗必须向外开启；中悬窗上半部向内开、下半部向外开，此种窗有利于通风，开启方便，多用于高窗和门亮子；下悬窗一般内开，不防雨，不能用于外窗。

4)立转窗。窗扇可以绕竖向轴转动，竖轴可设在窗扇中心，也可以略偏于窗扇一侧，通风效果较好。

5)推拉窗。窗扇沿着导轨槽可以左右推托，也可以上下推拉，这种窗不占用空间，但通风面积小，目前铝合金窗和塑钢窗均采用这种开启方式。

3. 常见门窗的构造

(1)不锈钢玻璃门(图 2-55)。不锈钢玻璃门门扇的制作，一般情况是用方管根据尺寸焊接成门框尺寸，加工外包不锈钢钢板折边成的外框槽，需要特殊机器加工。成品拉手地弹簧提前预埋后，将地弹簧连接件焊接到门窗后插入地弹簧，安装门扇玻璃后再安装不锈钢折边边框。

(2)平开木门。平开木门是建筑中最常用的一种门，如图 2-56 所示。其主要由门框、门扇、亮子、五金零件等组成，有些木门还设有贴脸板等附件。平开木门的组成如图 2-57 所示。

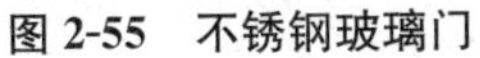

图 2-55　不锈钢玻璃门

图 2-56　平开木门

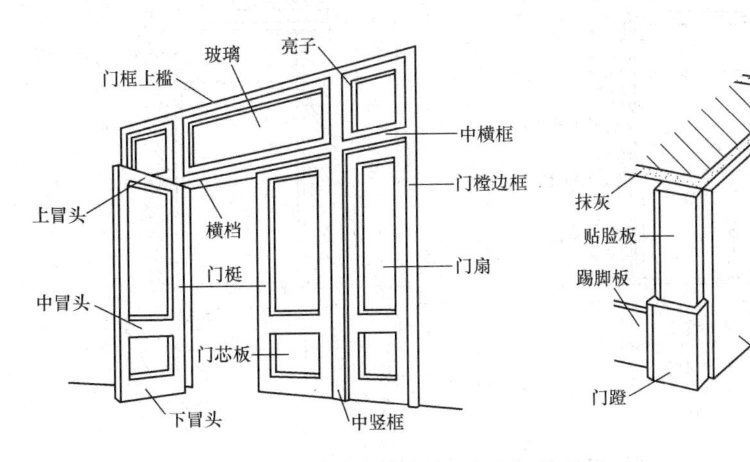

图 2-57　平开木门的组成

门框又称为门樘子，主要由上框、边框、中横框(有亮子时加设)、中竖框(三扇以上时加设)、门槛(一般不设)等榫接而成。不设门槛时，在门框下端应设临时固定拉条，待门框固定后取消。门框断面与窗框断面相类似，其截面尺寸和形状取决于开启方向、裁口的大小等。门框也有单裁口和双裁口之分，一般裁口深度为 10～12 mm，单扇门门框断面尺寸为 60 mm×90 mm，双扇门门框断面尺寸为 60 mm×100 mm。门框断面形状与尺寸如图 2-58 所示。

门框安装方式有两种：一种是立口，即先立门框后砌筑墙体，门上框两侧伸出长度为 120 mm 木砖(俗称羊角)压砌入墙内；另一种是塞口，为使门框与墙体有可靠的连接，砌墙时沿门洞两侧每隔 500～700 mm 砌入一块防腐木砖，再用长钉将门框固定在墙内的防腐木砖上。防腐木砖每边一般为 2～3 块，最下一块木砖应放在地坪以上 200 mm 左右处。门框相对于外墙的位置可分为内平、居中和外平三种情况。门框的安装形式如图 2-59 所示。

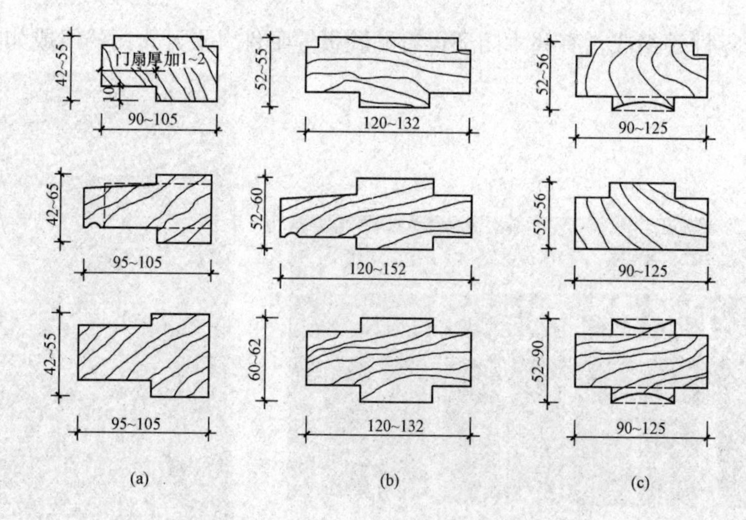

图 2-58　平开木门门框断面形状与尺寸

(a)单层门；(b)双层门；(c)弹簧门

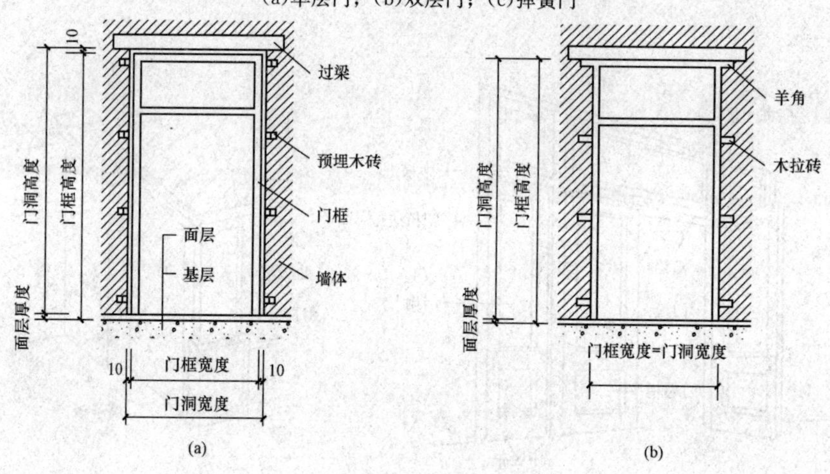

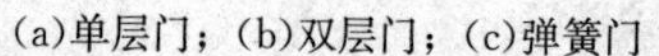

图 2-59　平开木门门框安装方式

(a)塞口；(b)立口

(3)推拉式铝合金窗。铝合金窗的开启方式有很多种，目前较多采用水平推拉式(图 2-60)。

1)推拉式铝合金窗组成及构造。铝合金窗主要由窗框、窗扇和五金零件组成。

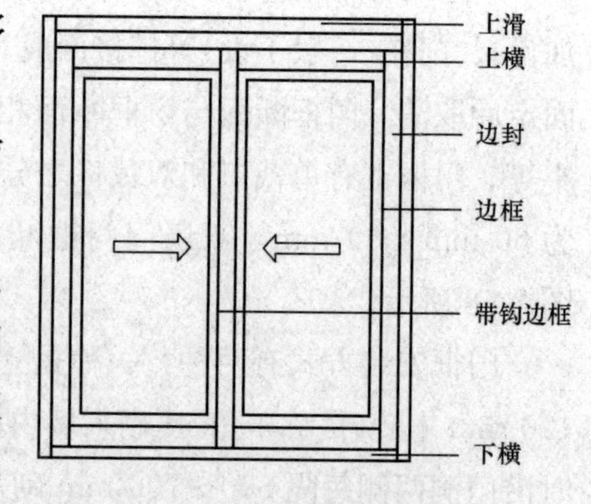

图 2-60　推拉式铝合金窗

推拉式铝合金窗的型材有 55 系列、60 系列、70 系列、90 系列等。其中，70 系列是目前广泛采用的窗用型材，采用 90°开榫对合，螺钉连接成形(图 2-61)。玻璃根据面积大小、隔声、保温、隔热等的要求，可以选择 3～8 mm 厚的普通平板玻璃、热反射玻璃、钢化玻璃、夹层玻璃或中空玻璃等。玻璃安装时，采用橡胶压条或硅硐密封胶密封。窗框与窗扇的中梃和边梃相接处，设置塑料垫块或密封毛条，以便窗扇受力均匀，开关灵活。

2)推拉式铝合金窗框的安装。铝合金窗框的安装应采用塞口法，即在砌墙时，先留出比窗框四周大的洞口，墙体砌筑完成后将窗框塞入。固定时，为防止墙体中的碱性对窗框的腐蚀，不能将窗框直接埋入墙体，一般可采用预埋件焊接、膨胀螺栓锚接或射钉等方式固定。但当墙体为砌体结构时，严禁用射钉固定。

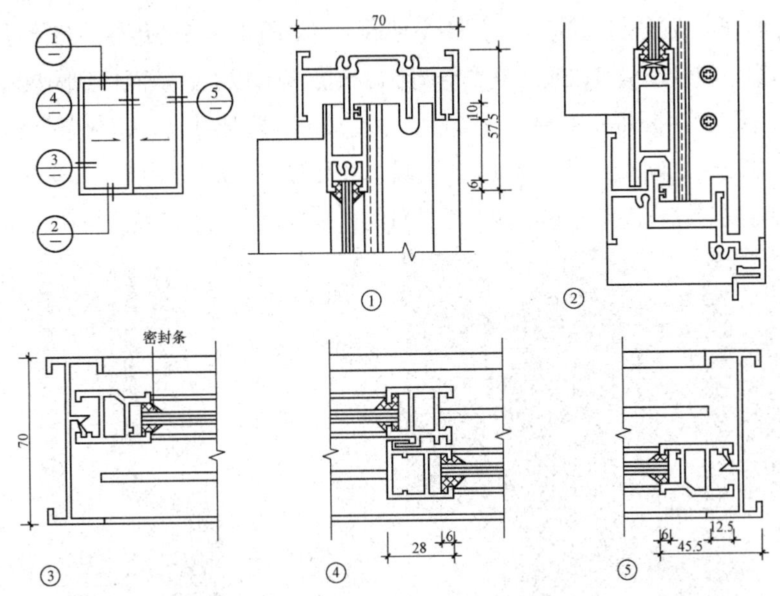

图 2-61　70 系列推拉式铝合金窗的构造

窗框与墙体连接时，每边不能少于两个固定点，且固定点的间距应在 700 mm 以内。在基本风压大于或等于 0.7 kPa 的地区，固定点的间距不能大于 500 mm。边框两端部的固定点距离两边缘不能大于 200 mm。

窗框固定好后，窗外框与墙体之间的缝隙用弹性材料填嵌密实、饱满、确保无缝隙。填塞材料与方法应按设计要求，一般用与其材料相容的闭孔泡沫塑料、发泡聚苯乙烯、矿棉毡条或玻璃丝毡条等填塞嵌缝且不得填实，以避免变形破坏。外表留 5～8 mm 深的槽口用密封胶密封，如图 2-62 所示。这种做法主要是为了防止窗框四周形成冷热交换区产生结露，也有利于隔声、保温。同时，还可以避免窗框与混凝土、水泥砂浆接触，消除墙体中的碱性对窗框的腐蚀。

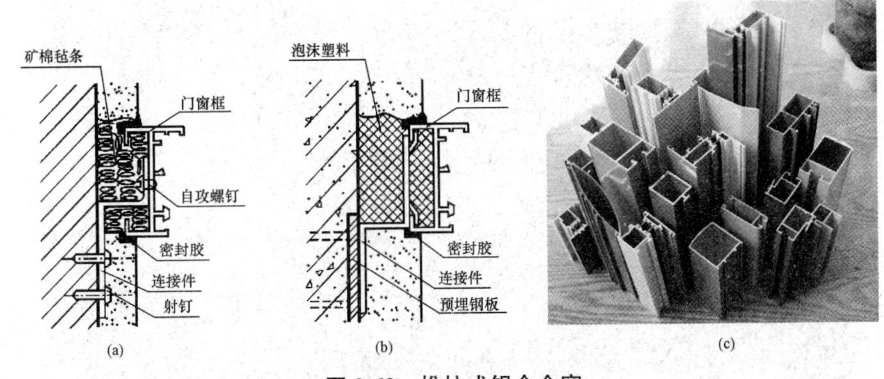

图 2-62　推拉式铝合金窗

(a)射钉连接；(b)预埋件连接；(c)铝合金窗窗框实物

(4)隔热断桥铝门窗。隔热断桥铝门窗是近些年来从国外引进的新技术，使用新型材料加工而成，具有隔热、降噪声、防雨水、防冷凝、节能环保、减少热能损耗等优点，抗风压性能、气密性、水密性好。现已被广泛采用。

隔热断桥是指在铝合金的空腔之中灌注隔热效能极高的PU树脂，中间置入隔热条，将铝型材的中间部分断开形成断桥，并添加三层中空玻璃，有效阻止热量的传导。热传导系数明显低于普通铝合金门窗，使冬季居室取暖与夏季空调制冷节能40%以上，从而达到隔热降耗的作用。

隔热断桥铝门窗由断桥铝型材、五金件、中空玻璃、隐形纱窗、密封条等构配件组成。夹层中空玻璃是在玻璃之间夹上坚韧的PVB胶膜，经高温高压加工制成，其安全性、抗震能力、隔声性、防紫外线等综合优点是其他玻璃不具备的，是真正意义上的安全玻璃，如图2-63所示。

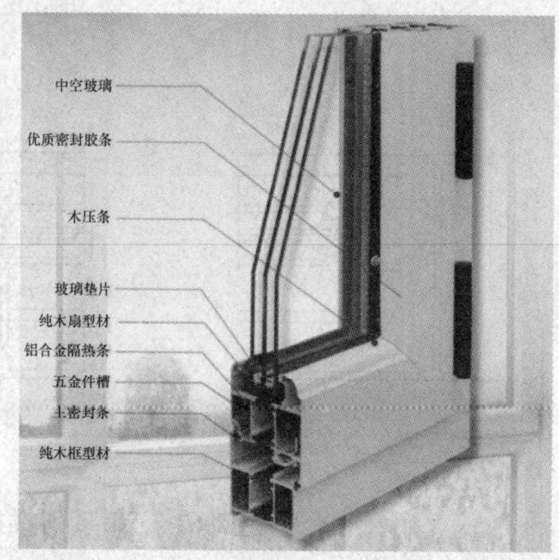

图2-63　隔热断桥铝窗

课后作业

一、简答题

1. 简述墙体的作用、分类及要求。
2. 墙体的组砌方式有哪些？
3. 墙身防潮层的设置有哪些？具体构造做法有哪些？
4. 什么是圈梁？其作用是什么？
5. 简述构造柱设置的位置及构造要求。
6. 按窗的组成材料分类，窗可以分为哪几种？比较常用的有哪些？
7. 按窗的开启方式，窗可以分为哪几种？比较常用的有哪些？
8. 推拉式铝合金窗的构造有哪些要求？
9. 按门的组成材料分类，门可以分为哪几种？比较常用的有哪些？
10. 墙体上部有哪些细部构造？试着说出5种。
11. 什么是勒脚？说出其常见做法。
12. 简述过梁的位置、作用及种类。

二、填空题

1. 墙体的作用主要包括__________、__________和__________三个方面。
2. 门按使用的材料不同，可分为木门、__________、__________、__________、__________、无框玻璃门等。
3. 窗按开启方式，可分为__________、__________、__________ __________、__________等。
4. 墙体的细部构造一般是指在墙身上的细部做法，其中包括__________、__________、__________、__________和圈梁等内容。
5. 常见的过梁有__________、__________和__________三种。

三、选择题(单选)

1. 下列说法不正确的是(　　)。
   A. 非承重墙不承担自重　　B. 非承重墙承担自重
   C. 自承重墙承担自重　　D. 填充墙承担自重
2. 圈梁的设置原则是(　　)。
   A. 封闭、连续　　B. 必须现浇
   C. 只在砖混结构中设置　　D. 宽度与墙厚相同
3. 推拉窗窗框与墙体连接时，每边不得小于(　　)个固定点。
   A. 一　　B. 两　　C. 三　　D. 四

4. 先立门框后砌筑墙体的门框安装方式称为(　　)。

A. 塞口　　B. 立口　　C. 坡口　　D. 排口

实训　老虎窗简单房屋的绘制

老虎窗房屋制作

(1)设置绘图环境，模型单位为 mm。

(2)在透视图中绘制矩形，房屋底平面为 5 m×3 m，输入框输入 5 000，3 000，按回车键；层高 3 m 向上推拉 3 000，先制作一个方盒子。

(3)用【画线工具】在顶面中点到中点画线，选中中间直线沿蓝色轴向上拉出一屋顶，高度为 1.5 m 确定，如图 2-64(a)所示。

(4)这面墙开个门洞，距离墙 500 mm 画辅助线，门宽为 900 mm，门高为 2 100 mm 画辅助线，画出矩形，向里推拉 200 mm，选中面，删除，如图 2-64(b)、(c)所示。

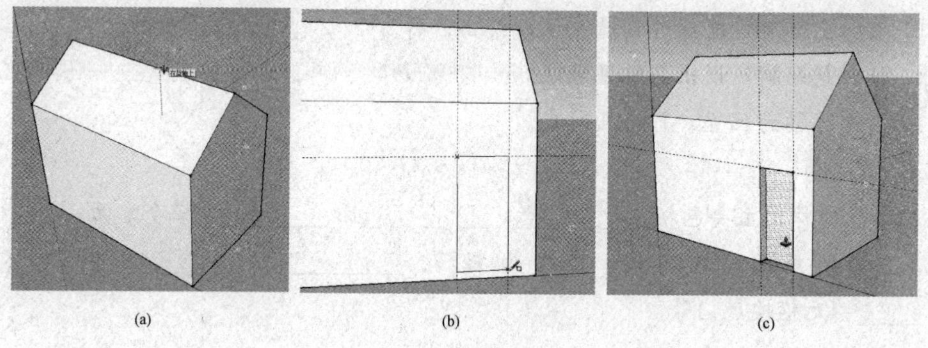

(a)　(b)　(c)

图 2-64　房屋制作

(a)画出屋顶雏形；(b)画出门口尺寸；(c)向里推拉 20 cm

(5)隐藏部分线面，画出前墙的窗户：距离山墙 500 mm，距离地面 900 mm，画出辅助线，画 1 200 mm×1 200 mm 矩形窗户，向里推拉 120 mm，给窗户一个亮的金属材质，整扇窗向里偏移 5 mm，用【画线工具】在顶面画出固定玻璃的中槛线，沿窗户中点垂直画一垂直线段；将其中的一扇推拉窗向里推出 30 mm，如图 2-65 所示。

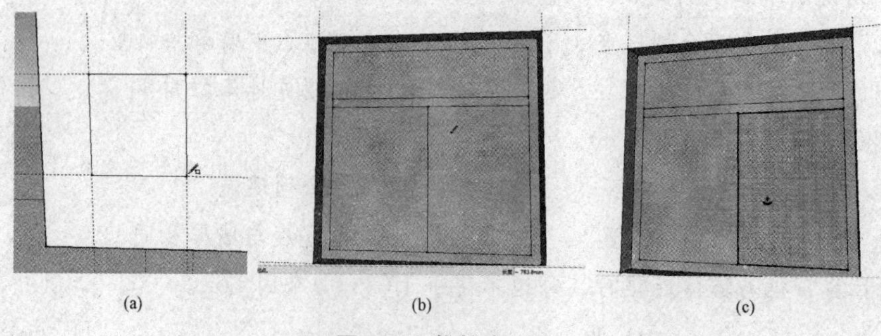

(a)　(b)　(c)

图 2-65　推拉窗制作

(a)画出窗框雏形；(b)推进画出窗户平面的划分；(c)右侧窗扇向里推拉 10 mm

（6）使用【偏移工具】画出两扇窗边框的宽度，都向里偏移 30 mm，将两扇窗玻璃向里推进 10 mm，将上槛固定玻璃向里推进 20 mm，使用【材质工具】，打开【半透明】下拉选项，选择天蓝色玻璃并赋予三块玻璃材质，如图 2-66 所示。

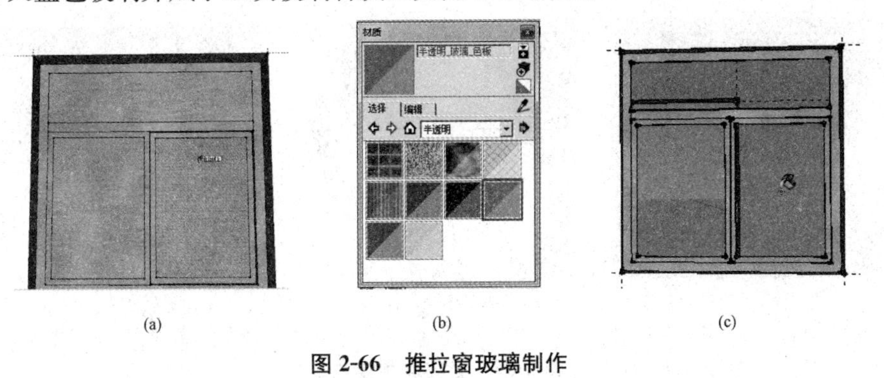

(a)　　(b)　　(c)

图 2-66　推拉窗玻璃制作

(a)画出窗扇外框；(b)推进画出窗户平面的划分；(c)赋予天蓝色玻璃

（7）恢复到前视图，选择整个窗户，按住 Ctrl 键在前墙左侧再复制一个相同的窗户，如图 2-67(a)所示。

老虎窗房屋制作

（8）画屋面的老虎窗：沿辅助线向上画出一条 60 cm 的辅助线，确定老虎窗的宽度中点位置，然后在前墙立面上方画矩形，再画三角形，如图 2-67(b)所示。

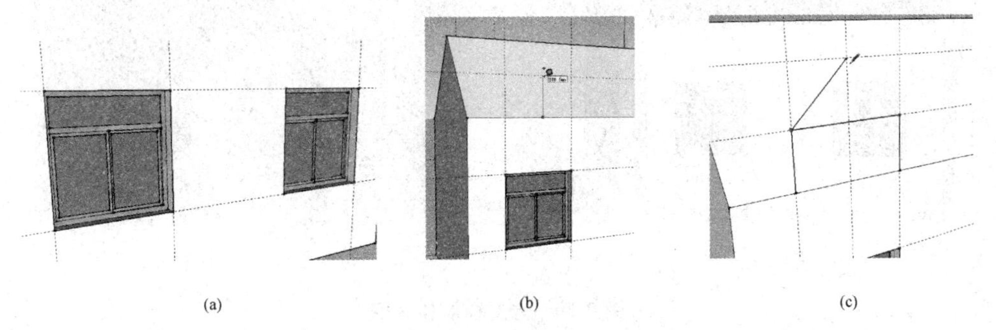

(a)　　(b)　　(c)

图 2-67　老虎窗制作之一

(a)复制一个完整的推拉窗；(b)运用辅助线画出老虎窗下层窗户；(c)赋予天蓝色玻璃

（9）沿三角形立面顶点向屋顶表面沿绿色轴向引线并与屋面平面相交点击确定，连接屋面交点，画出老虎窗的外部造型，如图 2-68 所示。

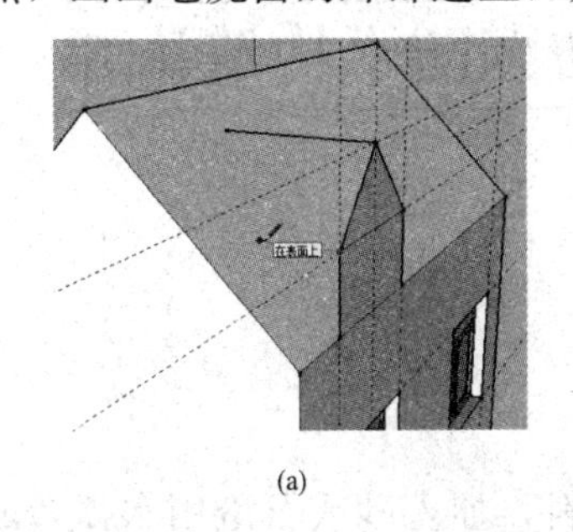

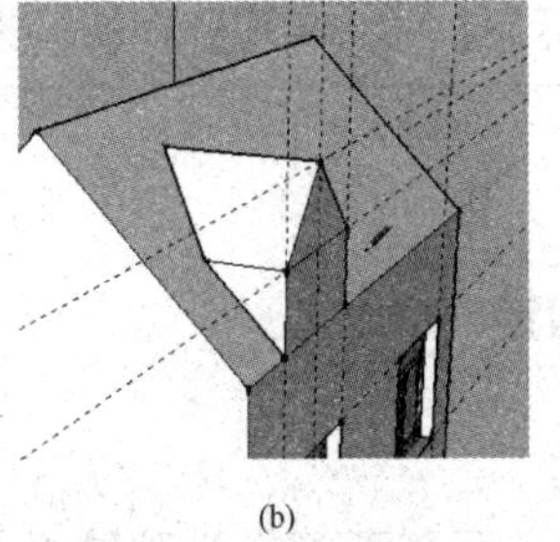

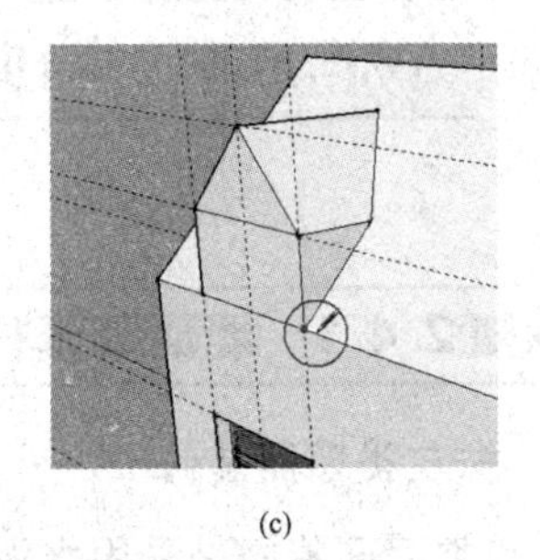

(a)　　(b)　　(c)

图 2-68　老虎窗制作之二

(a)老虎窗端点向屋面引线；(b)老虎窗左侧墙、屋面闭合；(c)老虎窗右侧墙、屋面闭合

(10)将前墙立面旋转过来，把老虎窗与前坡屋面相交的面选中删除；在老虎窗前立面上画出三角形玻璃，铝合金边框为 30 mm；后面的老虎窗制作方法参考前面的推拉窗制作方法，如图 2-69 所示。

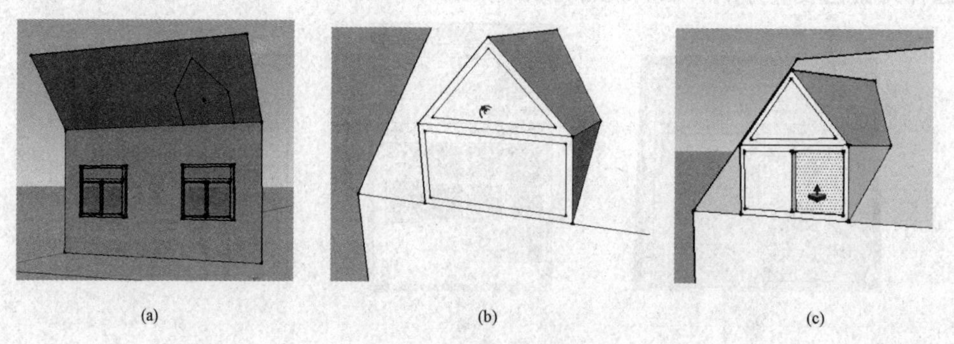

(a) (b) (c)

图 2-69　老虎窗制作之三

(a)老虎窗相交的面选中删除；(b)画出三角形玻璃及下边框；(c)其他方法同前推拉窗一样

(11)将完成的老虎窗选中向右复制一个，将老虎窗与前坡屋面相交的面选中删除；将完成的老虎窗选中再向后复制一个，捕捉后坡屋面将其移到后坡面中间位置；至此老虎窗及房屋的创建完成，如图 2-70 所示。

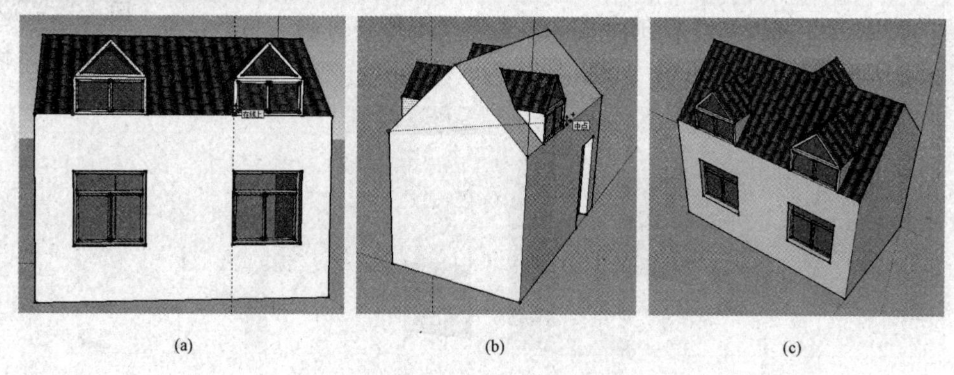

(a) (b) (c)

图 2-70　老虎窗制作之四

(a)老虎窗选中向右复制一个；(b)老虎窗向右复制一个；(c)最终完成效果

(12)用材质编辑器给予屋面瓦的材质，老虎窗的完整实例演示完成。

认知 2.4　墙面装修、地下室防潮防水构造认知

认知 2.4.1　墙面装修构造

1. 抹灰类墙面装修

抹灰类墙面装修是采用水泥、石灰膏等作为胶结材料，加入砂或石渣用水拌和成砂浆

或石渣浆，然后抹到墙面上的一种操作工艺，是一种传统的墙面装修做法。这种装修做法具有材料来源广、施工简便、造价低等优点；但耐久性差、易开裂，且多属于湿作业，工效低，劳动强度比较大。

抹灰可分为一般抹灰和装饰抹灰两大类。一般抹灰有石灰砂浆抹灰、混合砂浆抹灰、水泥砂浆抹灰、聚合物水泥砂浆抹灰等。为了保证抹灰平整、牢固、颜色均匀，避免开裂、脱落，抹灰层不宜太厚，外墙抹灰一般为 20～25 mm，内墙抹灰为 15～20 mm，且施工时必须分层操作，即可分为底层、中层和面层，如图 2-71 所示。

(1)底层抹灰主要与基层粘结，并起初步找平作用，厚度为 15～20 mm，又称为找平层或打底层，施工中称为“刮糙”；其灰浆用料视基层材料而定。

(2)中层抹灰用于进一步找平，减少底层砂浆干缩导致面层开裂的可能，厚度一般为 5～12 mm，所选材料可与底层相同，也可视装修要求而定。

(3)面层抹灰主要起装饰作用，又称为罩面，厚度为 3～5 mm，要求表面平整、无裂痕、色彩均匀，并可做成光滑、粗糙等不同质感，以获得不同的装饰效果。

图 2-71　混合砂浆抹灰

抹灰按质量要求和主要工序分为三种标准，即普通抹灰：一层底灰，一层面层；中级抹灰：一层底灰，一层中灰，一层面灰；高级抹灰：一层底灰，数层中灰，一层面灰。

在墙与楼地面的交接处，为了遮盖地面与墙面的接缝，保护墙身，以及防止擦洗地面时弄脏墙面，常做成高为80～150 mm 的踢脚线。

2. 贴面类墙面装修

贴面类墙面装修是利用各种天然石板或人造板、块，通过绑、挂或直接粘贴等方法对墙面进行的装修处理。此种饰面具有耐久、施工方便、质量高、装饰效果好、易清洗等优点。常用的贴面材料有瓷砖、面砖、马赛克和预制水刷石、水磨石板以及花岗石、大理石等天然石板。一般将质感细腻的瓷砖、大理石板等作为内墙装修材料；而将质感粗犷、耐蚀性好的面砖、马赛克、花岗石板等作为外墙装修材料，如图 2-72 所示。

(1)瓷砖。瓷砖是用优质陶土烧制成的一种内墙贴面材料，具有吸水率低、色彩稳定、表面光洁美观、易于清洗等优点。一般常用于厨房、浴室、卫生间、医院手术室等处的墙裙、墙面和池槽面层。

(2)面砖。面砖多数是以陶土为原料，经加工成型、煅烧制成的一种贴面块，分挂釉和不挂釉、光面和带各种纹理饰面等不同类型。面砖质地坚固、防洞、耐蚀，色彩和规格多种多样，常用于内外墙面装修。

图 2-72　贴面类墙面装修(下)及涂料类墙面装修(上)

(3)马赛克。陶瓷马赛克是以优质陶土烧制而成的小块瓷砖，常用作地面装修，也可用于外墙装修。玻璃马赛克是一种半透明的玻璃质饰面剖料，质地坚硬，色调柔和典雅，性能稳定，可组成各种花饰，且具有耐热、耐寒、耐蚀、不龟裂、光滑、不褪色、造价低等优点。

(4)天然石板。常见的天然石板有大理石板、花岗石板等，具有强度高、结构致密、色彩丰富、不易被污染等优点；但加工复杂、要求较高，价格昂贵，属于高级装修饰面材料。

(5)人造石板。人造石板具有天然石板的花纹和质感，而且质轻、强度高、耐酸碱、造价低，容易按设计要求制作，常见的有水磨石板、仿大理石板等。

3. 涂料类墙面装修

涂料类墙面装修是利用各种涂料涂敷于墙体基层表面而形成完整、牢固的保护膜，对墙体起保护、装饰作用。

涂料可分为有机涂料和无机涂料两类。

建筑内外墙面用涂料做饰面是很简便的一种装修方式，具有材料来源广、造价低、操作简单、省工料、工期短、质轻、维修更新方便等优点，是目前很有发展前途的装修类型。

4. 干挂墙面装修

干挂墙面装修一般适用于室外墙面的处理。石材干挂法又名空挂法，是当前墙面装饰中一种新型的施工工艺。该方法以金属挂件将饰面石材直接吊挂于墙面或空挂于钢架之上，不需再灌浆粘贴，如图 2-73 所示。

干挂墙面装修的原理是在主体结构上设主要受力点，通过金属挂件将石材固定在建筑物上，形成石材装饰幕墙。该工艺是利用耐腐蚀的螺栓和耐腐蚀的柔性连接件，将花岗石、人造大理石等饰面石材直接挂在建筑结构的外表面，石材与结构之间留出 40～50 mm 的空隙。用此工艺做成的饰面，在风荷载和地震作用的作用下允许产生适量的变位，以吸收部分风荷载和地震作用，而不致出现裂纹和脱落。当风荷载和地震作用消失后，石材也随结构而复位。

图 2-73　干挂墙面装修

认知 2.4.2　地下室防潮防水构造

1. 地下室

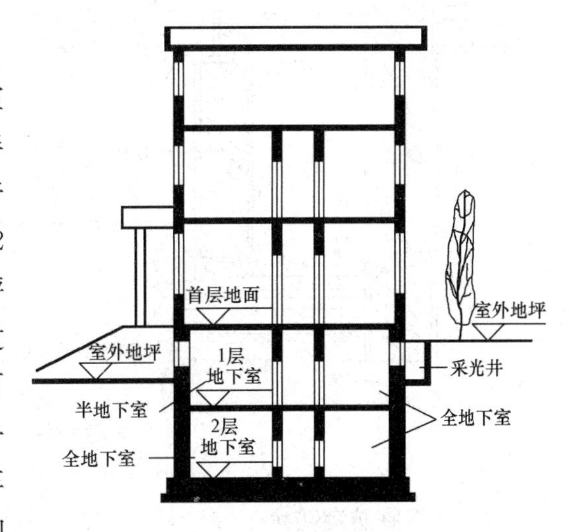

图 2-74　地下室示意图

地下室是建筑物底层下面的房间。地下室按埋入地下深度的不同，可分为全地下室和半地下室，如图 2-74 所示。当地下室地面低于室外地坪的高度且超过该地下室净高的 1/2 时，为全地下室；当地下室地面低于室外地坪的高度且超过该地下室净高的 1/3，但不超过 1/2 时，为半地下室。地下室按使用功能，可分为普通地下室和人防地下室。普通地下室一般用作设备用房、储藏用房、商场、餐厅、车库等；人防地下室主要用于战备防空，考虑和平年代的使用，人防地下室在功能上应能够满足平战结合的使用要求。

当建筑物较高时，基础的埋深很大，利用这个深度设置地下室，既可在有限的占地面积中争取到更多的使用空间，提高建设用地的利用率，又不需要增加太多的投资，所以，设置地下室有一定的实用和经济意义。

(1)地下室的组成。地下室一般由墙体、底板、顶板、门窗、楼梯、采光井等部分组成。

1)墙体。地下室的墙体不仅要承受上部传来的垂直荷载，还要承受土、地下水、土壤冻结时的侧压力。

当上部荷载较大或地下水水位较高时，最好采用混凝土或钢筋混凝土墙，厚度不宜小于 250 mm。

2)底板。地下室的地坪主要承受地下室内的使用荷载，当地下水水位高于地下室的地坪时，还要承受地下水浮力的作用，所以，地下室的底板应有足够的强度、刚度和抗渗能力，一般采用钢筋混凝土底板。

3)顶板。地下室的顶板主要承受建筑物首层的使用荷载，可采用现浇或预制钢筋混凝土楼板。

4)楼梯。地下室的楼梯一般与上部楼梯结合设置，当地下室的层高较小时，楼梯多为单跑式；对于防空地下室，应至少设置两部楼梯与地面相连，并且必须有一部楼梯通向安全出口。

当居室布置在半地下室时必须采取满足采光、通风、日照、防潮、防霉以及安全防护等要求的相关措施。门窗的构造与地上部分相同。

5)采光井。采光井的作用是降低地下室采光窗外侧的地坪，以满足全地下室的采光和通风要求，如图 2-75 所示。

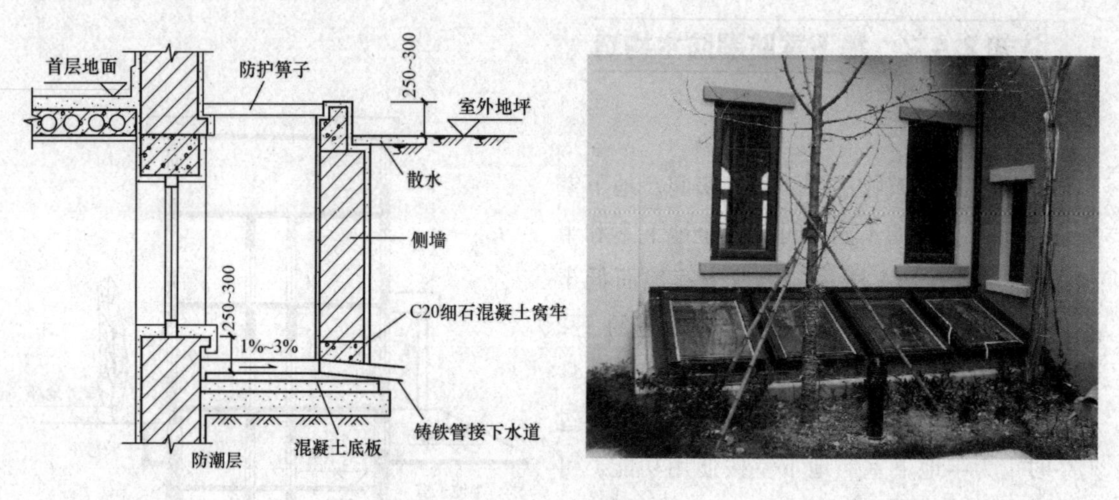

图 2-75 采光井构造

2. 地下室防潮防水

由于地下室的墙身、底板埋在土中，长期受到潮气或地下水的侵蚀，会引起室内地面、墙面生霉，墙面装饰层脱落，严重时使室内进水，影响地下室的正常使用和建筑物的耐久性。因此，必须对地下室采取相应的防潮、防水措施，以保证地下室在使用时不受潮、不渗漏。

(1)地下室防潮。当地下水的最高水位低于地下室地坪 300～500 mm 时，地下室的墙体和底板只会受到土中潮气的影响，所以只需作防潮处理，即在地下室的墙体和底板中采取防潮构造。

当地下室的墙体采用砖墙时，墙体必须用水泥砂浆来砌筑，要求灰缝饱满，并在墙体的外侧设置垂直防潮层，在墙体的上、下设置水平防潮层。

墙体垂直防潮层的做法是：先在墙外侧抹 20 mm 厚 1：2.5 的水泥砂浆找平层，延伸到散水以上 300 mm。找平层干燥后，上面刷一道冷底子油和两道热沥青。然后，在墙外侧回填低渗透性的土壤，如黏土、灰土等，并逐层夯实，宽度不小于 500 mm；墙体水平防潮层中一道设在地下室地坪以下 60 mm 处，一道设在室外地坪以上 200 mm 处，如图 2-76 所示。如果墙体采用现浇钢筋混凝土墙，则不需作防潮处理。

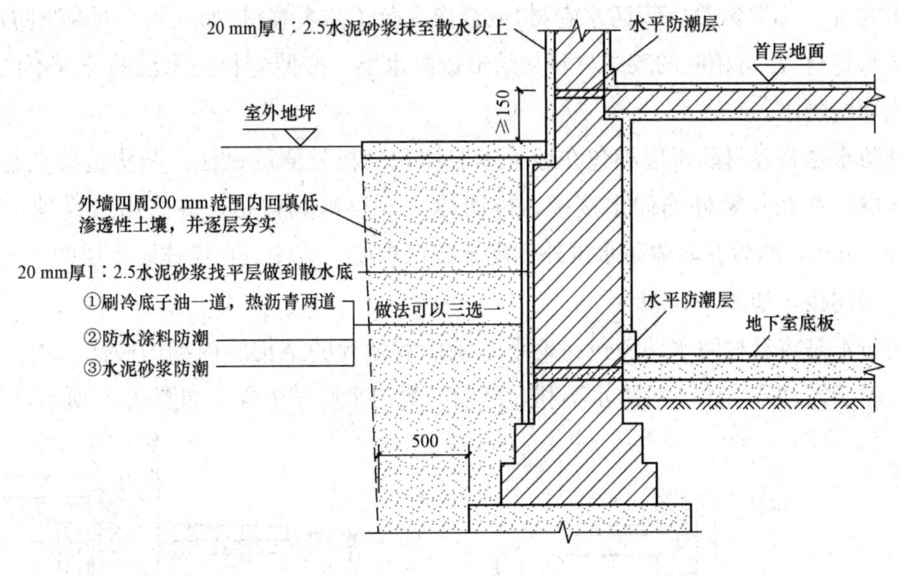

图 2-76　防潮构造

地下室需防潮时，底板可采用非钢筋混凝土。其防潮构造如图 2-76 所示。

(2)地下室防水。当地下水的最高水位高于地下室底板时，地下室的墙体和底板浸泡在水中，这时地下室的外墙会受到地下水侧压力的作用，底板会受到地下水浮力的作用，这些压力水具有很强的渗透能力，会导致地下室漏水，影响正常使用。所以，地下室的外墙和底板必须采取防水措施。具体做法有卷材防水和混凝土构件自防水两种，如图 2-77 所示。

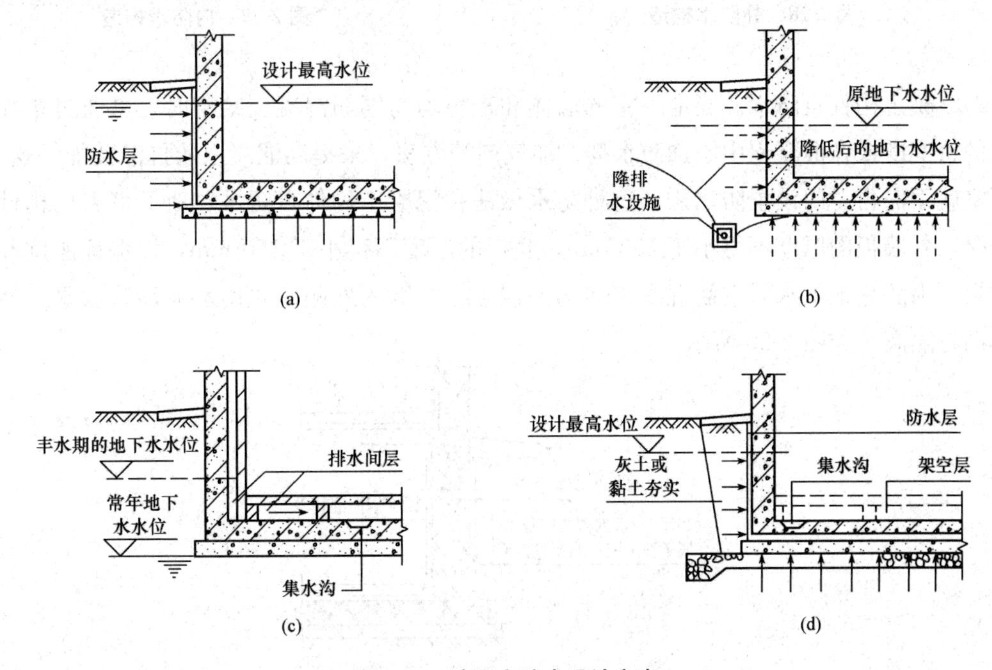

图 2-77　地下室防水设计方案

(a)隔水法；(b)外排水法；(c)内排水法；(d)综合法

1)卷材防水。现在工程中，卷材防水层一般采用高聚物改性沥青防水卷材(如 SBS 改性沥青防水卷材、APP 改性沥青防水卷材)或合成高分子防水卷材(如三元乙丙橡胶防水卷材、再生胶防水卷材等)与相应的胶结材料粘结形成防水层。按照卷材防水层的位置不同，可分为外防水和内防水。

①外防水是将卷材防水层满包在地下室墙体和底板外侧的做法。其构造要点是：先做底板防水层，并在外墙外侧伸出接槎，将墙体防水层与其搭接，并高出最高地下水水位 500～1 000 mm，然后在墙体防水层外侧砌半砖保护墙。应注意在墙体防水层的上部设垂直防潮层与其连接，如图 2-78 所示。

②内防水是将卷材防水层满包在地下室墙体和地坪的结构层内侧的做法。内防水施工方便，但属于被动式防水，对防水不利，所以一般用于修缮工程，如图 2-79 所示。

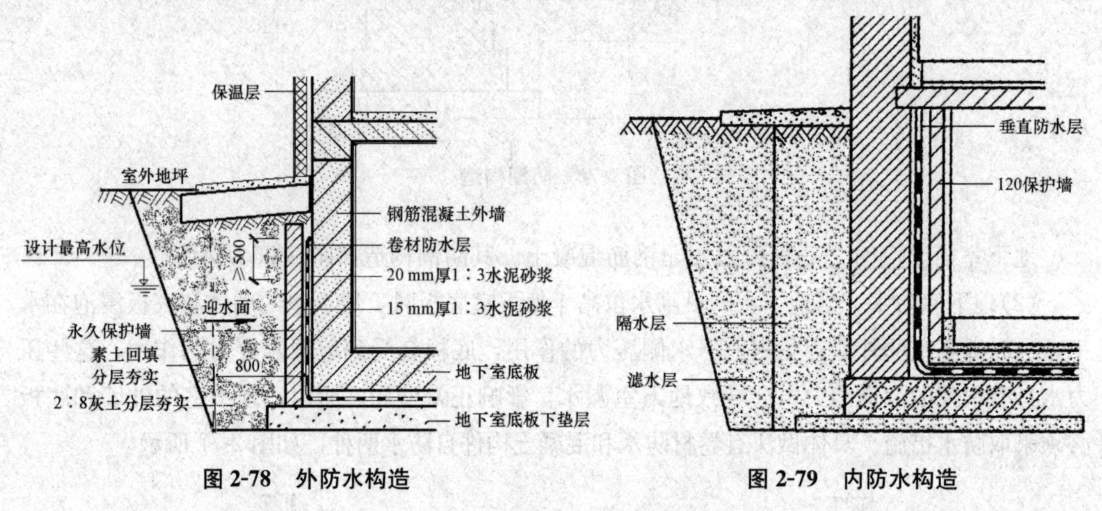

图 2-78　外防水构造　　　图 2-79　内防水构造

2)混凝土构件自防水。当地下室的墙体和地坪均为钢筋混凝土结构时，可通过增加混凝土的密实度或在混凝土中添加防水剂、加气剂等方法，来提高混凝土的抗渗性能。这时，地下室就不需再专门设置防水层，这种防水做法称混凝土构件自防水。地下室采用构件自防水时，外墙板的厚度不得小于 200 mm，底板的厚度不得小于 150 mm，以保证刚度和抗渗效果。为防止地下水对钢筋混凝土结构的侵蚀，在墙的外侧应先用水泥砂浆找平，然后刷热沥青隔离，如图 2-80 所示。

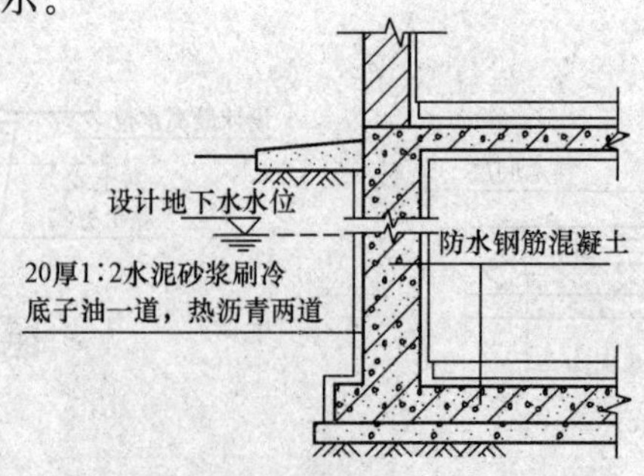

图 2-80　混凝土构件自防水构造

课后作业

一、问答题

1. 简述墙面装修的分类。

2. 简述地下室防水构造。

二、填空题

1. 墙身水平防潮层具体做法有__________、__________、__________等。

2. 按装修材料和施工方法分类，墙面装修可分为__________、__________、__________、__________、__________五大类。

三、选择题(单选)

下列说法正确的是(　　)。

A. 室内装修材料可以用于室外装修　　B. 室外装修材料可以用于室内装修

C. 室内、室外装修材料原则上不可以互换　　D. 装修材料用于室内与室外无规定

实训　圈梁、构造柱、墙面装修实训

实训1：构造柱三维构造仿真实训

使用SketchUp软件绘制如图2-43所示构造柱的三维结构示意图。(35分钟)

步骤与方法如下：

(1)设置SketchUp软件绘图单位为mm。

(2)按照实际比例绘制截面图并添加材料图例，或者将图片导入SketchUp软件进行描图处理。

(3)将截面图(节点详图、构造详图、节点大样图)进行拉伸(挤出)即可完成。

(4)保存为“构造柱.skp”文件格式。

实训2：地下室墙身防潮层构造实训

使用SketchUp软件绘制如图2-81所示条形基础。(25分钟)

步骤与方法如下：

(1)设置SketchUp软件绘图单位为mm。

(2)按照实际比例绘制截面图并添加材料图例，或者将图片导入SketchUp软件进行描图处理。

(3)将截面图(节点详图、构造详图、节点大样图)进行拉伸(挤出)即可完成。

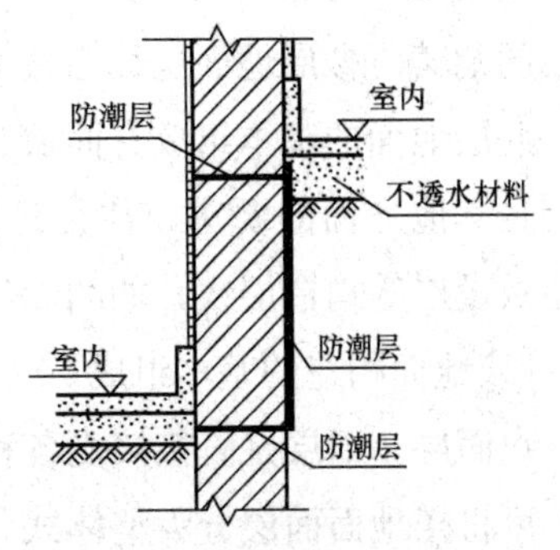

图2-81　地下室墙身防潮层构造

(4)保存为“墙身防潮层.skp”文件格式。

实训3：墙体装饰构造仿真实训

使用SketchUp软件绘制如图2-82所示的墙体分层构造。(30分钟)

步骤与方法如下：

(1)设置SketchUp软件绘图，单位为mm。

(2)绘制12墙、找平层：砂浆厚度为15～20 mm，又称为找平层或打底层、中层抹灰厚度一般为5～12 mm、抹面砂浆厚度为3～5 mm，要求表面平整无裂痕，涂料层或瓷砖饰面层。

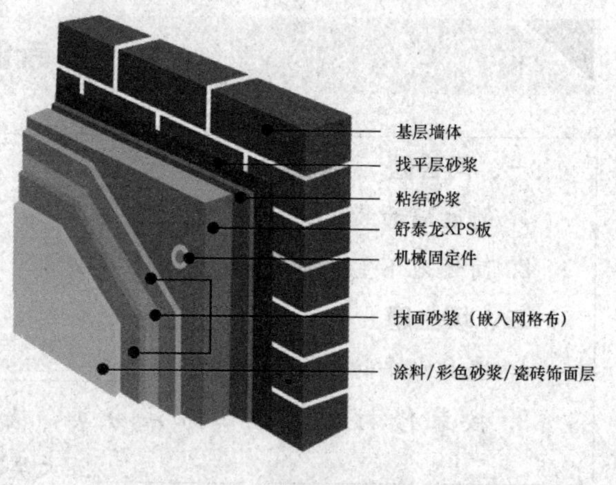

图2-82 墙体装饰构造

(3)将各层按照要求的厚度进行拉伸(挤出)即可完成。

(4)保存为“墙体分层构造.skp”文件格式。

认知2.5 楼地层与顶棚、阳台、雨篷构造认知

认知2.5.1 楼地层的组成与构造认知

楼板与地面是水平方向分隔房屋空间的承重构件。楼板层是楼层间分隔上、下空间的构件，地面是建筑物底层地坪，是建筑物底层与土壤相接的构件。它们承受着楼板层上的荷载并将荷载传递给墙和柱，并对墙体起着水平支撑作用；另外，它们还应具备一定的隔声、保温、防火、防水、防潮等能力。

1. 楼地面的组成

楼层地面与底层地面统称为楼地面，二者在构造和设计上要求基本相同，均属于室内装修的范畴。楼层地面也称为楼面。

底层地面的基本组成有面层、垫层和地基；楼层地面的基本组成有面层和基层(楼板)。为满足其他方面的要求，往往还要增加找平层、结合层、防水层、保温隔热层、隔声层、管道敷设层等构造层次，如图2-83所示。

(1)地面构造的基本组成。

1)面层。面层是直接接受各种物理和化学作用的表面层。根据面层材料和施工工艺不同，可将楼地面面层分为整体式、块料式、卷材式和木地面等类型。地面往往以面层所采用的材料命名。

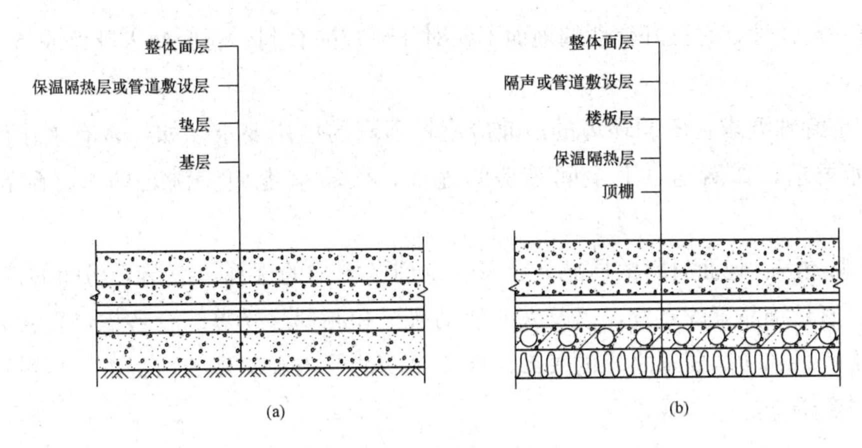

图 2-83 楼地面的组成

2)垫层。垫层是承受面层荷载并均匀传递给地基的构造层次。其可分为刚性垫层和柔性垫层两类。

3)基层。基层是承受楼地面荷载的结构层。楼层地面为楼板；底层地面为夯实的土层。

(2)楼面构造的基本组成。

1)面层。当面层位于楼板层上表面时，又称为楼面。

2)结构层。结构层是楼板层的承重部分，一般由梁、板等承重构件组成，又称为楼板。其主要功能是承受楼板层上部荷载，并将荷载传递给墙或柱，同时还对墙身起水平支撑作用，以加强建筑的整体刚度。

(3)楼地面构造除基础构造外，还有顶棚层和功能层两种构成。

1)顶棚层位于楼板的最下表面，也是室内空间上部的装饰层，俗称天花板。顶棚主要起到保温、隔声、装饰室内空间的作用。

2)功能层位于面层与结构层或结构层与顶棚层之间，根据楼板层的具体功能要求而设置，又称附加层。其主要作用是找平、隔声、隔热、保温、防水、防潮、防腐蚀、防静电等。另外，建筑物中的各种水平管线也可敷设在楼板层内。

2. 楼地面的设计要求

楼地面是室内重要的装修层，起着保护楼地层结构、改善房间使用质量和增加美观的作用。与墙面装修相比，楼地面与人、家具、设备等直接接触，承受荷载并经常受到磨损，撞击和洗刷。楼地面应满足下列要求：

(1)坚固耐磨：要求地面具有足够的强度，在外力作用下不易破坏和磨损，且表面平整、光洁、不起灰、易清洗。

(2)保温隔热：要求地面所用材料导热系数小，即使在寒冷季节，人站在地面上也不会感到寒冷。

(3)隔声、吸声：隔声主要是隔绝人和家具与地面之间产生的撞击声，可采用浮筑或夹心地面或脱开面层，或者弹性地面等做法。对标准较高、使用人数较多的公共建筑，采用各种软质地面，可以控制室内噪声，有较好的吸声作用。

（4）有一定弹性：有良好弹性的地面不仅对隔声减噪有利，还会使人驻留或行走时脚感舒适。

（5）满足特殊要求：不同环境的地面应满足不同的使用要求，如经常有水作用的地面应满足防水要求，如厨房、卫生间等房间地面；实验室地面应满足防水、耐腐蚀的要求等。

（6）美观经济：地面材料的质感、色彩、纹理及图案的选择，应结合房间的使用性质、空间形态、家具饰品等的布置，以及人的活动状况和心理感受等综合考虑，妥善处理好楼地面的装饰效果和功能要求之间的关系。在满足功能要求和美观的前提下，尽量选择经济的地面材料和构造处理方式。

认知 2.5.2　楼板的类型

根据所使用材料的不同，楼板可分为木楼板、砖拱楼板、钢筋混凝土楼板和压型钢板组合楼板等几种类型，如图 2-84 所示。

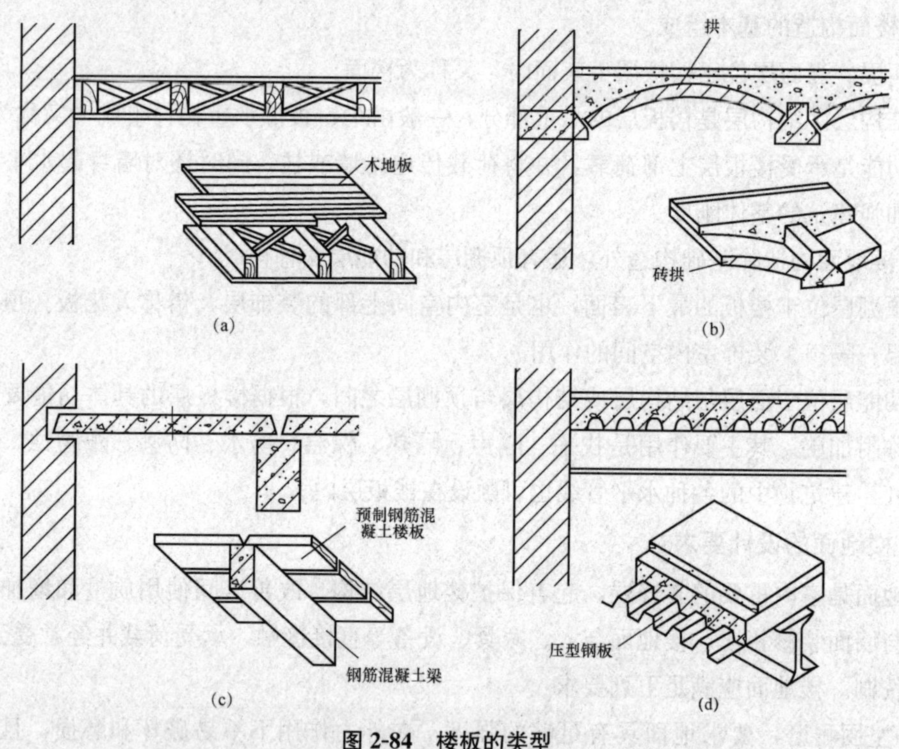

图 2-84　楼板的类型

（a）木楼板；（b）砖拱楼板；（c）钢筋混凝土楼板；（d）压型钢板组合楼板

1. 木楼板

木楼板是在木隔栅上下铺钉木板，并在隔栅之间设置剪力撑以加强整体性和稳定性。木楼板具有构造简单、质轻、保温性能好、吸热系数小等优点；但防火、耐久性差，而且木材消耗量过大，目前除在产木林区或特殊要求外，已经极少采用。

2. 砖拱楼板

砖拱楼板节约钢材、木材、水泥，但自重大，承载能力及抗震性能较差，且施工复杂，现已基本不采用。

3. 钢筋混凝土楼板

钢筋混凝土楼板强度高、刚度大、耐久和耐火性能好，可塑性大，便于工业化施工，是目前应用最广泛的楼板类型。按其施工方式的不同，钢筋混凝土楼板可分为现浇式、装配式和装配整体式三种类型，目前，现浇钢筋混凝土楼板最为广泛，如图 2-85 所示。

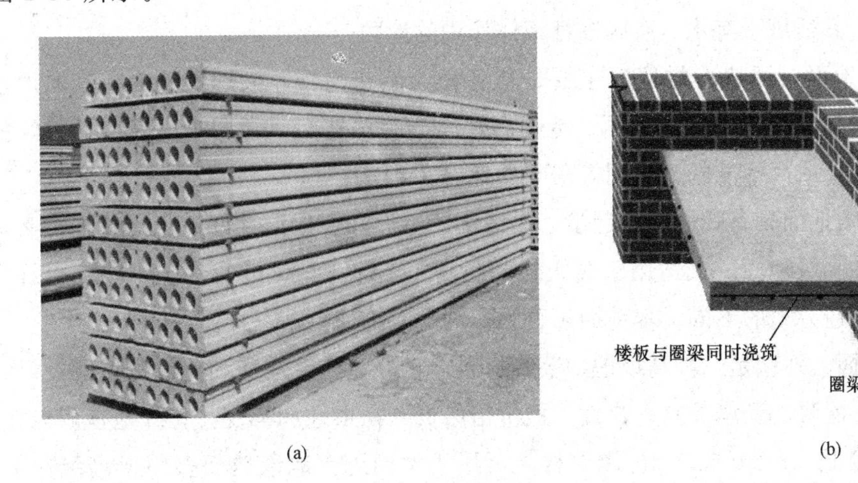

图 2-85　钢筋混凝土楼板

(a)预制钢筋混凝土楼板；(b)现浇钢筋混凝土楼板

4. 压型钢板组合楼板

压型钢板组合楼板是以压型钢板为衬板，作为楼板的底模与混凝土浇筑在一起而构成的楼板，故又称为压型钢衬板组合楼板。这种楼板强度高，刚度大，楼板整体性好，施工方便，且有利于各种管线的敷设，是目前正大力推广的一种新型楼板。

认知 2.5.3　楼地面的种类

常见楼地面的构造如下：

(1)水泥砂浆楼地面。水泥砂浆楼地面是一种传统的地面，目前属于低档地面。其特点是构造简单、施工方便、造价低廉、坚固耐磨、防水性好，但热工性能较差，施工质量不好时易起砂、起灰，且无弹性。

(2)现浇水磨石楼地面。现浇水磨石地面整体性好、坚固耐磨、表面光滑、耐腐蚀、耐污染、不起尘、易清洗、防水防火性能好，但湿作业量大、工序多，热工性能较差，易产生返潮现象。其适用于清洁度要求高、经常用水清洗的地面，如门厅、营业厅、实验室等，但不宜用于采暖房间。现浇水磨石地面可分为普通水磨石和彩色水磨石两类，并采用玻璃条，铝条或铜条划分成不大于1 m×1 m的网格。

(3)地砖楼地面。地砖种类繁多，包括釉面地砖、彩色釉面地砖、通体瓷质地砖、陶瓷玻化砖、磨光石英砖、霹雳地砖等多品种、多档次的各类地砖。它具有表面平整细腻、坚固耐磨、防水防火、耐酸碱腐蚀、耐油污、色彩图案丰富、不起灰、易清洁等特点。其适用于装修标准较高的各类民用建筑和轻型工业厂房。

(4)陶瓷马赛克楼地面。陶瓷马赛克是以优质瓷土烧制成的19 mm或25 mm见方，厚为6～7 mm的小块。出厂前按设计图案拼成300 mm×300 mm或600 mm×600 mm的规格，并反贴在牛皮纸上。其质地坚硬、经久耐用、防水、耐腐蚀、易清洁、防滑、色泽丰富，装饰效果好。其适用于有水、有腐蚀性液体作用的地面。

(5)天然石材地面。天然石材地面主要是指各种天然花岗石、大理石地面。其质地坚硬、防水防火、耐腐蚀、色泽丰富艳丽、造价高，属于高档地面，常用于高级公共建筑的门厅、大厅、营业厅或高标准的卫生间等房间的地面。

(6)木地面。木地面具有弹性、不起尘、易清洁、不返潮、保温性好、色泽纹理自然美观等特点，是一种高级地面。其适用于高级住宅、宾馆、体育馆、健身房、剧院舞台等建筑物地面。根据构造方式的不同，木地面可分为实铺、空铺和粘贴三种。

(7)地毯楼地面。地毯是一种高级地面装饰材料，它分为纯毛地毯和化纤地毯两类。纯毛地毯柔软舒适、温暖、豪华、富有弹性，但价格昂贵、易虫蛀和霉变；化纤地毯耐老化、防污染，且价格较低、资源丰富、色泽多样，可用于室内外。地毯地面多用于高级住宅、高档宾馆、旅店及公共场所如会议室等。

常见地面构造见表2-3。

表2-3　常用地面构造

类别	名称	构造简图	构造	
			地面	楼面
整体式楼地面	水泥砂浆楼地面	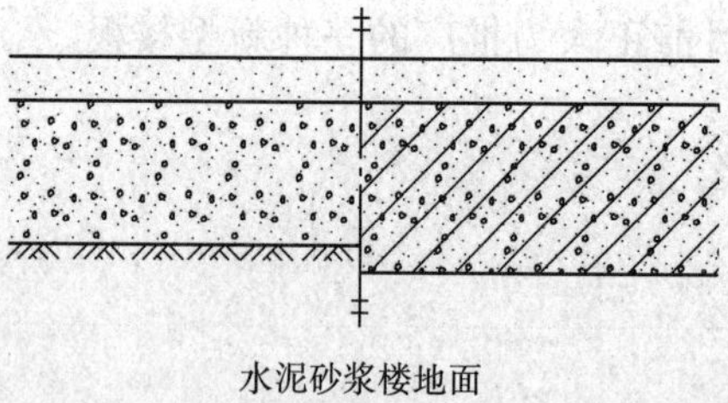 水泥砂浆楼地面	(1)25 mm厚12水泥砂浆铁板赶平 (2)水泥浆结合层一道	
			(3)80(100)mm厚C15混凝土垫层 (4)素土夯实基土	(3)钢筋混凝土楼板
	现浇水磨石楼地面	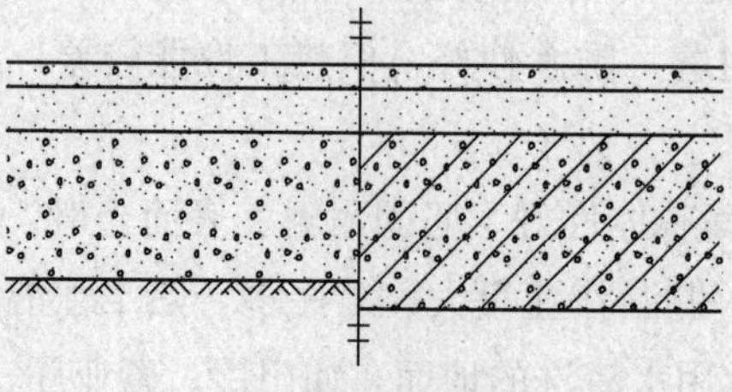 水磨石楼地面	(1)表面草酸处理后打蜡上光 (2)15 mm厚1∶2水泥石粒水磨石面层 (3)25 mm厚1∶2.5水泥砂浆找平层 (4)水泥浆结合层一道	
			(5)80(100)mm厚C15混凝土垫层 (6)素土夯实基土	(5)钢筋混凝土楼板

续表

<table>
<tr><th rowspan="2">类别</th><th rowspan="2">名称</th><th rowspan="2">构造简图</th><th colspan="2">构造</th></tr>
<tr><th>地面</th><th>楼面</th></tr>
<tr><td rowspan="6">块料式楼地面</td><td rowspan="2">地砖楼地面</td><td rowspan="2"> 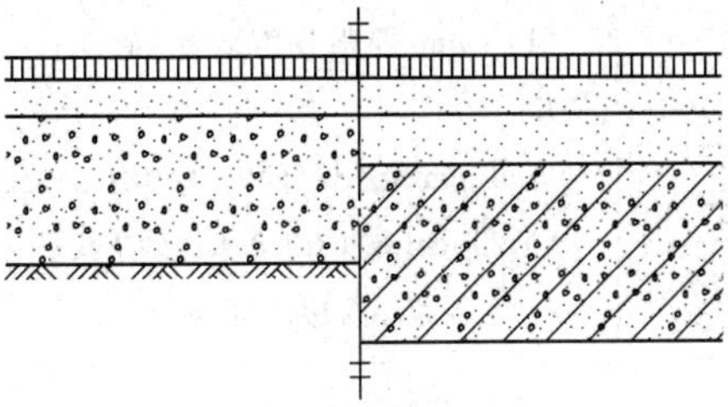地砖楼地面</td><td colspan="2">(1)8～10 mm 厚地砖面层，水泥浆擦缝
(2)20 mm 1∶2.5 干硬性水泥砂浆结合层，上洒1～2 mm 厚干水泥并洒清水适量
(3)水泥浆结合层一道</td></tr>
<tr><td>(4)80(100)mm 厚 C15 混凝土垫层
(5)素土夯实基土</td><td>(4)钢筋混凝土楼板</td></tr>
<tr><td rowspan="2">现浇水磨石楼地面</td><td rowspan="2"> 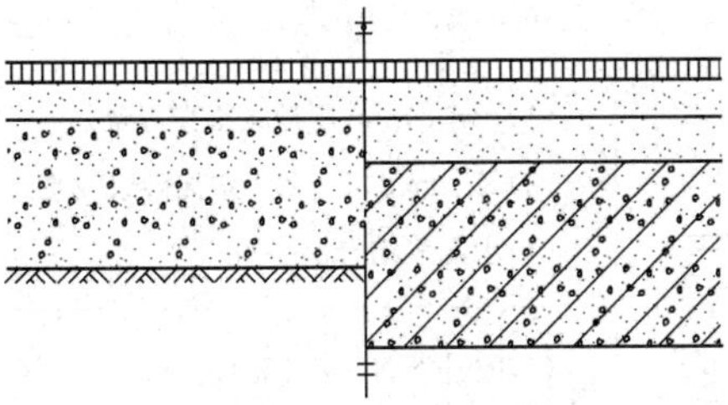陶瓷锦砖楼地面</td><td colspan="2">(1)6 mm 厚陶瓷锦砖面层，水泥浆擦缝并揩干表面水泥浆
(2)20 mm 厚 1∶2.5 干硬性水泥砂浆结合层，上洒1～2 mm 厚干水泥并洒清水适量
(3)水泥浆结合层一道</td></tr>
<tr><td>(4)80(100)mm 厚 C15 混凝土垫层
(5)素土夯实基土</td><td>(4)钢筋混凝土楼板</td></tr>
<tr><td rowspan="2">花岗石楼地面</td><td rowspan="2"> 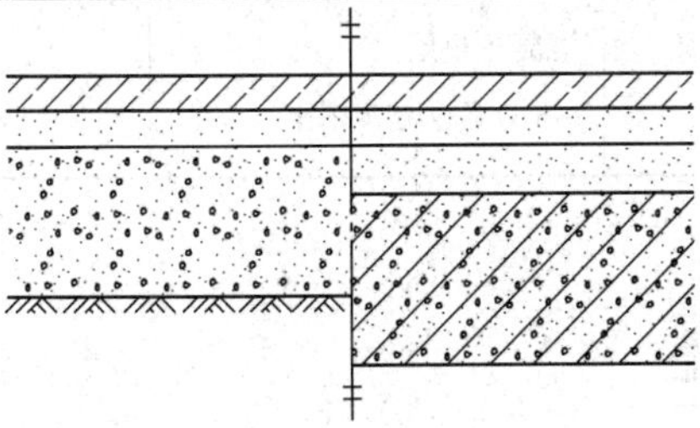花岗石楼地面</td><td colspan="2">(1)20 mm 厚花岗石块面层，水泥浆擦缝
(2)20 mm 厚 1∶2.5 干硬性水泥砂浆结合层，上洒1～2 mm 厚干水泥并洒清水适量
(3)水泥浆结合层一道</td></tr>
<tr><td>(4)80(100)mm 厚 C15 混凝土垫层
(5)素土夯实基土</td><td>(4)钢筋混凝土楼板</td></tr>
<tr><td rowspan="2">块料式楼地面</td><td rowspan="2">大理石楼地面</td><td rowspan="2"> 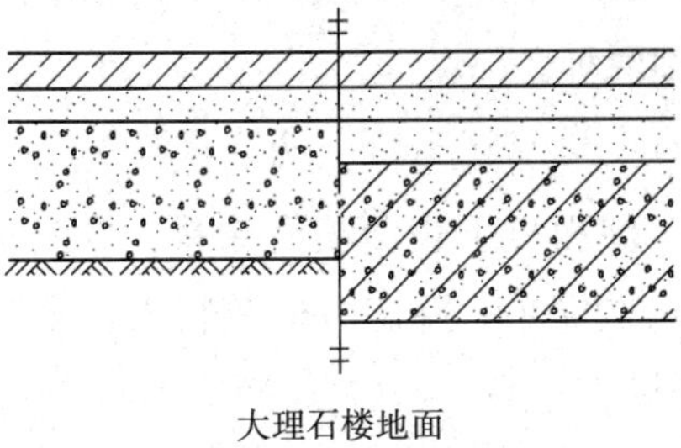大理石楼地面</td><td colspan="2">(1)20 mm 厚大理石块面层，水泥浆擦缝
(2)20 mm 厚 1∶2.5 干硬性水泥砂浆结合层，上洒1～2 mm 厚干水泥并洒清水适量
(3)水泥浆结合层一道</td></tr>
<tr><td>(4)80(100)mm 厚 C15 混凝土垫层
(5)素土夯实基土</td><td>(4)钢筋混凝土楼板</td></tr>
<tr><td rowspan="2">木楼地面</td><td rowspan="2">铺贴木楼地面</td><td rowspan="2"> 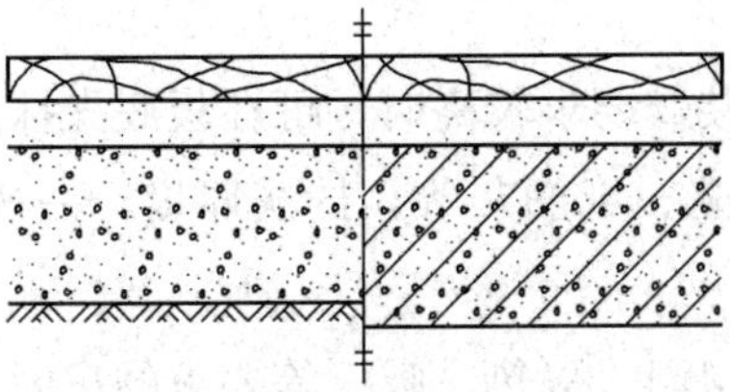铺贴木楼地面</td><td colspan="2">(1)20 mm 厚硬木长条地板或拼花面层氯丁橡胶粘贴
(2)2 mm 厚热沥青胶结材料随涂随铺贴
(3)刷冷底子油一道，热沥青玛瑞脂一道
(4)20 mm 厚 1∶2 水泥砂浆找平层
(5)水泥浆结合层一道</td></tr>
<tr><td>(6)80(100)mm 厚 C15 混凝土垫层
(7)素土夯实基土</td><td>(6)钢筋混凝土楼板</td></tr>
</table>

续表

类别	名称	构造简图	构造	
			地面	楼面
木楼地面	强化木楼地面	强化木楼地面	(1)8 mm 厚强化木地板(企口上、下均匀刷胶)拼接 (2)3 mm 聚乙烯(EPE)离弹泡沫垫层 (3)25 mm 厚 1∶2.5 水泥砂浆找平层铁板赶平 (4)水泥浆结合层一道	
			(5)80(100)mm 厚 C15 混凝土垫层 (6)素土夯实基土	(5)钢筋混凝土楼板
木楼地面	地毯楼地面	地毯楼地面	(1)(3～5)mm 厚地毯面层浮铺 (2)20 mm 厚 1∶2.5 水泥砂浆找平层 (3)水泥浆结合层一道	
			(4)改性沥青一布四涂防水层 (5)80(100)mm 厚 C15 混凝土垫层 (6)素土夯实基土	(4)钢筋混凝土楼板

认知 2.5.4　顶棚的类型及细部构造

顶棚又称为天棚、天花板或望板，是楼板层或屋顶下的装修层，是室内主要饰面之一。按其构造方式可分为直接式顶棚和吊挂式顶棚两种。

1. 直接式顶棚

直接式顶棚是指直接在钢筋混凝土楼板、屋面板下表面喷刷涂料、抹灰裱糊、粘贴或钉结饰面材料的构造做法。直接式顶棚具有构造简单、施工方便等特点，多用于装饰要求不高的大量性民用建筑中，常有以下几种做法：

(1)直接喷刷涂料的顶棚。当板底面平整、室内装修要求不高时，可直接或稍加修补刮平后在其上喷刷涂料。

(2)抹灰顶棚。当板底面不够平整或室内装修要求较高时，可在板底先抹灰后再喷刷各种涂料。顶棚抹灰可采用水泥砂浆、混合砂浆、纸筋灰等，抹灰厚度，一般控制在 10～15 mm，如图 2-86(a)所示。

(3)贴面顶棚。对一些装修要求较高或有保温、隔热、吸声等要求的房间，在板底粘贴壁纸、墙布或装饰吸声板，如矿棉板、石膏板等，如图 2-86(b)所示。

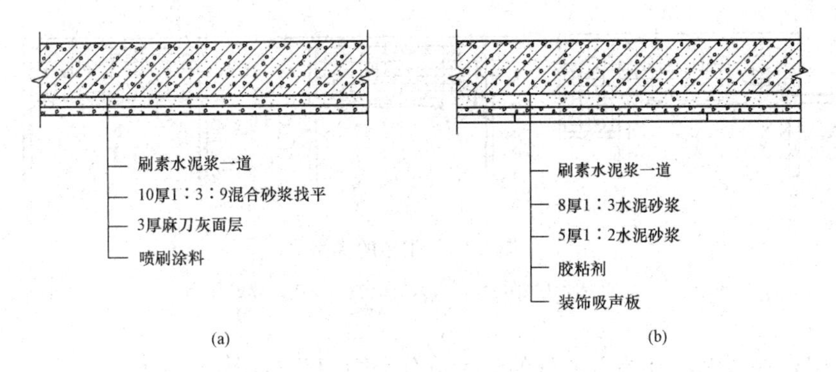

图 2-86　直接式顶棚构造

(a)抹灰顶棚；(b)贴面顶棚

2. 吊挂式顶棚

吊挂式顶棚又称为悬挂式顶棚，简称吊顶，是指房屋屋顶或楼板结构下的顶棚。这种顶棚构造复杂、形式变化丰富、装饰效果好，主要适用于中、高档装饰标准的建筑物顶棚。

吊挂式顶棚一般由吊杆、骨架和面层三部分组成，如图 2-87 所示。

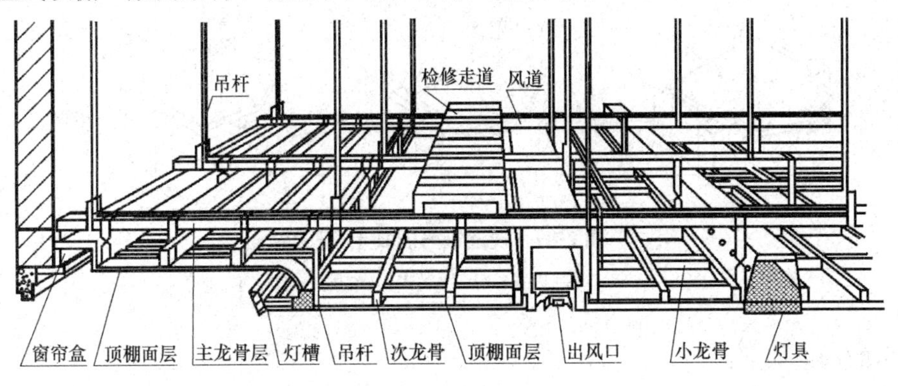

图 2-87　吊挂式顶棚构造

吊杆是连接骨架(吊顶基层)与承重结构层(楼板、屋面板、大梁等)的承重传力构件。骨架作用是承受顶棚荷载并由吊筋传递给结构层，按材料可分为木骨架和金属骨架两类。从节约木材和提高建筑物耐火等级的角度考虑，应避免选用木龙骨，提倡使用轻钢龙骨、型钢龙骨和铝合金龙骨。面层的作用是装饰室内空间，同时起一些特殊作用(如吸声、反射光、灯具等)。

认知 2.5.5　阳台的类型及细部构造

阳台是指供居住者进行室外活动、晾晒衣物等的空间。在居住建筑中较为常见，一般每套住宅应设阳台或平台。

1. 阳台的类型

(1)按阳台与建筑外墙的相对位置可分为凸阳台(挑阳台)、凹阳台、半凹半凸阳台，如图 2-88 所示。

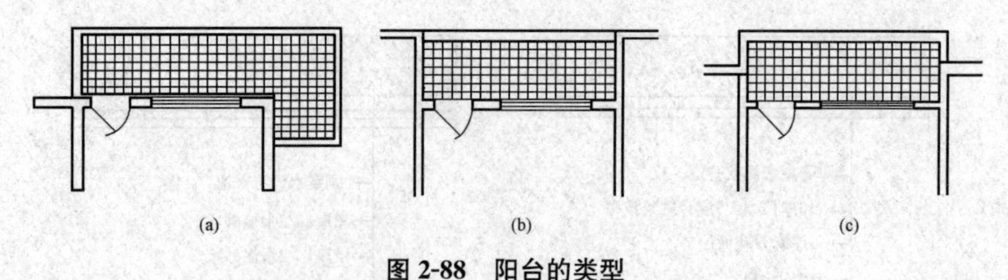

图 2-88　阳台的类型

(a)凸阳台(挑阳台)；(b)凹阳台；(c)半凹半凸阳台

(2)按阳台在建筑物外墙上所处的位置可分为中间阳台和转角阳台。

(3)按阳台在建筑物中所起的作用不同可分为生活阳台(与宾馆的客房、住宅的卧室、起居室等相连，供人们纳凉、观景的阳台)和服务阳台(与住宅厨房、卫生间相连，供人们储存物品、晾晒衣物的阳台)。

2. 凸阳台的承重构件

凸阳台的承重构件目前基本都采用现浇钢筋混凝土结构，其主要有挑板式、压梁式、挑梁式三种结构类型，如图 2-89 所示。其多用于阳台形状特殊及抗震设防要求较高的地区。

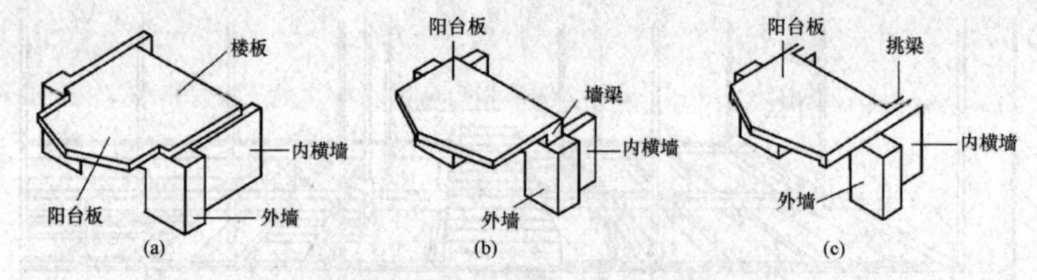

图 2-89　现浇钢筋混凝土凸阳台

(a)挑板式；(b)压梁式；(c)挑梁式

阳台的构造如下：

(1)栏杆(栏板)与扶手。栏杆(栏板)是指高度在人体胸部至腹部之间，用以保障人身安全或分隔空间用的防护分隔构件。其作用是承受人们倚扶的侧向推力，保障人身安全，同时对整个建筑物也起到装饰美化的作用，要求其坚固可靠、舒适美观。

栏杆(栏板)应以坚固耐久的材料制作，并能承受荷载规范规定的水平荷载。阳台栏杆设计应防止儿童攀登，栏杆的垂直净距不应大于 0.11 mm，放置花盆处必须采取防坠落措施。临空高度在 24 m 以下时，阳台栏杆高度不应低于 1.05 m，临空高度在 24 m 及 24 m 以上(包括中高层住宅)时，阳台栏杆高度不应低于 1.10 m。封闭阳台栏杆也应满足阳台栏杆高度要求。栏杆离楼面 0.10 m 高度内不宜留空。中高层、高层住宅及寒冷、严寒地区住宅的阳台宜采用实心栏板。

栏杆一般由金属杆或混凝土杆制作，它应上与扶手、下与阳台板连接牢固。栏板有砖砌栏板、钢筋混凝土栏板和玻璃栏板等，为确保安全，需要在砌体内配置通长钢筋或现浇扶手，并加设钢筋混凝土构造小柱，如图 2-90(a)所示。现浇钢筋混凝土栏板阳台板浇筑在一起，如图 2-90(c)所示；预制钢筋混凝土栏板下端预埋铁件与阳台板顶埋铁件焊接，上端伸出钢筋与面梁和扶手连接，如图 2-90(d)所示。玻璃栏板具有一定的通透性和装饰性，已大量应用于住宅建筑的阳台。

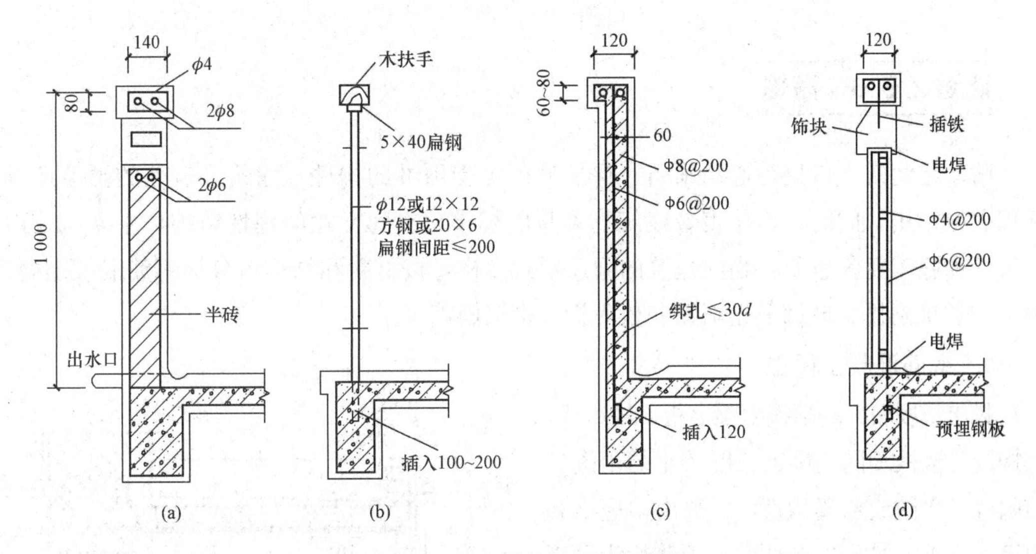

图 2-90　阳台栏杆与栏板的构造

(a)砖砌栏板；(b)金属栏杆；(c)现浇钢筋混凝土栏板；(d)预制钢筋混凝土栏板

(2)阳台隔板。阳台隔板用于连接双阳台，有砖砌和钢筋混凝土隔板两种。由于砖砌隔板整体性较差，对抗震不利，所以现在多采用钢筋混凝土隔板，现浇一般采用设计院图纸设计结构。

(3)阳台排水。为排除阳台上的雨水和积水，保证阳台排水通畅，防止雨水倒灌入室内，阳台必须采取一定的排水措施。一般阳台地面宜低于室内地面(20～50)mm，并设置0.5%～1%的排水坡度坡向排水口。阳台排水有外排水和内排水两种方式。

外排水适用于低层和多层建筑，具体做法是在阳台外侧设置泄水管将水排出。泄水管可采用直径为 40～50 mm 的镀锌钢管或塑料管，外挑长度不少于 80 mm，以防止排水溅到下层阳台，如图 2-91(a)所示。内排水适用于高层建筑和高标准建筑，具体做法是在阳台内侧设置排水立管和地漏，将雨水或积水直接排入地下管网，保证建筑立面美观，如图 2-91(b)所示。

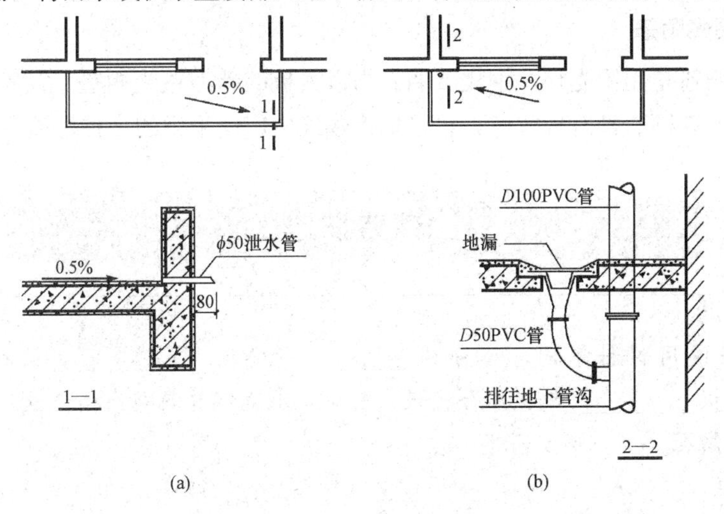

图 2-91　阳台排水构造

(a)外排水；(b)内排水

认知2.5.6　雨篷

雨篷是建筑入口处为遮挡雨雪、保护外门免受雨淋的构件。建筑入口处的雨篷还具有标识引导作用，同时，也代表着建筑物本身的规模，空间文化的理性精神，主入口处雨篷的设计和施工尤为重要：当前建筑的雨篷形式多样，按材料和结构可分为钢筋混凝土雨篷、钢结构悬挑雨篷、玻璃采光雨篷和软面折叠多用雨篷等。

1. 钢筋混凝土雨篷

挑出长度较大的雨篷由梁、板、柱组成，其构造与楼板相同。挑出长度较小的雨篷与凸阳台一样做成悬臂构件，一般由雨篷梁和雨篷板组成，如图 2-92 所示。雨篷梁为雨篷板的支撑，可兼做门过梁，高度一般不小于 300 mm，宽度同墙厚。雨篷板的悬挑长度一般为 900～1 500 mm，宽度不小于 500 mm。

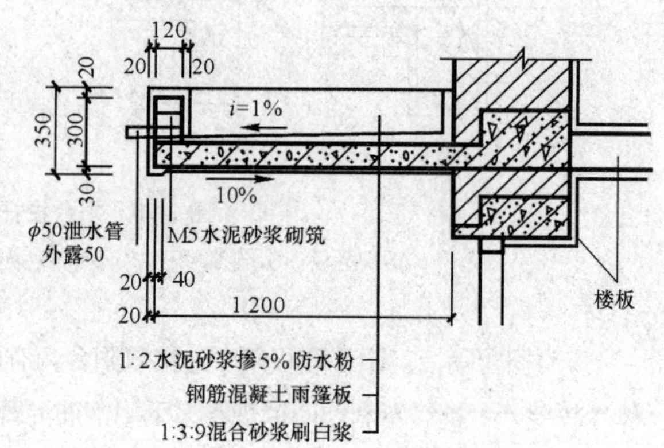

图 2-92　钢筋混凝土雨篷构造

雨篷在构造上应解决好两个问题：一是抗倾覆，保证使用安全；二是板面要有利于排水。通常沿板边砌砖或现浇混凝土形成向上的翻口，高度不小于 60 mm，并留出排水口。板间应用防水水泥砂浆抹面，并向排水门做出 1%的坡度。防水砂浆抹面应顺墙面向上至少 250 mm 形成泛水。

2. 钢结构悬挑雨篷

钢结构悬挑雨篷由支撑系统、骨架系统和板面系统三部分组成。这种雨篷具有结构与造型简练、轻巧、施工便捷、灵活的特点，同时富有现代感，在现代建筑中使用越来越广泛。

3. 玻璃采光雨篷

玻璃采光雨篷是用阳光板、钢化玻璃做雨篷面板的新型透光雨篷。其特点是结构轻巧、造型美观、透明新颖、富有现代感，也是现代建筑中广泛采用的一种雨篷。

课后作业

一、填空题

楼板根据使用材料不同，可分为__________楼板、__________楼板、____________________楼板__________钢板组合楼板。其中，现浇钢筋混凝土楼板较为普遍采用。

二、名词解释

1. 楼板层
2. 地坪层
3. 梁板式楼板

三、简答题

楼板有哪些类型？其基本组成是什么？各组成部分有何作用？

四、课后实训题

简单的绘出常用楼面、地面、顶棚的构造图。

实训　校园建筑三维模型制作实训

【实训选题 1】 教学楼模型创建(100 分钟)

自拍几张校园建筑或上网搜索合适的建筑照片，用 SketchUp 软件完成该建筑的三维模型创建。

步骤 1：基础创建

(1)根据所拍照片和建筑实体尺寸(可以目测或用米尺量取建筑物部分有代表性的关键尺寸)，首先在草纸上画出平面草图，推算标注尺寸，对整座楼的平面尺寸有一个大致的了解。

(2)打开 SketchUp 软件，设置系统单位为 m，根据实际尺寸绘制基础平面图。

步骤 2：墙体创建

(1)根据楼层层数和层高，一般一层为 3 m，也可以是 3.5 m、4 m、4.5 m，推拉出建筑的总高度。

(2)赋予墙体一种或几种真实建筑材质。

步骤 3：门窗创建

参照前述“实训　老虎窗简单房屋的绘制”中的步骤 3～7 和建筑物门窗实例，绘制单个门窗，并加以复制，完成墙体上所有门窗制作。

步骤 4：屋顶创建

因为每座楼楼顶造型各异，根据实例绘制楼顶造型并赋予材质完成。

【实训选题 2】 用超级绘图王、AutoCAD 或 SketchUp 软件绘制楼地层结构图，注意引出线的使用，如图 2-83 所示。(45 分钟)

【实训选题 3】 用超级绘图王、AutoCAD 或 SketchUp 软件绘制钢筋混凝土雨篷构造图，如图 2-92 所示。

项目3　框架结构建筑构造认知

情境导入

随着科学技术的快速发展和人们工作、生活要求的提高，许多公共建筑和民用建筑的结构形式都发生了很大变化，追求大空间、大格局，不再满足于小空间的建筑设计。框架结构正好解决了这一问题，很好地解决了抗震性、布局灵活性，同时也解决了砖混结构建筑使用机制红砖占用农耕地的矛盾，框架结构建筑进而得到更大范围的应用与推广。

框架结构建筑是当前选用建筑结构形式最多的一种，尤其是低层、多层、中高层民用住宅和学校教学办公用房、公共建筑。如图3-1所示。

请问一下：你当前所在的教学楼是什么建筑结构形式，并回答你是怎么看出来的。

图3-1　框架结构建筑学生公寓楼设计图

单元教学导航

<table>
<tr><td rowspan="6">项目认知任务</td><td>认知 3.1　框架结构及基础类型认知</td><td rowspan="6">项目实训任务</td><td>实训　框架结构建筑基础类型实训</td></tr>
<tr><td>认知 3.2　承重结构——框架梁、框架柱、楼板</td><td>实训　框架结构建筑实训</td></tr>
<tr><td>认知 3.3　框架结构建筑的非承重墙体</td><td>实训　填充墙仿真实训</td></tr>
<tr><td>认知 3.4　楼梯的组成、类型和尺寸</td><td>实训　绘制三维楼梯和梁式楼梯</td></tr>
<tr><td>认知 3.5　现浇钢筋混凝土楼梯及钢部构造</td><td></td></tr>
<tr><td></td><td></td></tr>
<tr><td>建议课时</td><td>8 课时</td><td>建议课时</td><td>8 课时</td></tr>
<tr><td>任务描述</td><td colspan="3">了解框架结构建筑的基础、承重结构——梁板柱、填充墙、楼梯基本构造</td></tr>
<tr><td>教学载体</td><td colspan="3">教学 PPT 课件及教材相关内容；实体建筑模型、虚拟仿真或建筑工地现场</td></tr>
<tr><td rowspan="2">教学目标</td><td>知识目标</td><td colspan="2">了解框架结构建筑及基础类型的基本知识、承重结构——框架梁、框架柱、楼板，非承重墙体——填充墙、幕墙、楼梯的类型、构造要求及组成</td></tr>
<tr><td>能力目标</td><td colspan="2">能够掌握楼梯的分类及建筑构造的基本组成部分，能够判别楼梯的结构形式，并指导施工；能够绘制框架结构建筑、楼梯三维立体模型，把握不同楼梯的构造做法及特点</td></tr>
<tr><td>过程设计</td><td colspan="3">框架结构实例设计说明：基础：独立基础；墙体：填充墙；砌筑方式(砖墙砌法)：错逢砌筑；结构：框架结构</td></tr>
<tr><td>案例教学</td><td colspan="3">结合视频和图片加以讲解的多媒体教学法、项目教学法、现场教学法、虚拟仿真教学法</td></tr>
<tr><td>教学方法</td><td colspan="3">知识引导→虚拟仿真、实例分析→学生实训操作、体验认知→教师点评或总结；任务布置→参观考察→写出心得→提交评价</td></tr>
<tr><td>学习课时</td><td colspan="3">认知共计 8 课时，实训共计 8 课时，合计 16 课时</td></tr>
</table>

认知 3.1 框架结构及基础类型认知

认知 3.1.1 框架结构

框架结构是指由梁和柱构成承重体系的结构，即由梁和柱组成框架共同抵抗使用过程中出现的水平荷载和竖向荷载。

现浇框架结构是指梁、板、柱和楼盖均采取混凝土现浇，而且梁、板、柱形成统一整体。框架结构建筑如图 3-2 所示。

图 3-2 框架结构建筑

框架建筑的主要优点：空间分隔灵活，质量轻，节省材料；具有可以较灵活地配合建筑平面布置的优点，有利于安排需要较大空间的建筑结构；框架结构的梁、柱构件易于标准化、定型化，便于采用装配整体式结构，以缩短施工工期；采用现浇混凝土框架时，结构的整体性、刚度较好，设计处理好也能达到较好的抗震效果，而且可以把梁或柱浇筑成各种需要的截面形状。

对于钢筋混凝土框架，当高度大、层数较多时，结构底部各层不但柱的轴力很大，而且梁和柱由水平荷载所产生的弯矩和整体的侧移也显著增加，从而导致截面尺寸和配筋增大，对建筑平面布置和空间处理，就可能带来困难，影响建筑空间的合理使用，在材料消耗和造价方面，也趋于不合理，故一般适用于建造不超过 15 层的房屋。

混凝土框架结构广泛用于学校、办公楼、写字楼、商场等民用建筑，也有根据需要对混凝土梁或板施加预应力，以适用于较大的跨度；框架钢结构常用于大跨度的公共建筑、多层工业厂房和一些特殊用途的建筑物中，如体育馆、火车站、展览厅、造船厂、飞机库、停车场、轻工业车间等。

框架结构建筑的承重以柱、梁、板组成的空间结构体系作为承重骨架。建筑上部的荷载通过楼板→次梁→主梁→框架柱→基础→地基，如图 3-3 所示。

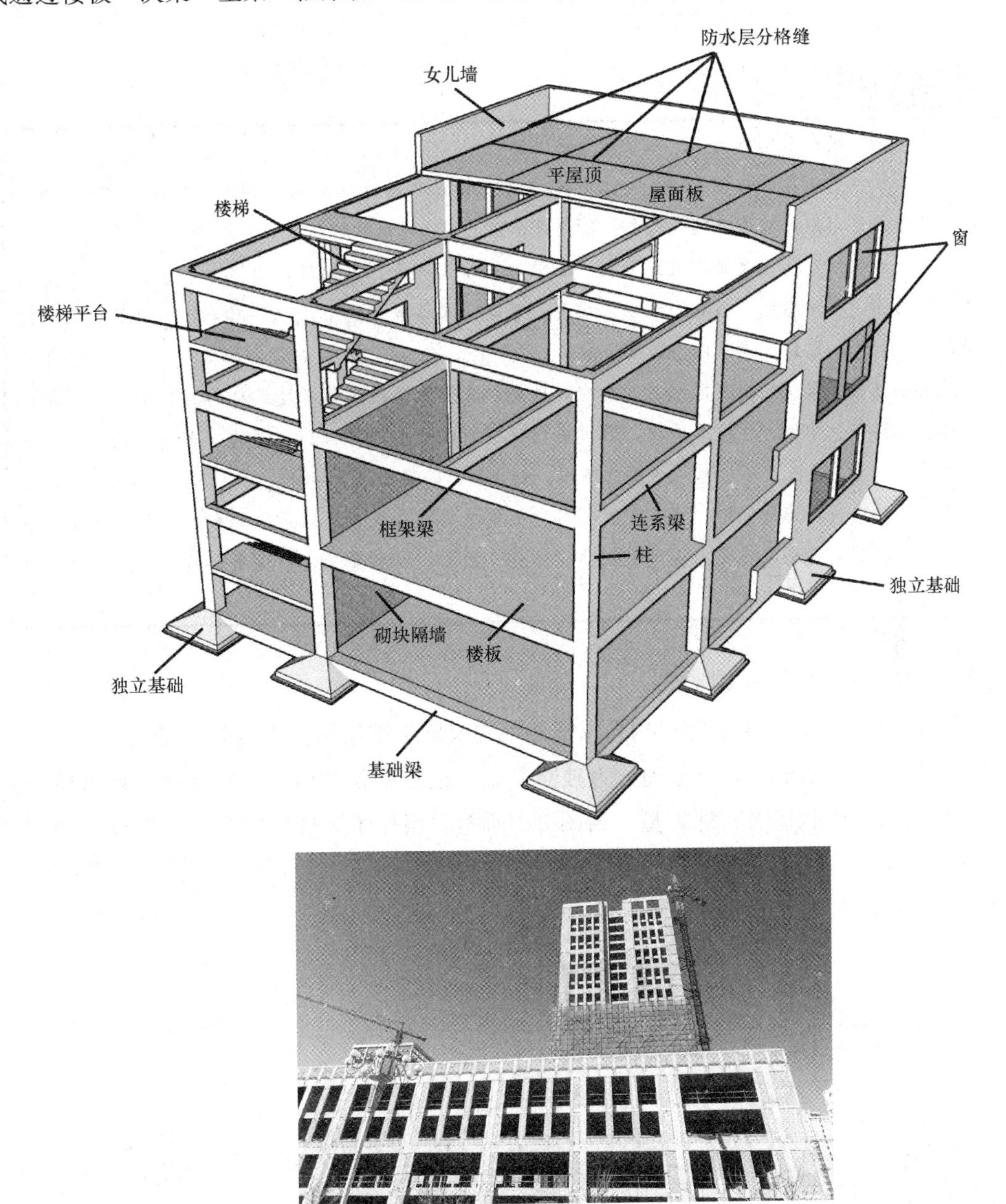

图 3-3　框架结构建筑

框架结构中的承重主要为梁、板、柱。墙体不承重，称为填充墙，起到围护和分割空间的作用。填充墙可使用灰砂砖，也可使用加气混凝土砌块等加以砌筑，当填充墙过长时，需要添加构造柱，保证墙体的安全性。

认知 3.1.2　框架结构基础类型

知识链接

造房子先知道：地基情况——水文地质状况。

建筑物所在相应区域内的水文、地质、冻土深度都对其基础埋置深度和承载力有很大的影响。基础的埋置深度与地基构造有密切关系，需要建造在坚实、可靠的地基上。

地下水水位对某些土层的承载力有很大影响，一般情况下，基础应位于地下水水位之上，以减少特殊的防水、排水措施。当地下水水位很高，基础必须埋置在地下水水位以下时，则基础应进行相应的抗浮验算，以保证建筑的整体安全性。

地质勘察报告就是对相应区域内的水文、地质、冻土深度及其他环境条件的调查结果。其通过采用相应的钻探、物探、化探等手段，通过室内分析对区域内的岩石、土类的分布进行推演，并根据测试手段综合判定土、石、地下水等的物理、力学性质，得出分析结论。

设计人员在进行场地规划、建筑布置时，应根据地质勘查报告进行适当的布置，采取相应的措施达到上部建筑的安全，避免出现建筑沉降、倾覆、倒塌，或者遭受地质灾害影响，引发地质环境的破坏。

1. 框架结构的常用基础形式

(1)独立基础。建筑物上部结构采用框架结构或单层排架结构承重时，基础常采用方形和多边形等独立式基础，这类基础称为独立基础，也称单独基础。独立基础一般有阶形基础、锥形基础、杯形基础三种类型，如图 3-4 所示。当柱子为现浇时，独立基础与柱子是整浇在一起的；当柱子为预制时，通常将基础做成杯口形，然后将柱子插入，并用细石混凝土嵌固，此种基础称为杯形基础。

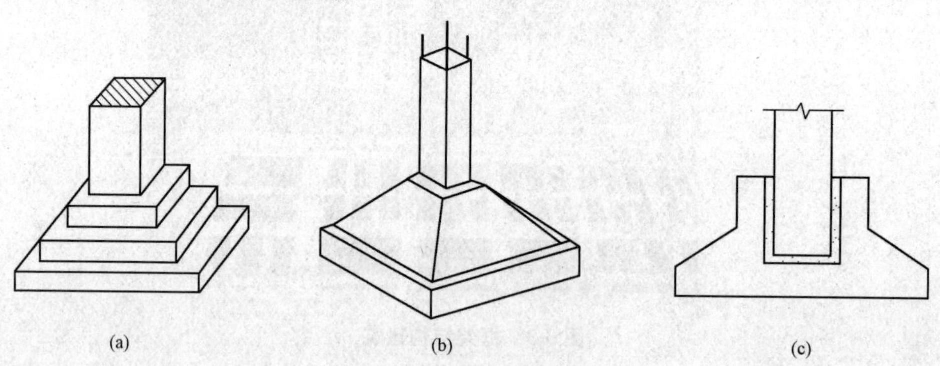

图 3-4　框架结构独立基础

(a)阶形基础；(b)锥形基础；(c)杯形基础

【例】 某住宅楼框架结构独立基础、圈梁。

1)墙下独立基础。底下为 20 cm 的素混凝土垫层，简易独立基础，独立基础之间砌筑 24 砖墙，独立基础上 50 cm 处做地圈梁，如图 3-5(a)所示。

2)柱下独立基础。底下为 10 cm 的素混凝土垫层，设置加大宽度独立基础，独立基础上方 2 m 处为框架梁架，如图 3-5(b)所示。

(a)

(b)

图 3-5　框架结构独立基础构造

(a)某框架结构住宅楼独立基础；(b)某酒店框架结构基础

(2)柱下条形基础。基础为连续的长条形状时称为条形基础。条形基础一般用于墙下，也可用于柱下。当建筑采用柱承重结构，在荷载较大且地基较软弱时，为了提高建筑物的整体性，防止出现不均匀沉降，可将柱下基础沿一个方向连续设置成条形基础，如图 3-6 所示。

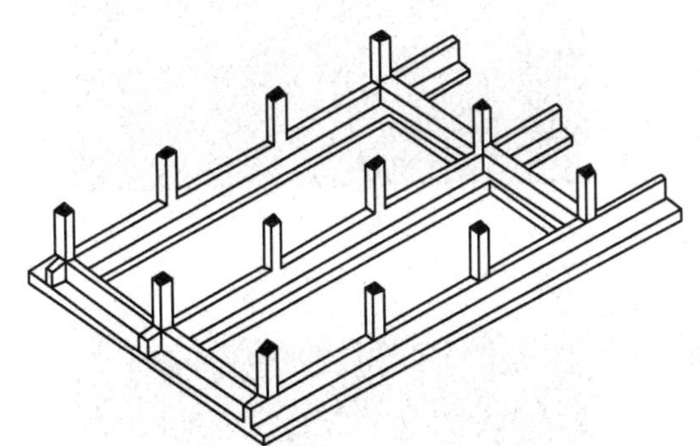

图 3-6　柱下条形基础

(3)井格基础。当地基条件较差或上部荷载较大时，为了提高建筑物的整体刚度，避免不均匀沉降，常将柱下独立基础用作基础梁，沿纵向和横向连接起来，形成井格基础，这是一种特殊的柱下条形基础，如图 3-7 所示。

(4)筏形基础。筏形基础是指当建筑物上部荷载较大而地基承载能力又比较软弱时，用简单的独立基础或条形基础已不能适应地基变形的需要，一般将墙或柱下基础连成一片，使整个建筑物的荷载承受在一整块板上，这种满堂式的板式基础称为筏形基础。筏形基础由于其底面积大，能更有效地增强基础的整体性，调整不均匀沉降。其常用于地基较弱的多层砌体、框架、框架-剪力墙结构以及上部荷载较大的建筑。

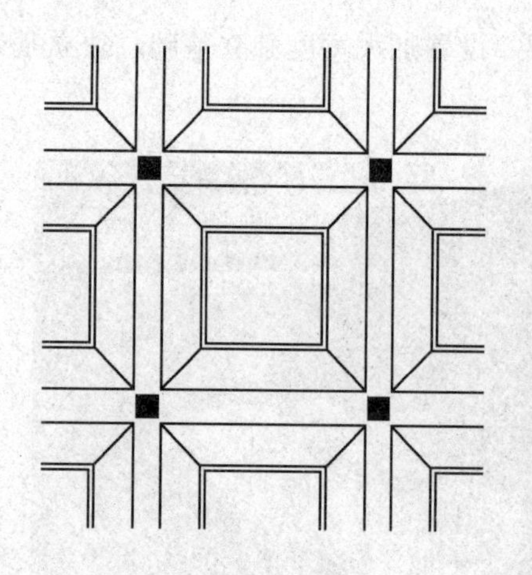

图 3-7　井格基础

筏形基础按结构形式可分为平板式和梁板式两种，如图 3-8 所示。一般根据地基情况、上部结构体系、柱距、荷载大小及施工条件等确定。

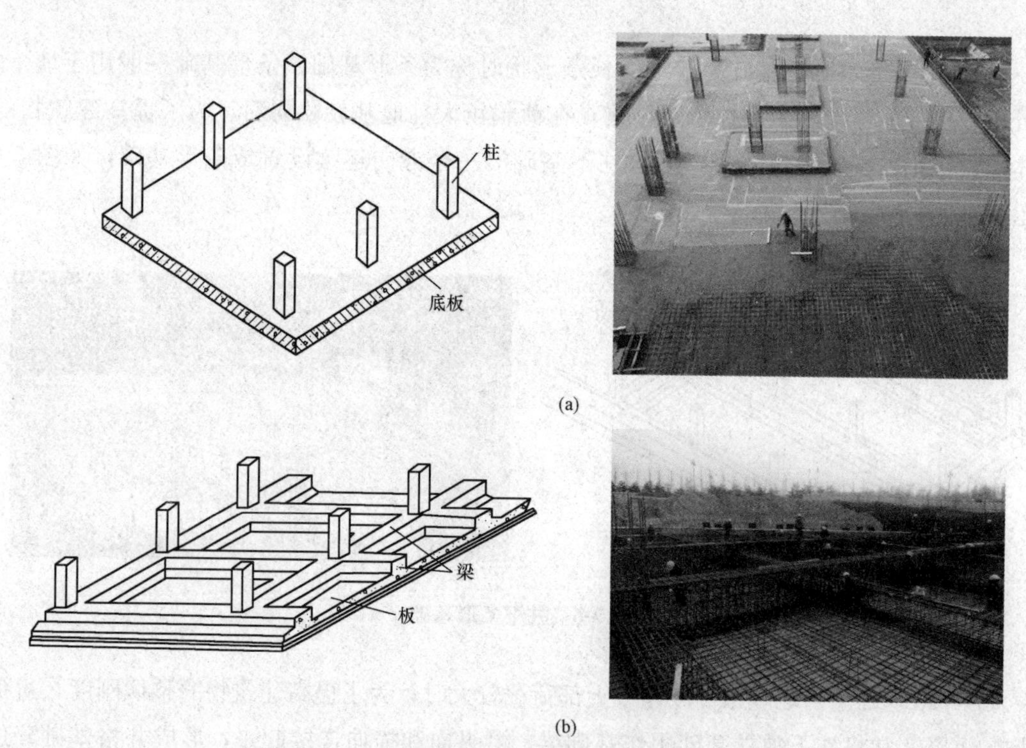

图 3-8　筏形基础

(a)平板式筏形基础；(b)梁板式筏形基础

(5)桩基础。当建筑物荷载较大，地基软弱土层的厚度在 5 m 以上，基础不能埋置在软弱土层内，或对软弱土层进行人工处理较困难或不经济时，常采用桩基础。桩基础由桩身和承台组成。桩身伸入土中，承受上部荷载；承台用来连接上部结构和桩身。

桩基础的类型很多，按照桩身的受力特点，可分为摩擦桩和端承桩。上部荷载如果主要依靠桩身与周围土层的摩擦阻力来承受时，这种桩基础称为摩擦桩；上部荷载如果主要依靠下面坚硬土层对桩端的支承来承受时，这种桩基础称为端承桩，如图 3-9 所示。

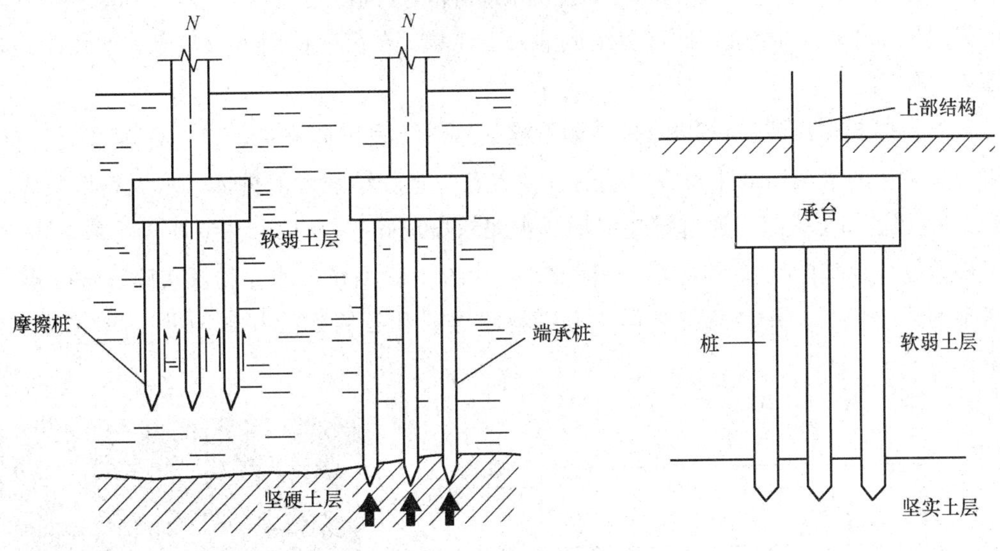

图 3-9　桩基础

桩基础按材料不同，可分为木桩、钢筋混凝土桩和钢桩等；按断面形式不同，可分为圆形桩、方形桩、环形桩、六角形桩和工字形桩等；按桩入土方法不同，可分为打入桩、振入桩、压入桩和灌注桩等。

采用桩基础可以减少挖、填土方工程量，改善工人的劳动强度，缩短工期，节省材料。因此，近年来桩基础的应用较为广泛。

(6)箱形基础。当建筑物荷载很大，或浅层地质情况较差，为了提高建筑物的整体刚度和稳定性，基础必须深埋时，常用钢筋混凝土顶板、底板、外墙和一定数量的内墙组成刚度很大的盒状基础，称为箱形基础，如图 3-10 所示。

箱形基础具有刚度大、整体性好、内部空间可用作地下室的特点。由于设计要求高、施工难度大、功能受限，一般用于人防等特殊用途的建筑。

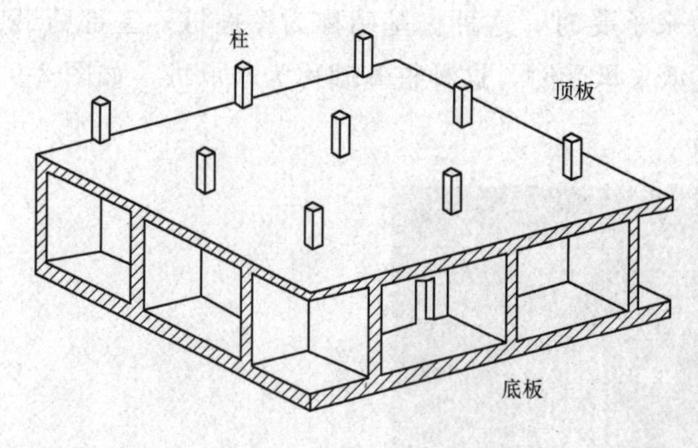

图 3-10　箱形基础

(7)水泥粉煤灰碎石桩(CFG 桩)。复合地基是指天然地基在地基处理过程中部分土体得到增强，或被置换，或在天然地基中设置加筋材料，加固区是由基体(天然地基土体或被改良的天然地基土体)和增强体两部分组成的人工地基。在荷载作用下，基体和增强体共同承担荷载的作用。

水泥粉煤灰碎石桩(CFG 桩)是在碎石桩的基础上发展起来的，以一定配合比的石屑、粉煤灰和少量的水泥加水拌和后制成的一种具有一定胶结强度的桩体。水泥粉煤灰碎石桩(CFG 桩)和桩间土一起，通过褥垫层形成水泥粉煤灰碎石桩(CFG 桩)复合地基共同工作，故可根据复合地基性状和计算进行工程设计，如图 3-11 所示。水泥粉煤灰碎石桩(CFG 桩)一般不用计算配筋，并且还可利用工业废料粉煤灰和石屑作掺和料，进一步降低了工程造价。

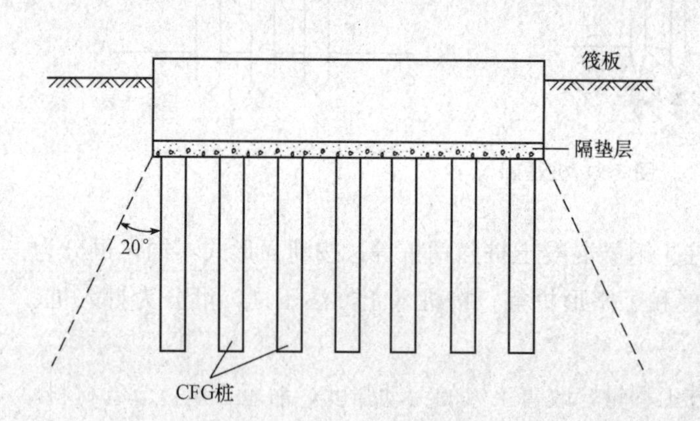

图 3-11　CFG 桩与复合地基

2. 框架结构建筑基础实例

框架结构建筑基础必须保证整座建筑安稳牢固和承重要求，冬天要考虑冻土层，因此，建筑基础要埋入地下冻土层以下位置，防止冻土层春季解冻后对地基基础的影响。一般独立基础需埋入地下 500 mm 以下，基础圈梁顶面与室内地坪齐平，如图 3-12 所示。

(a)

(b)

图 3-12　框架结构建筑基础、基础梁及柱板

(a)独立基础＋基础梁＋柱子；(b)基础平台＋框架柱＋框架梁＋楼板

实训　框架结构建筑基础类型实训

实训 1：用 SketchUp 绘制独立基础(45 分钟)

(1)绘制独立基础的底面，自定义尺寸，如 1 600 mm×1 600 mm，2 000×2 000 mm。

(2)以阶梯式独立基础为例，确定基础底座尺寸为 1 600 mm×1 600 mm，使用【矩形工具】绘制正方形并拉伸高度尺寸为 150 mm。

(3)使用【偏移复制工具】向里收缩 200 mm，并拉伸高度尺寸为 150 mm，以此类推，画出第三层梯阶平台。

(4)使用【偏移复制工具】向里收缩 200 mm，并拉伸柱子高度尺寸为 600 mm。

(5)阶梯式独立基础绘制完成。

其他基础请参照图例和以上步骤绘制。

实训 2：用 SketchUp 绘制下列基础中的任一种(45 分钟)

如图 3-12 所示，梁板式筏形基础、独立基础、端承桩基础、井格基础、箱形基础任选一种绘制。

认知 3.2　承重结构——框架梁、框架柱、楼板

框架结构建筑的承重主要由梁、板、柱来完成，即框架梁、楼板、框架柱，如图 3-13 所示。

图 3-13　梁板柱构造

对现浇框架结构房屋，一般楼屋面板和梁的结构标高取相同，这样构造较简单，梁的高度包含板厚，即板面(梁顶)标高减去梁底标高；理论上板可以设置在梁高范围内任何高度位置上，卫生间、厨房、阳台等为避免积水倒灌房间可适当减低板面标高，使其与一般房间的板面形成一定的高差。

框架结构建筑基础可以是独立基础，也可以是柱下条形基础、井格基础、平板式筏形基础、梁板式筏形基础、箱形基础。

楼体上部的重量通过楼板、框架梁、框架柱等传递到基础及地基。

框架结构建筑主体完成后需要做内外墙的抹灰和装饰施工，内墙抹灰做装修的预处理；外墙除抹灰外，还需要作一遍防水处理，然后根据需要确定选择外部装饰类型，如干挂石材、玻璃幕墙、贴面砖、刷涂料等处理方法，如图 3-14 所示。

图 3-14　框架结构建筑外墙面处理

认知 3.2.1　框架梁

框架梁是指两端与框架柱相连的梁，或是两端与剪力墙相连但跨高比不小于 5 的梁，如图 3-15 所示。框架结构中的梁称为框架梁，框架结构中的柱称为框架柱。框架结构由框架梁和框架柱组成。

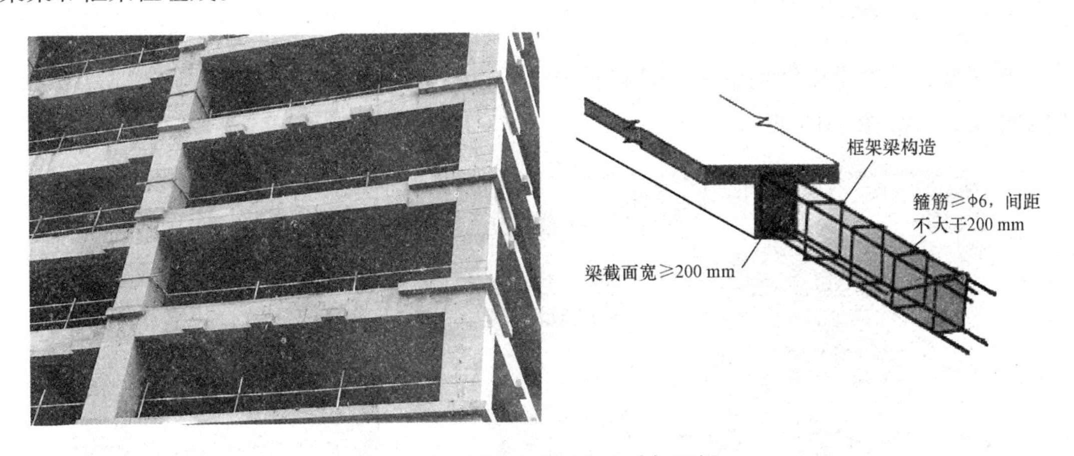

图 3-15　框架结构建筑中的框架梁

框架梁按所处位置不同可分为屋面框架梁、楼层框架梁、地下框架梁，在施工图中的代号见表 3-1。

（1）屋面框架梁，是指框架结构屋面最高处的框架梁。

（2）楼层框架梁，是指各楼面的框架梁。

（3）地下框架梁，是指设置在基础顶面以上且低于建筑标高正负零（即室内地面）以下、以框架柱为支座的梁。

表 3-1　梁的名称及图纸代号

名称	图纸代号	名称	图纸代号	名称	图纸代号
屋面框架梁	WKL	悬挑梁	XL	连梁	LL
楼层框架梁	KL	井式梁	JSL	非框架梁(次梁)	L
地下框架梁	DKL	地梁	DL	框架柱	KZ

其他的梁(施工图中的代号见表 3-1)还包括悬挑梁、井式梁、次梁和地梁。

(1)悬挑梁(XL)。悬挑梁不是两端都有支撑，而是一端埋在或者浇筑在支撑物上，另一端伸出支撑物的梁。一般为钢筋混凝土材质，如阳台伸出支撑部分。

(2)井式梁(JSL)。井式梁就是不分主次，高度相当的梁，同位相交，呈井字形。这种梁一般用在楼板为正方形或者长宽比小于 1.5 的矩形楼板，多见于楼空大厅，梁间距为 3 m 左右，由同一平面内相互正交或斜交的梁所组成的结构构件称为井式梁，又称交叉梁或格形梁。

(3)次梁(L)。次梁在主梁的上部，主要起传递荷载的作用。

(4)地梁(DL)。地梁一般用于框架结构和框架-剪力墙结构中，框架柱落在地梁或地梁的交叉处。其主要作用是支撑上部结构，并将上部结构的荷载传递到地基上。

认知 3.2.2　框架柱

框架柱就是在框架结构中承受梁和板传来的荷载，并将荷载传递给基础，是主要的竖向支撑结构，如图 3-16 所示。

图 3-16　框架结构建筑中的框架柱

框架柱是框架梁的支座，框架柱下面可以是筏形基础，也可以是独立基础。这种框架形式比起砌体墙整个受力方式得到提升，承载力优于砌体墙，可以获得较大面积的空间，平面布置及墙体、次梁等结构形式设计更灵活。

认知 3.2.3　现浇钢筋混凝土楼板

1. 现浇钢筋混凝土楼板认知

现浇钢筋混凝土楼板是指在现场支模、绑扎钢筋、浇捣混凝土经养护而成的楼板，如图 3-17 所示。这种楼板具有成型自由、整体性和防水性好的优点；但模板用量大、工序多、工期长、工人劳动强度大，且受施工季节气候的影响较大。

图 3-17　砖混结构及框架结构建筑中的现浇楼板

现浇钢筋混凝土楼板适用于有抗震设防要求的多层房屋和对整体性要求较高的建筑，有管道穿越的房间、平面形状不规则的房间、尺度不符合模数要求的房间及防水要求较高房间的楼板。根据受力和传力情况的不同，现浇钢筋混凝土楼板可分为板式楼板、梁板式楼板、大梁楼板和压型钢板组合楼等几种形式。

(1)板式楼板。板内不设梁，板直接搁置在四周墙或梁上，这种楼板称为板式楼板。板式楼梯有单向板与双向板之分。这种板所占建筑空间小、顶棚平整、施工简单，但板跨度较小，一般为 2～3 m，多用于跨度较小的房间，如厨房、卫生间、走廊等。

(2)梁板式楼板。由板、次梁、主梁组成的楼板称为梁板式楼板，又称为肋梁楼板。板支承在次梁上，次梁支承在主梁上，主梁支承在墙上或柱上，如图 3-18 所示。

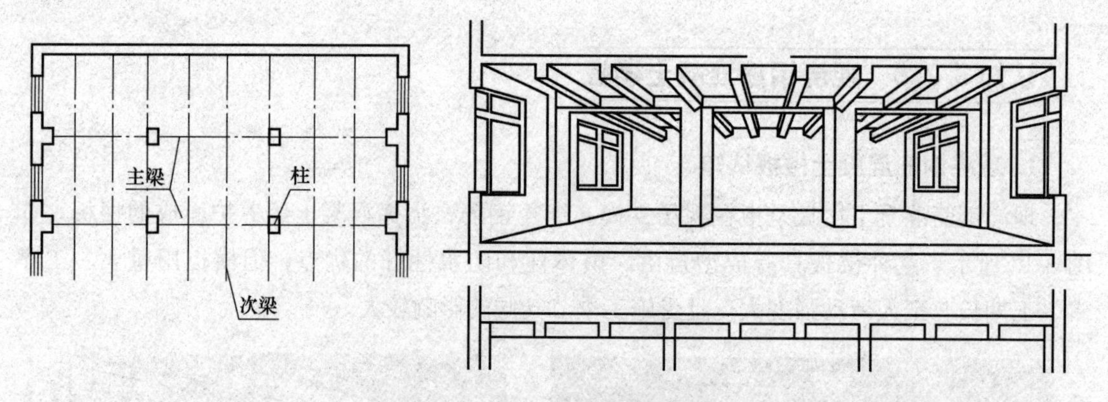

图 3-18　钢筋混凝土梁板式楼板

梁板式楼板的梁应沿房间的短跨布置，次梁应与主梁垂直布置，梁应避免搁置在门窗洞口上。板、次梁、主梁的经济尺寸见表 3-2。

表 3-2　梁板式楼板的主梁、次梁、楼板的经济尺寸

构件	跨度 L/m	截面高度 h	截面高度 b
主梁	5～8	(1/8～1/12)L	(1/3～1/2)h
次梁	4～7	(1/12～1/18)L	(1/3～1/2)h
楼板	1.5～3	(1/40～1/35)L	—

当房间的尺寸较大，形状近似方形时，常沿两个方向交叉布置等距离、等截面梁，从而形成井格式的梁板结构，称为井式楼板，如图 3-19 所示。这种楼板结构无主次梁之分，中间不设柱子，常用于跨度在 10 m 左右，长短边之比小于 1.5 的形状近似方形的门厅、大厅、会议室、餐厅、歌舞厅、小型礼堂等处，有很好的艺术效果。

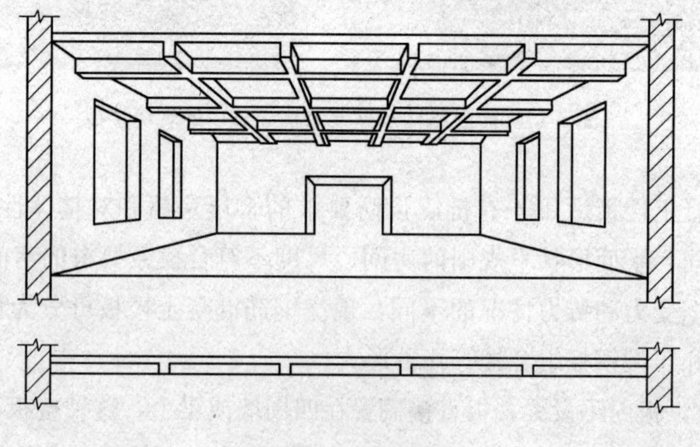

图 3-19　井式楼板

(3)无梁楼板。在框架结构中，将板直接支承在柱上，且不设梁的楼板称为无梁楼板，如图 3-20 所示。无梁楼板一般在柱顶设柱帽以增大柱子的支承面积和减小板的跨度。柱帽

一般分为锥形柱帽、折线型柱帽、带托板柱帽。柱应尽量布置成方形或矩形网格，柱子间距不大于6 m，板厚不宜小于 150 mm，板四周应设圈梁。

无梁楼板顶棚平整，室内净空高度大，采光通风效果好，便于施工，适用于商场、书库、仓库等楼层活荷载较大的建筑。

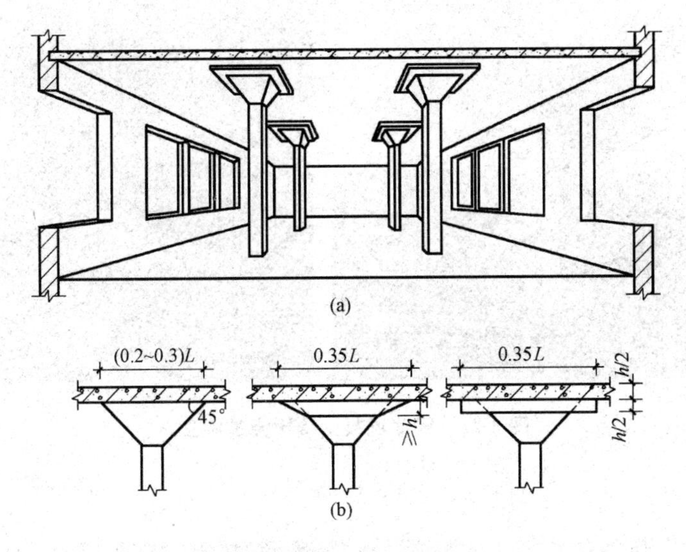

图 3-20　无梁楼板

(a)无梁楼板透视图；(b)柱帽形式

(4)压型钢板组合楼板。利用凹凸相间的压型薄钢板作衬板，与混凝土浇筑在一起，搁置在钢梁上构成的整体式楼板，称为压型钢板组合楼板，也称为压型钢衬板组合楼板，如图 3-21 所示。这种楼板主要由楼面层、组合板(包括现浇混凝土和钢衬板)和钢梁三部分组成。其强度高，刚度大，耐久性好。压型钢板起到现浇混凝土的永久性模板和受拉钢筋的双重作用，简化了施工程序，加快了施工进度。另外，还可以利用压型钢板筋间的空间敷设电力管线或通风管道，从而充分利用了楼板结构。

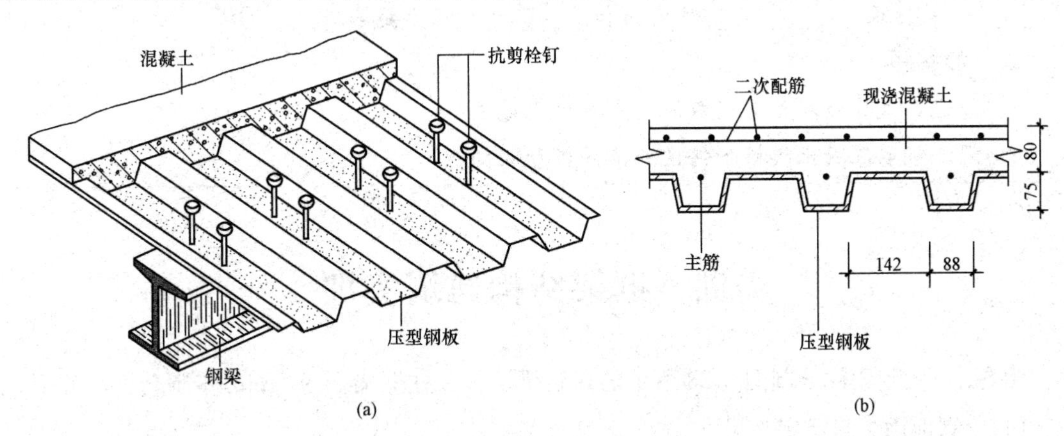

图 3-21　压型钢板组合楼板

2. 现浇钢筋混凝土楼板施工做法

现浇钢筋混凝土楼板施工工艺流程：放线→模板制作安装→插筋钢筋制作绑扎→浇灌混凝土→混凝土振捣→混凝土养护→拆除模板→竣工清理，如图 3-22 所示。

图 3-22　钢筋混凝土楼板浇筑施工

课后作业

一、填空题

1. 钢筋混凝土楼板根据其施工方法不同可分为＿＿＿＿、＿＿＿＿和＿＿＿＿。

2. 现浇式钢筋混凝土楼板根据受力和传力情况不同，可分为＿＿＿＿楼板、＿＿＿＿楼板、＿＿＿＿楼板、＿＿＿＿楼板和＿＿＿＿组合楼板等。

3. 按楼地面所用材料和施工方式的不同，楼地面可分为＿＿＿＿楼地面、＿＿＿＿楼地面、＿＿＿＿楼地面和＿＿＿＿楼地面等。

二、简答题

1. 简述井式楼板和无梁楼板的特点及适用范围。

2. 现浇钢筋混凝土楼板如何区分单向板和双向板？

实训　框架结构建筑实训

用 SketchUp 软件绘制图 3-23 所示的建筑梁、板、柱框架。(90 min)步骤与方法如下：

(1)绘制地面，自己定义尺寸。

(2)确定柱子尺寸，并定义柱子间距，确定横纵向轴间距后，即可确定柱子的位置。

(3)根据楼层高度及层高，拉伸柱子的高度。

(4)确定一层楼板高度，画出平面并拉伸楼板的厚度，其他楼层楼板照此进行。

(5)绘制楼梯。绘制一层楼梯，其他楼梯进行复制调整即可。

图 3-23　梁、板、柱实训

课后作业

1. 梁板式楼板三维模型仿真实训。1 课时

2. 井式楼板三维模型仿真实训。1 课时

认知 3.3　框架结构建筑的非承重墙体

认知 3.3.1　填充墙

框架结构的墙体是填充墙，填充墙不承重，仅起到围护和分隔作用，重量由梁、柱承担。

填充墙砌块有烧结空心砖、蒸压加气混凝土砌块、轻骨料混凝土小型空心砌块等。蒸压加气混凝土砌块、轻骨料混凝土小型空心砌块不应与其他块体混砌，不同强度等级的同类块体也不得混砌。

窗台处和因安装门窗需要，凡是填充墙较长的都需要增加构造柱，如图 3-24(a)所示；对与框架柱、梁不脱开方法的填充墙，填塞填充墙顶部与梁之间缝隙可采用其他块体，如图 3-24(b)所示；在门窗洞口处两侧填充墙上部、中部、下部可采用其他块体局部嵌砌，如图 3-24(c)所示。

(a) (b)

(c) (d)

图 3-24 填充墙构造

(a)带马牙槎的加气混凝土砌块填充墙；(b)砌体顶部与梁底交接处示意图；

(c)窗户洞口添加红砖砌块；(d)加气混凝土砌块填充墙

认知 3.3.2 构造柱

构造柱在砖混结构里面主要同圈梁连接在一起，起到拉结承重墙体、提高整体性的作用。框架结构建筑里面构造柱主要起到拉结填充墙墙体的作用，在当墙长超过 5 m(墙厚不大于 120 为 4 m)而无中间横墙或立柱拉结时，应在墙长中间部位设置混凝土构造柱，如图 3-24(a)和图 3-25 所示。

图 3-25 构造柱的位置

认知 3.3.3　幕墙

建筑幕墙是以装饰板材为基准面，内部框架体系为支撑，通过一定的连接件和紧固件结合而成的建筑物外墙的一种新的形式，从外看形似挂幕，故称为幕墙，如图 3-26 所示。

图 3-26　玻璃幕墙施工

1. 幕墙材料

(1)幕墙面材。幕墙面材多使用玻璃、金属和石材等材料。这些材料可单一采用，也可混合使用。幕墙采用的玻璃面材必须是安全玻璃，如钢化玻璃、夹层玻璃或者用上述玻璃组成中空玻璃等。还有一些有特殊功能的新型玻璃，如偏光玻璃、热致变色玻璃、光致变色玻璃、电致变色玻璃等，如图 3-27 所示。

图 3-27　北京中央电视台总部大楼玻璃幕墙

幕墙所采用的金属面板多为铝合金和钢材。铝合金可作单层的、复合型的及蜂窝铝板的几种，表面可用氟碳树脂涂料进行防腐处理。钢材可采用高耐候性材料，或者在表面进行镀锌、烤漆等处理。

幕墙石材一般采用花岗岩等，因其质地均匀且耐腐蚀、抗风化能力强。为减轻质量，也可选用与蜂窝状材料符合的石材。

(2)幕墙用连接材料。幕墙通常会通过金属杆件系统、拉索，以及小型连接件与主体结构相连接，同时，为了满足防水及适应变形等功能要求，还会用到许多胶粘和密封材料。

1)金属连接材料。用作连接杆件及拉索的金属连接材料有铝合金、钢和不锈钢。

2)胶粘和密封材料。幕墙使用的胶粘和密封材料有硅酮结构胶和硅酮耐候胶。前者用于幕墙玻璃与铝合金杆件系统的连接固定；后者则通常用来嵌缝，以提高幕墙的气密性和水密性。为了防止材料之间因接触而发生化学反应，胶粘和密封材料与幕墙其他材料之间必须先进行相容性试验，经检验合格方能配套使用。

2. 玻璃幕墙类型及构造

(1)玻璃幕墙类型。玻璃幕墙按其构造方式可分为有框和无框两类。在有框玻璃幕墙中，又有显框和隐框两种。显框玻璃幕墙也称明框玻璃幕墙，其金属框暴露在室外，形成外观上可见的金属格构；隐框玻璃幕墙的金属框隐蔽在玻璃的背面，室外看不见金属框。隐框玻璃幕墙又可分为全隐框玻璃幕墙和半隐框玻璃幕墙两种。半隐框玻璃幕墙可以是横明竖隐，也可以是竖明横隐。无框玻璃幕墙则不设边框，以高强度粘结胶将玻璃连接成整片墙，即全隐框玻璃幕墙。近年来，又出现了一种点式连接安装(DPG)的无框玻璃幕墙。无框玻璃幕墙的优点是透明、轻盈、空间渗透强，因而被许多建筑师钟爱，有着广泛的应用前景。

玻璃幕墙按施工方法可分为现场组装(分件式幕墙)和预制装配(单元式幕墙)两种。有框玻璃幕墙可现场组装，也可预制装配，无框玻璃幕墙则只能现场组装。

(2)玻璃幕墙构造。

1)有框式玻璃幕墙构造。

①外墙板的布置方式。外墙板可以布置在框架外侧，或框架之间，也可安装在附加墙架上(图 3-28)。轻型墙板通常需要安装在附加墙架上，以使外墙具有足够的刚度，保证在风荷载和地震荷载的作用下不会变形。

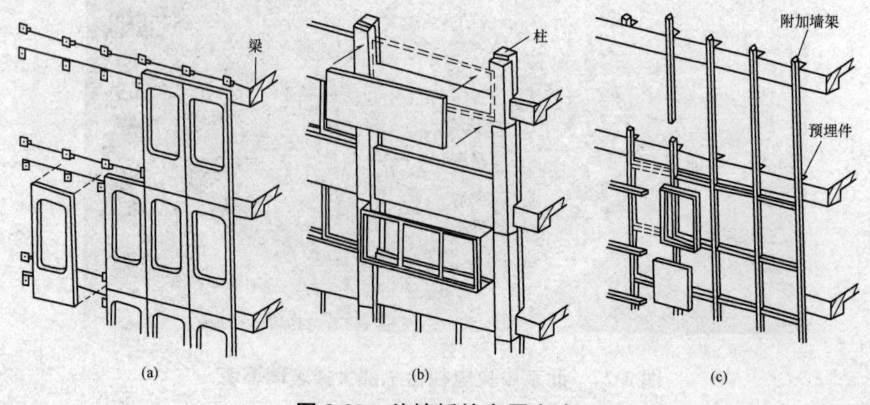

图 3-28　外墙板的布置方式

②外墙板与框架的连接。如图 3-29 所示，外墙板可以采用上挂或下承两种方式支承于框架柱、梁或楼板上。根据不同的板材类型和板材的布置方式，可采取焊接法、螺栓联结法、插筋锚固法等将外墙板固定在框架上。

无论采用何种方法，均应注意以下构造要点：

a. 外墙板与框架连接应安全可靠；

b. 不要出现“冷桥”现象，防止产生结露；

c. 构造简单，施工方便。

图 3-29　幕墙框架与梁的连接

2)点支式玻璃幕墙构造。点支式玻璃幕墙与有框式幕墙不同，面板与框格之间为条状的连接。如图 3-30 所示，点支式幕墙采用在面板上穿孔的方法。这种方法多用于需要大片通透效果的玻璃幕墙上，每片玻璃通常开孔 4～6 个。金属爪可以安装在连接杆件上，也可以安装在具有柔韧性的钢索上。一切连接构件与主体结构之间均为铰接，玻璃之间留出不小于 10 mm 的缝来打胶。这样，在使用过程中有可能产生的变形应力就可以消耗在各个层次的柔性节点上，而不至于导致玻璃本身的破坏。

图 3-30　点支式玻璃幕墙构造

3）全玻式玻璃幕墙。全玻式玻璃幕墙在视线范围不出现铝合金框料，它为观赏者提供了宽广的视域，并加强了室内外空间的交融。为广大建筑师所喜爱，在国内外都得到了广泛的应用，如图 3-31 所示。

为增强玻璃刚度，每隔一定距离用条形玻璃板作为加强肋板，玻璃板加强肋板垂直于玻璃幕墙表面设置。因其设置的位置如同板的肋一样，又称为肋玻璃，形成幕墙的玻璃称为面玻璃。面玻璃和肋玻璃有多种相交方式。面玻璃与肋玻璃相交部位宜留出一定的间隙，用硅酮系列密封胶注满。间隙尺寸可根据玻璃的厚度而略有不同。

图 3-31　全玻式玻璃幕墙构造

实训　填充墙仿真实训

填充墙在框架结构建筑中是不承重的，参照图 3-32，使用 SketchUp 软件绘制一个完整的填充墙。（2 课时）

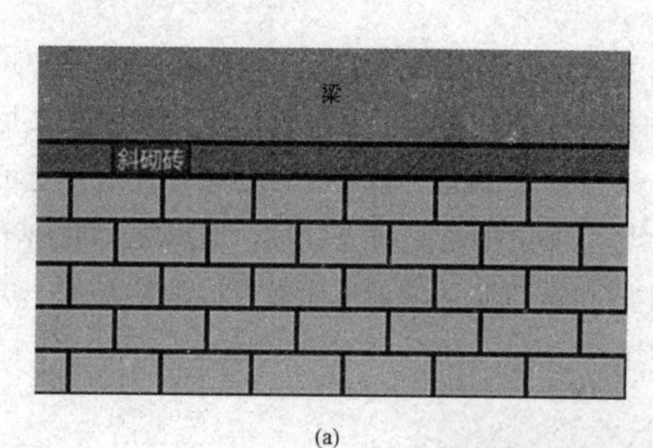

(a)

(b)

(c)

图 3-32　填充墙实例

（a）加气混凝土砌块填充墙；（b）混合式填充墙（加气混凝土砌块+红砖）；（c）红砖填充墙

认知 3.4　楼梯的组成、类型和尺寸

楼梯作为垂直交通设施，供人们上下楼层和紧急疏散之用。其设计要求包括：坚固耐久，安全防火；有足够的通行宽度和疏散能力；美观。

认知 3.4.1　楼梯的组成

楼梯一般由楼梯段、楼梯平台、楼梯井、栏杆(栏板)和扶手组成。

(1)楼梯段：楼梯段是楼梯的主要使用和承重部分，由若干个连续的踏步组成，如图 3-33 所示。

(2)楼梯平台：楼梯段两端的水平段，可同时起到转向和上下楼层缓冲休息作用。

(3)楼梯井：相邻楼梯段和平台所围成的上下连通的空间。

(4)栏杆(栏板)和扶手：栏杆是设置在楼梯段和平台临空侧的围护构件，应有一定的强度和安全度，并应在上部设置供人们手扶持用的扶手。

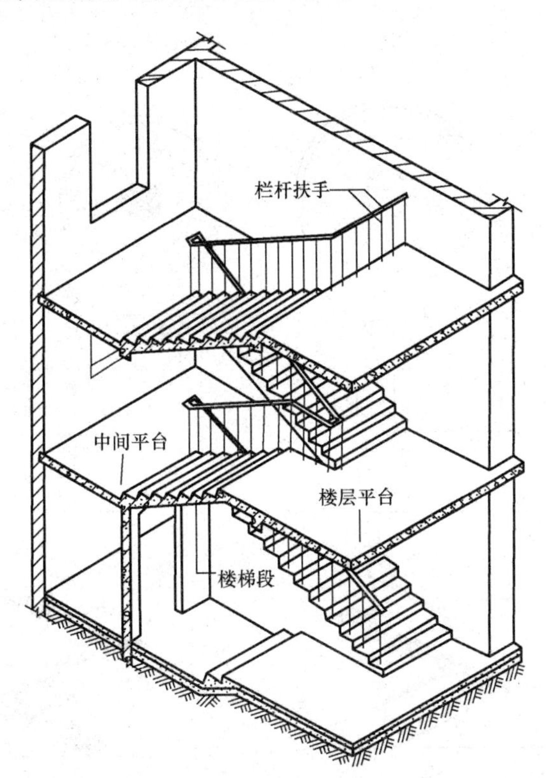

图 3-33　楼梯的组成

认知 3.4.2　楼梯的类型

(1)按照楼梯的形式分，有单跑楼梯、双跑折角楼梯、双跑平行楼梯、双跑直楼梯、三跑楼梯、四跑楼梯、双分式楼梯、双合式楼梯、八角形楼梯、圆形楼梯、螺旋形楼梯、弧形楼梯、剪刀式楼梯、交叉式楼梯等，如图 3-34 所示。

(2)按照楼梯间的消防要求分，有封闭式楼梯、非封闭式楼梯、防烟楼梯等，如图 3-35 所示。

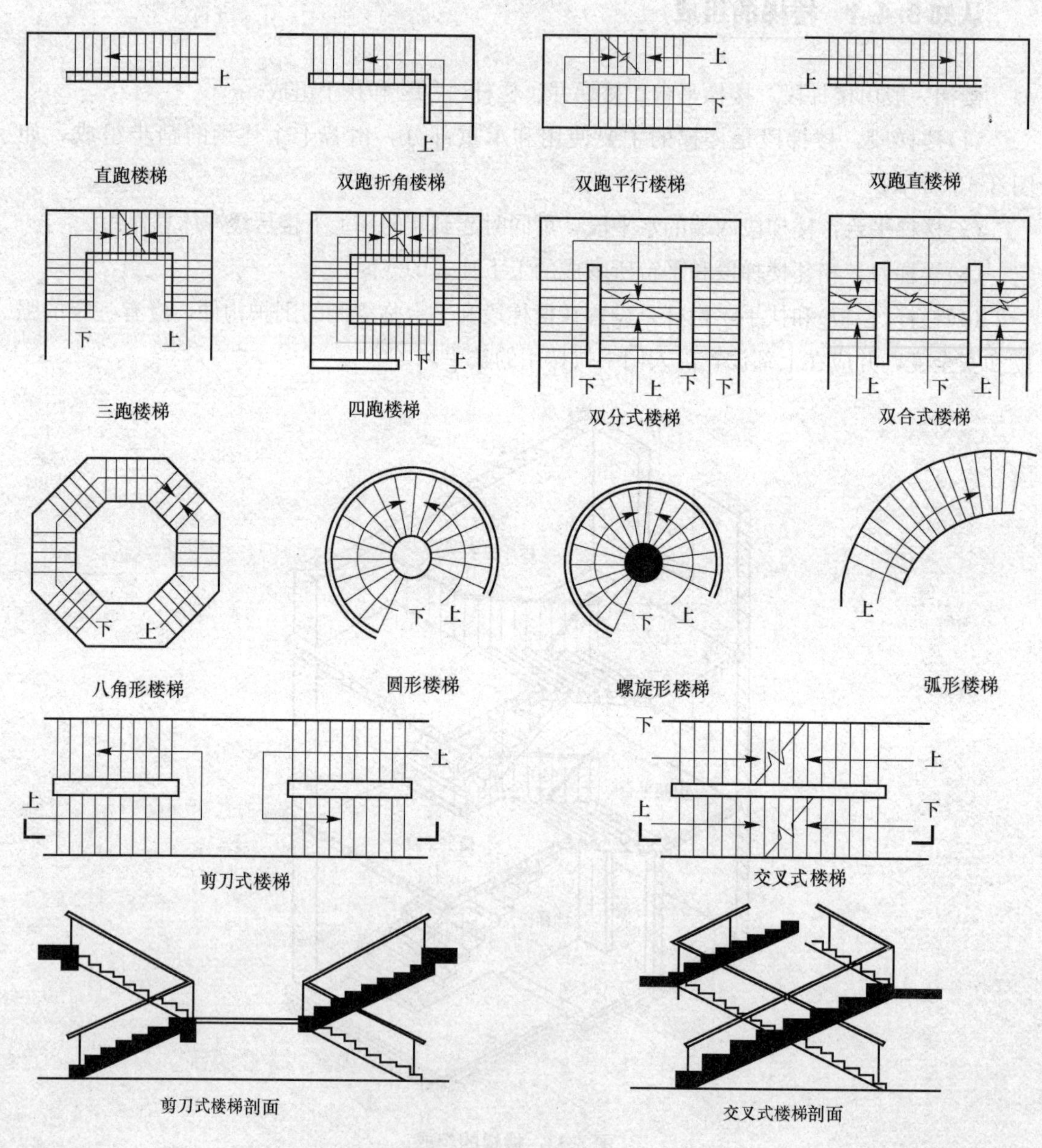

图 3-34　楼梯的形式

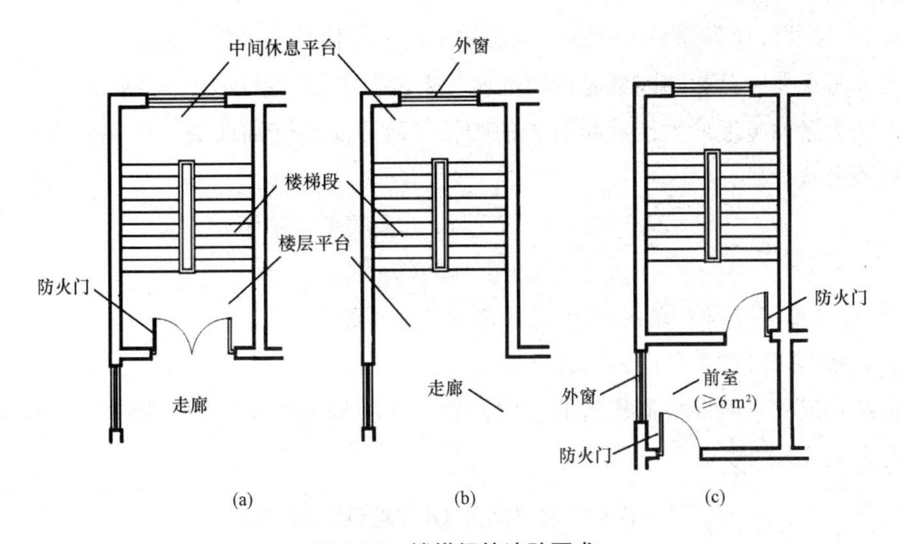

图 3-35　楼梯间的消防要求

(a)封闭式楼梯；(b)开敞式楼梯；(c)防烟楼梯

认知 3.4.3　楼梯的设计与尺寸

(1)楼梯坡度。楼梯坡度是指楼梯段沿水平面倾斜的角度。在确定楼梯坡度时，应综合考虑人行走的舒适与方便、建筑物的使用性质与层高、经济等因素的影响。

楼梯坡度有两种表示方法：一种是角度法，即用楼梯段和水平面的夹角表示；另一种是比值法，即用楼梯段在水平面上的投影长度与在垂直面上的投影高度之比来表示(也可用楼梯踏步的踏面宽度与踢面高度的比值来表示)。由于踏步尺寸变化较大，用角度表示比较麻烦，因此在实际工程中常常采用比值法。

一般楼梯的坡度为 23°～45°，正常情况下应当把楼梯的坡度控制在 38°以内，一般认为 30°左右较为适宜。坡度小于 23°时，应设置坡道；坡度大于 45°时，应设置爬梯，如图 3-36 所示。

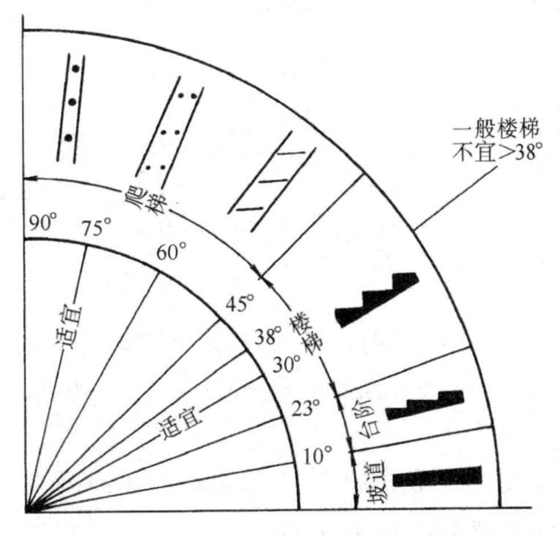

图 3-36　坡道、台阶、楼梯和爬梯的坡度范围

(2)踏步尺寸。楼梯踏步尺寸的大小实质上决定了楼梯的坡度，因此，踏步尺寸是否合适就显得非常重要。其影响因素有使用性质、人流行走的舒适度、安全感等。

一般认为踏面宽度应大于成年男子的脚长，而踢面高度则取决于踏面的宽度，通常可按以下经验公式计算：

$$2h+b=600\sim620\ \text{mm}(\text{人的平均步距})$$

或

$$h+b=450(\text{mm})$$

式中 b——踏步宽度(相邻两踏步前缘线之间的水平距离)；

h——踏步高度(相邻两踏步面之间的垂面距离)。

楼梯踏步尺寸一般应根据建筑的使用性质及楼梯的通行状况综合确定，楼梯踏步的高宽比应符合表 3-3 的规定。

表 3-3 楼梯踏步最小宽度和最大高度 m

楼梯类别		最小宽度	最大高度
住宅共用楼梯		0.26	0.175
托儿所、幼儿园、小学校楼梯		0.26	0.15
人员密集且竖向交通繁忙的建筑和大、中学校楼梯		0.28	0.16
宿舍楼梯	小学宿舍楼梯	0.26	0.15
	其他宿舍楼梯	0.27	0.165
老年人建筑楼梯		0.30	0.15
其他建筑或部位及竖向交通不繁忙的高层、超高层建筑楼梯		0.26	0.17
住宅套内楼梯、维修专用楼梯		0.22	0.20
注：螺旋楼梯和扇形踏步内侧扶手中心 0.25 m 处的踏步宽度不应小于 0.22 m。			

同一部楼梯各级踏步尺寸相同。由于踏步的宽度往往受到楼梯间进深的限制，在不改变楼梯坡度的情况下，可以采用图 3-37 所示的措施来增加踏面宽度，以增加人们上下楼梯时的舒适度。螺旋楼梯的踏步平面通常是扇形的，对疏散不利，因此，螺旋楼梯不宜用于疏散。

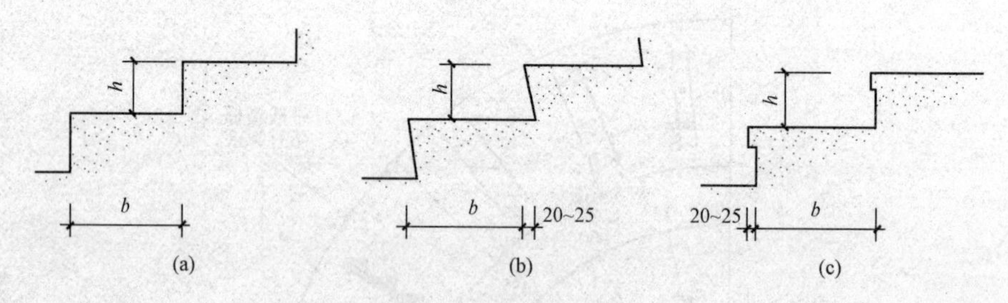

图 3-37 踏步尺寸处理

(a)正常处理的踏步；(b)踢面倾斜；(c)出挑踏步檐

在建筑工程中，踏面宽度一般为 260～300 mm，踢面高度一般为 150～175 mm。常见的民用建筑楼梯的适宜踏步尺寸，见表 3-4。

表 3-4　常见的民用建筑楼梯的适宜踏步尺寸

名称	住宅	学校、办公楼	剧院、食堂	医院	幼儿园
踏步高 h/mm	150～175	140～160	120～150	150	120～150
踏步宽 b/mm	250～300	280～340	300～350	300	260～300

(3)梯段尺度。楼梯的宽度包括楼梯段的宽度和平台宽度。从保证安全疏散出发，《建筑防火规范(2018 年版)》(GB 50016—2014)规定了疏散楼梯的总宽度。学校、商店、办公楼等一般民用建筑疏散楼梯的总宽度，应通过计算确定。

1)楼梯梯段宽度。楼梯梯段宽度是指墙面至扶手中心线或扶手中心线之间的水平距离。楼梯梯段宽度除应符合《建筑设计防火规范(2018 年版)》(GB 50016—2014)的规定外，供日常主要交通使用楼梯的梯段宽度应根据建筑物使用特征，按每股人流为 0.55＋(0～0.15)m 的人流股数确定，并不应少于两股人流。(0～0.15)m 为人流在行进中人体的摆幅，公共建筑人流众多的场所应取上限值。住宅建筑公用楼梯的梯段净宽不应小于 1.10 m。建筑高度不大于 18 m 的住宅，一边设有栏杆的梯段净宽不应小于 1 m。楼梯井净宽大于 0.11 m 时，必须采取防止儿童攀滑的措施。住宅套内楼梯的梯段净宽，当一边临空时，不应小于 0.75 m；当两侧有墙时，不应小于 0.90 m。楼梯梯段宽度见表 3-5。

表 3-5　楼梯梯段宽度　　mm

计算依据：每股人流宽度为 550＋(0－150)		
类　别	梯段宽度	备注
单人通过	＞900(＞750)	单人双墙(单人单墙)
双人通过	1 100～1 400	
三人通过	1 650～2 100	

2)楼梯平台宽度。梯段改变方向时，扶手转向端处的平台最小宽度不应小于梯段宽度，并不得小于 1.20 m，当有搬运大型物件需要时应适量加宽。平台上设有消火栓时，应扣出它们所占的宽度。

中间平台宽度 D_1≥梯段宽。

楼层平台宽度 D_2≥梯段宽。

(4)楼梯净空高的控制。楼梯的净高度包括楼梯段的净空高度和平台的净空高度，如图 3-38 所示。

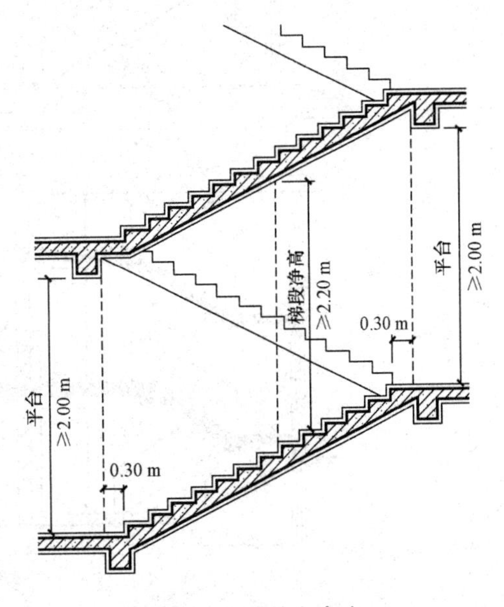

图 3-38　楼梯的净高度

1)平台上的净空高度。平台上的净空高度是指踏步前缘到上部结构底面之间的垂直距离，应不小于 2 200 mm。住宅建筑入口处地坪与室外地面应有高差，并不应小于 0.10 m。

2)梯段下的净空高度。确定楼梯段上的净空高度时，楼梯段的计算范围应从楼梯段最前和最后踏步前缘分别往外 300 mm 算起。

梯段下的净空高度是指平台表面到上部结构最低处之间的垂直距离，应不小于 2 000 mm。

当楼梯底层中间平台下设置通道，中间平台下的净空高度不能满足不应小于 2 m 的要求时，可采取以下措施加以解决：

①将底层楼梯设计成“不等跑楼梯”，即增加底层楼梯第一个梯段的踏步数量，达到提高底层中间平台标高的目的，如图 3-39(a)所示。

②局部降低底层中间平台下的地坪标高，即充分利用建筑室内外高差，降低底层楼梯间的地坪，将部分室外台阶移至室内，如图 3-39(b)所示。但也应注意：一是降低后的地面标高至少应比室外地面高出一级台阶的高度，即 150 mm 左右；二是移至室内的台阶前缘线与顶部平台梁的内缘线之间的水平距离不应小于 500 mm。

③“不等跑楼梯”与局部降低底层中间平台下的地坪标高相结合，这样既增加底层楼梯第一个梯段的踏步数量，又局部降低底层中间平台下的地坪标高，如图 3-39(c)所示。

④底层楼梯采用“直跑梯”，即将建筑物底层楼梯设计成单跑直梯的形式，如图 3-39(d)所示，但需要注意入口处雨篷底面标高的位置，保证通行净空高度的要求。

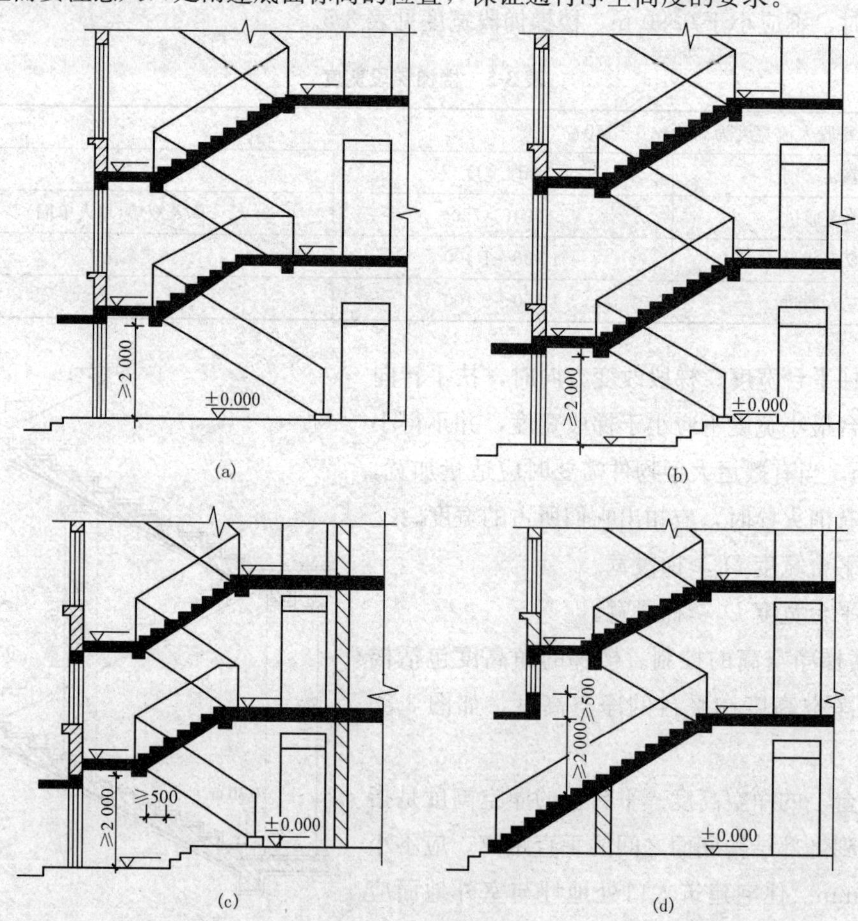

图 3-39　底层楼梯设计

(a)底层长短跑；(b)局部降低地坪；(c)底层长短跑并局部降低地坪；(d)底层直跑

(5)梯井和栏杆扶手。梯井宽度 $C=(60-200)$mm，建筑内的公共疏散楼梯，楼梯梯井的净宽不宜小于 150 mm。

楼梯应至少一侧设扶手，梯段净宽达 3 股人流时应两侧设扶手，达 4 股人流时宜加设中间扶手。

楼梯扶手高度是指踏步前缘至扶手顶面的垂直高度。室内楼梯扶手高度不宜小于 0.90 m，室外不宜小于 1.1 m，靠楼梯井一侧水平扶手长度超过 0.50 m 时，其高度不应小于 1.05 m。幼儿园、托儿所建筑的扶手高度不能降低，可增加不高于 0.60 m 的幼儿扶手，如图 3-40 所示。

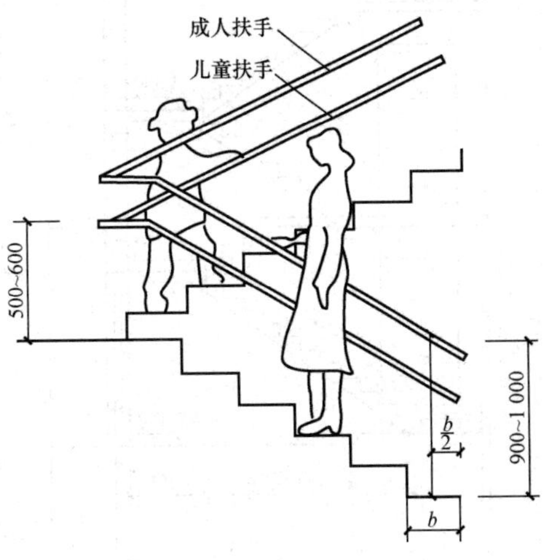

图 3-40　儿童楼梯扶手

托儿所、幼儿园、中小学及少年儿童专用活动场所的楼梯，梯井净宽大于 0.20 m 时，必须采取防止少年儿童攀爬的措施，楼梯栏杆应采取不易攀登的构造。当采用垂直杆件做栏杆时，且杆件净距不应大于 0.11 m。

(6)楼梯尺寸计算。根据楼梯的性质和用途，设计楼梯：

1)确定一层的踏步数：$N=H/h$；

2)选定梯段水平投影长度 L，$L=(0.5N-1)b$；

3)选定梯井 C；

4)确定梯宽 a，$a=(A-C)/2$；

5)选定平台宽度 D_1、D_2；

6)楼梯间的进深尺寸；

7)设计栏杆形式及其尺寸。

3. 楼梯的表达方式

楼梯的表达方式有底层、中间层和顶层，如图 3-41 所示。

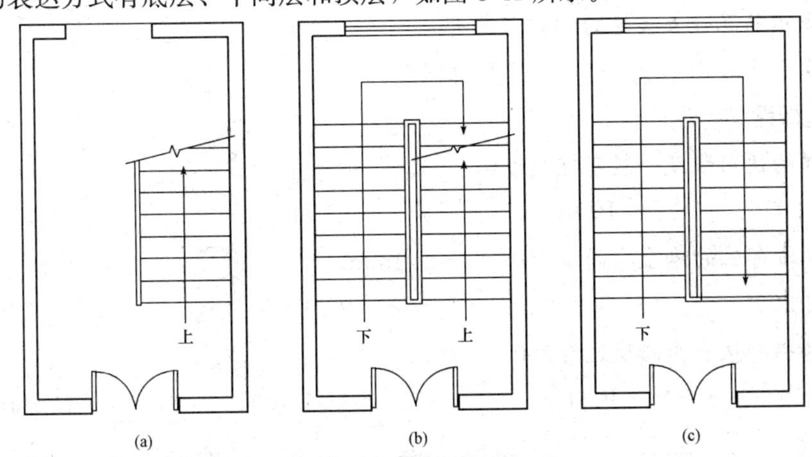

图 3-41　楼梯平面表示法

(a)底层平面；(b)中间层平面；(c)顶层平面

楼梯的剖面表达方式有层数、梯段数和步级数，如图 3-42 所示。

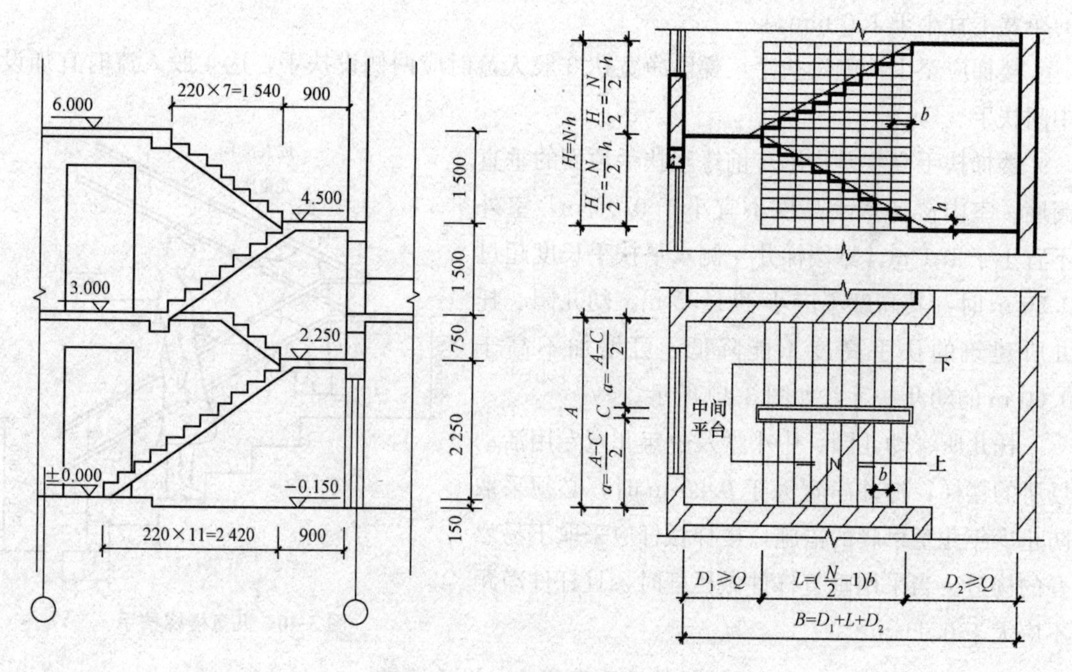

图 3-42　楼梯剖面表示法

课后作业

一、填空题

1. 楼梯一般由__________、__________和__________三部分组成。

2. 住宅、托儿所、幼儿园、小学及儿童活动场所的楼梯栏杆净距不应大于__________。

3. 现浇钢筋混凝土楼梯的结构形式有__________和__________。

4. 楼梯平台深度不应__________楼梯宽度。

二、选择题

1. 楼梯的适用坡度一般不宜超过(　　)。

A. 30°　　B. 45°　　C. 60°　　D. 40°

2. 楼梯段部位的垂直净高不应小于(　　)mm。

A. 2 200　　B. 2 000　　C. 1 950　　D. 2 100

3. 楼梯栏杆扶手的高度通常为(　　)mm。

A. 850　　B. 900　　C. 1 100　　D. 2 100

4. 坡道的坡度一般控制在(　　)以下。

A. 10°　　B. 20°　　C. 15°　　D. 25°

三、简答题

1. 楼梯的功能和设计要求是什么?

2. 常见楼梯的形式有哪些?

3. 现浇钢筋混凝土楼梯常见的结构形式有哪几种? 各有何特点?

4. 坡道如何进行防滑?

认知 3.5　现浇钢筋混凝土楼梯及细部构造

认知 3.5.1　现浇钢筋混凝土楼梯的特点

现浇钢筋混凝土楼梯是将楼梯段和平台整体浇筑在一起的楼梯，如图 3-43 所示。其特点是消耗模板量大，施工工序多，施工速度慢；但整体性好，刚度大，有利于抗震。

图 3-43　现浇钢筋混凝土板式楼梯

(a)有平台梁；(b)无平台梁

现浇钢筋混凝土楼梯按结构形式不同，可分为板式楼梯、梁板式楼梯和扭板式楼梯。

1. 板式楼梯

板式楼梯是将楼梯段看作一块斜放的板，楼梯板可分为有平台梁和无平台梁两种情况。

(1)有平台梁的板式楼梯的梯段两端放置在平台梁上，平台梁之间的距离为楼梯段的跨度[图 3-44(a)]。其传力过程为楼梯段→平台梁→楼梯间墙或柱子。

(2)无平台梁的板式楼梯是将楼梯段和平台板组合成一块折板，这时板的跨度为楼梯段的水平投影长度与平台宽度之和[图 3-44(b)]。

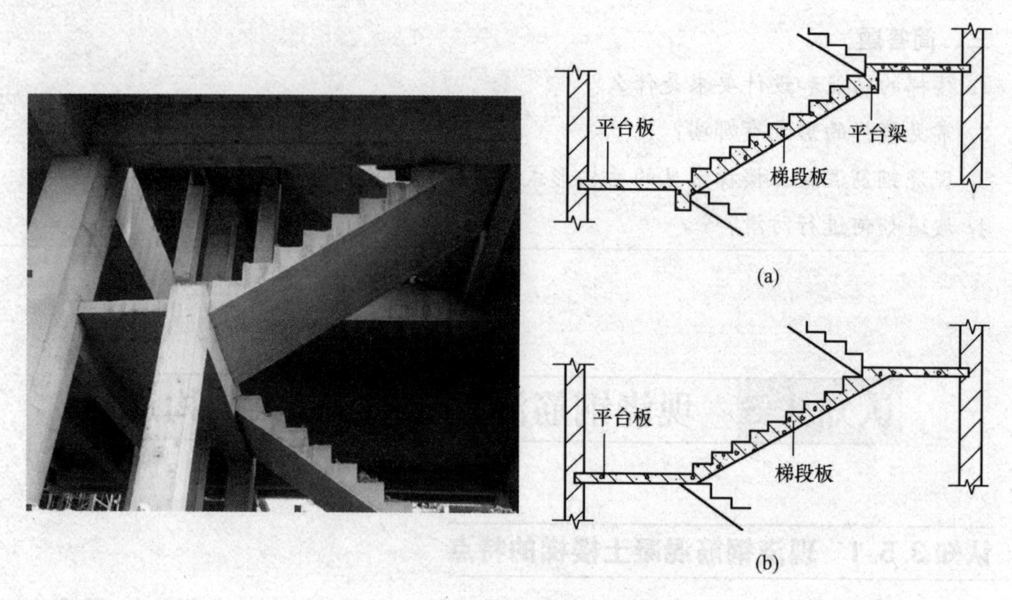

图 3-44 现浇钢筋混凝土板式楼梯

(a)有平台梁；(b)无平台梁

2. 梁板式楼梯

楼梯段由踏步板和斜梁组成。踏步板将荷载传递给斜梁，斜梁两端支承在平台梁上。楼梯荷载的传力过程为踏步板→斜梁→平台梁→楼梯间墙。

斜梁有时只设一根，通常有两种形式：一种是在踏步板的一侧设斜梁，将踏步板的另一侧搁置在楼梯间墙上；另一种是将斜梁布置在踏步板的中间，踏步板向两侧悬挑，如图 3-45 所示。

单梁式楼梯受力比较复杂，但外形轻巧、美观，多用于对建筑空间造型有较高要求时。

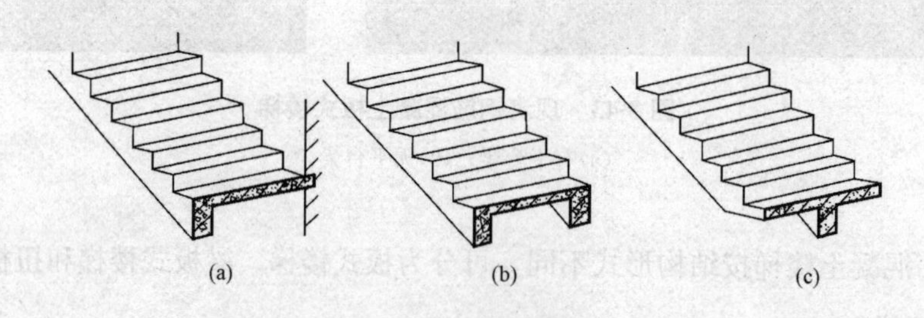

图 3-45 梁式楼梯

(a)梯段一侧设斜梁；(b)梯段两侧设斜梁；(c)梯段中间设斜梁

3. 扭板式楼梯

扭板式楼梯(图 3-46)底面平整，造型美观，施工难度大，适用标准高的建筑。

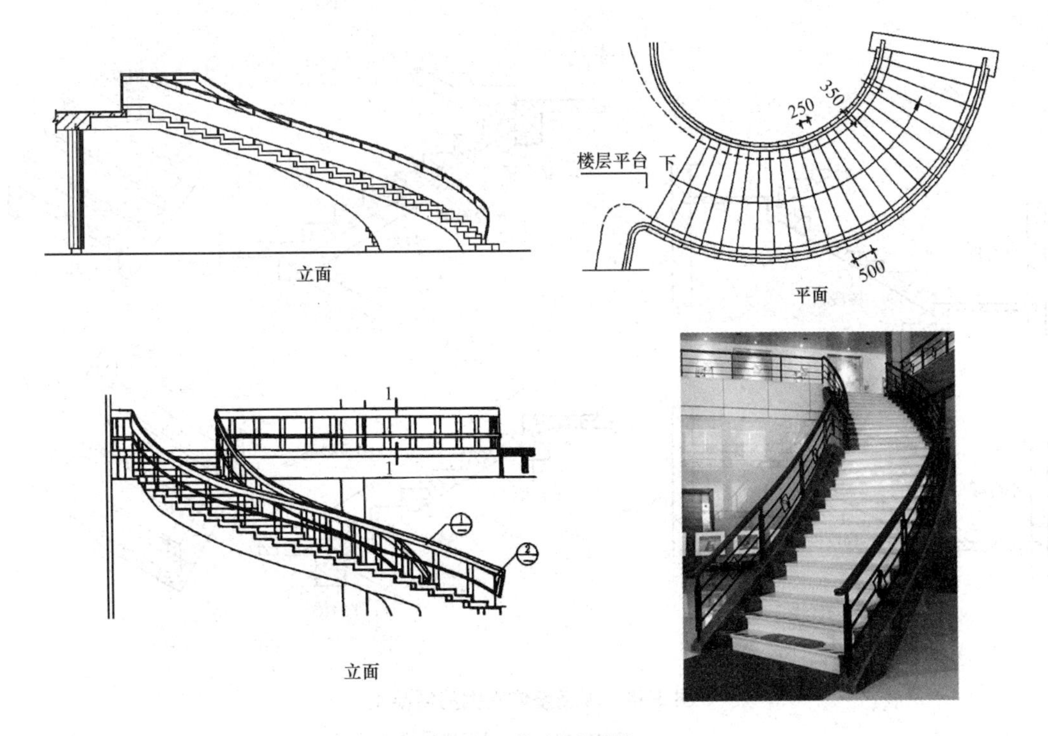

图 3-46　扭板式楼梯

认知 3.5.2　现浇钢筋混凝土楼梯的分类及细部构造

现浇整体式钢筋混凝土楼梯是将楼梯段和平台整体浇筑在一起的楼梯，由于整体性好、刚度大、有利于抗震，所以在工程中应用十分广泛。现浇整体式钢筋混凝土楼梯有梁承式、梁悬臂式和扭板式，如图 3-47 所示。

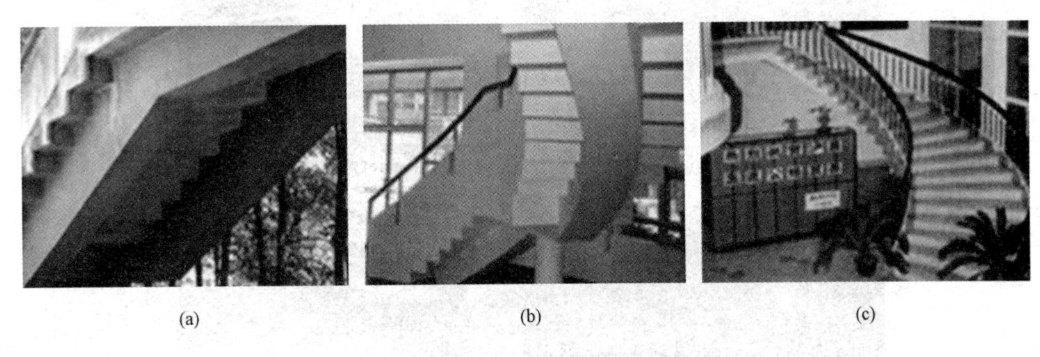

(a)　　(b)　　(c)

图 3-47　现浇整体式钢筋混凝土楼梯形式

(a)梁承式；(b)梁悬臂式；(c)扭板式

1. 现浇梁承式楼梯

现浇梁承式楼梯是指平台梁与梯段连接成一整体的楼梯形式。当梯段为板时，称为板式楼梯[图 3-48(a)]；当梯段为梁板时，称为梁板式楼梯[图 3-48(b)]。

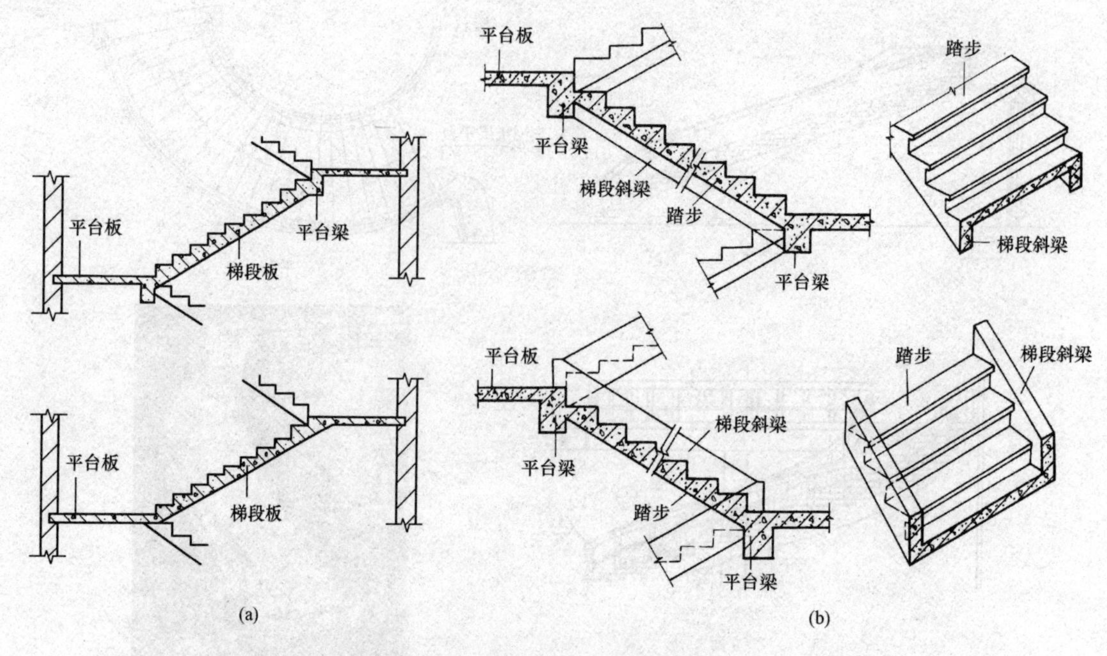

图 3-48　现浇整体式钢筋混凝土

(a)板式楼梯；(b)梁板式楼梯

2. 现浇梁悬臂式楼梯

现浇梁悬臂式楼梯是指踏步板从梯斜梁两边或一边悬挑的楼梯形式。这种楼梯一般为单梁或双梁悬臂支承踏步板和平台板，多用于框架结构建筑的室外楼梯，如图 3-49 所示。

图 3-49　现浇梁悬臂式楼梯

3. 现浇扭板式楼梯

现浇扭板式钢筋混凝土楼梯底面平顺，结构占空间少，造型美观，如图 3-50 所示。

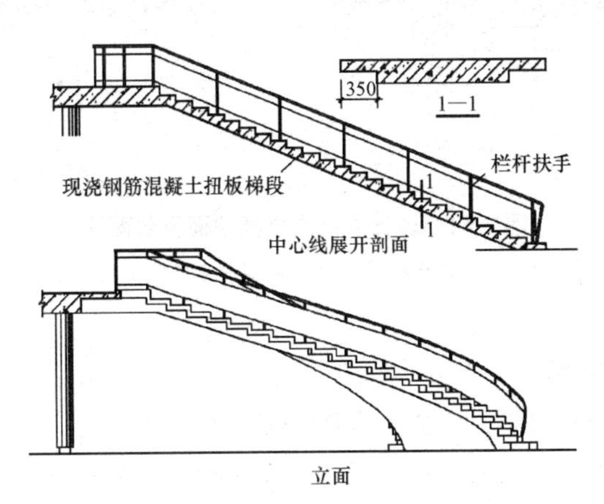

图 3-50　现浇扭板式楼梯

实训　绘制三维楼梯和梁式楼梯

实训 1：绘制三维楼梯

(1)将图 3-51(b)所示的楼梯剖面图导入 SketchUp 软件中，描图或参照图 3-51(a)所示的楼梯平面图和表 3-4 踏步尺寸，按照计算尺寸画出断面图。

(2)在断面图按照楼梯踏步位置进行左右拉伸。

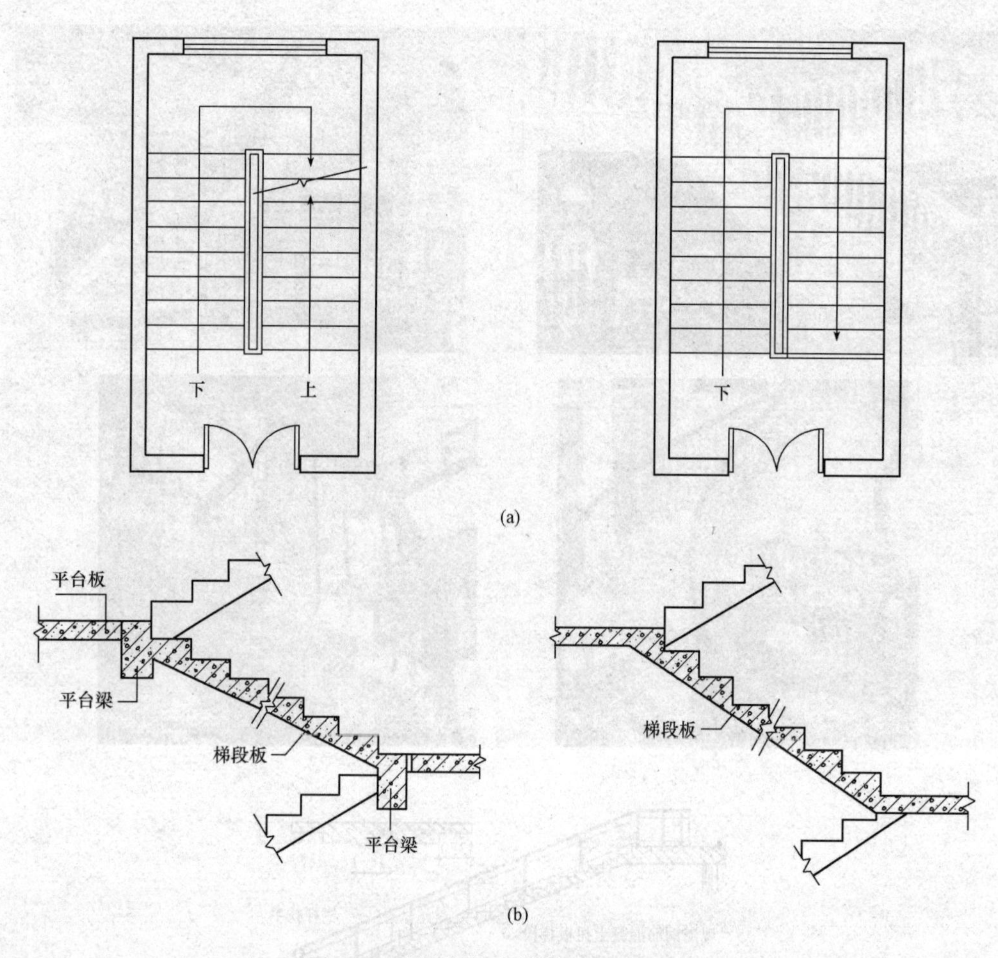

图 3-51　现浇混凝土楼梯平面及剖面图

(a)楼梯平面图；(b)楼梯剖面图

实训 2：绘制梁式楼梯

从图 3-44 中选择一种梁式楼梯进行三维绘制。

(1)计算楼梯的侧面平行四边形尺寸，在 SketchUp 左视图中绘制楼梯的侧面平行四边形。

(2)根据踏步尺寸绘制辅助线，在平行四边形中绘制踏步。

(3)在断面图按照楼梯踏步位置进行拉伸。

(4)在正视图中按照楼梯类型画出斜梁。

项目 4　剪力墙结构建筑构造认知

情境导入

剪力墙又称抗风墙、抗震墙或结构墙。房屋或构筑物中主要承担风荷载或地震作用引起的水平荷载和竖向荷载的墙体，防止结构因受剪而遭到破坏。一般用钢筋混凝土做成。

剪力墙一般分为平面剪力墙和筒体剪力墙。

在抗震结构设计中，框架-剪力墙结构建筑中的剪力墙是第一道防线，框架是第二道防线。

当整个建筑达到一定高度以后，框架结构无法满足抗震和侧面风荷载的稳定支撑要求，应该改为框架-剪力墙结构，请问：

当框架结构建筑物楼层达到多少层或多少米以后需要改为框架-剪力墙的建筑结构形式？

图 4-1 所示为英国伦敦泰晤士河临框架-剪力墙结构建筑。

图 4-1　英国伦敦泰晤士河临河框架-剪力墙结构建筑

单元教学导航

项目认知任务	认知 4.1　剪力墙结构认知	项目实训任务	实训　剪力墙结构仿真实训
	认知 4.2　剪力墙结构建筑基础、承重方式		实训　框架-剪力墙结构建筑仿真实训
	认知 4.3　屋顶及平屋顶认知		实训　屋顶及平屋顶实训
建议课时	4～6 课时	建议课时	4～6 课时
任务描述	掌握剪力墙、楼板、地面的分类及构造组成，能够进行相关构件的选择应用。了解墙体的分类及墙体构造的细部构造，能够掌握墙体的组砌方式，把握圈梁、构造柱的结构形式		
教学载体	教学 PPT 课件及教材相关内容；实体建筑模型砖墙构造拟仿真或建筑工地现场		
教学目标	知识目标	了解剪力墙、楼板、地面的作用、分类；掌握剪力墙、楼板、地面的构造。了解剪力墙、楼板的作用与分类，了解剪力墙、楼板细部构造、玻璃幕墙	
	能力目标	能够运用掌握的剪力墙、楼板、地面的构造知识解决实际工程问题。能够掌握墙体不同部位的细部构造做法，掌握剪力墙、楼板、地面、玻璃幕墙的结构形式，为将来的建筑施工、工程预算、工程管理等职业岗位打下良好的基础	
过程设计	知识引导→虚拟仿真、实例分析→学生实训操作、体验认知→教师点评或总结；任务布置→参观考察→写出心得→提交评价		
教学方法	结合视频和图片加以讲解的多媒体教学法、项目教学法、现场教学法、虚拟仿真教学法		
学习课时	8～12 课时		

认知 4.1　剪力墙结构认知

认知 4.1.1　剪力墙结构

剪力墙结构是用钢筋混凝土墙板来代替框架结构中的梁、柱，并用来承担各类荷载引起的内力，还能够有效控制建筑结构的水平力，这种用钢筋混凝土墙板来承受竖向和水平力的结构被称为剪力墙结构。这种结构在高层建筑中大量使用。

当剪力墙墙体处于建筑物中合适的位置时，它们能形成一种有效抵抗水平作用的结构体系，同时，又能起到对空间的分割作用。剪力墙的高度一般与整个房屋的高度相等，自基础至屋顶，高达几十米或 100 多米；其宽度则视建筑平面的布置而定，一般为几米到十几米。相对而言，它的厚度则很薄，一般仅为 200～300 mm，最小可达 160 mm。因此，剪力墙在其墙身平面内的抗侧移刚度很大，而其墙身平面外刚度却很小，一般可以忽略不计。所以，建筑物上大部分的水平作用或水平剪力通常被分配到结构墙上，这也是剪力墙名称的由来。事实上，“剪力墙”更确切的名称应该是“结构墙”。剪力墙结构建筑如图 4-2 所示。

(a)　　(b)

图 4-2　剪力墙结构建筑

(a)剪力墙结构大厦；(b)剪力墙结构高层住宅施工中

认知 4. 1. 2　剪力墙结构建筑的特点

(1)剪力墙的主要作用是承担竖向荷载重力、抵抗风荷载、地震荷载等的水平荷载。

(2)剪力墙结构中墙与楼板组成受力体系。剪力墙的缺点是不能拆除或破坏，不利于形成大空间，住户对室内布局改造空间较小。

(3)短肢剪力墙结构应用越来越广泛，它采用各肢的肢长与截面厚度之比的最大值大于 4 且不大于 8 的剪力墙。可以增加剪力墙布置的灵活性。

(4)剪力墙在楼底部厚度最大。

(5)纯剪力墙结构工程造价高，施工难度大，耗钢量大。

总的来说，剪力墙主要的优点是增加建筑对水平剪力的承载能力。具体地说，剪力墙就是使得整个建筑在水平横向上更加有韧性，而地震主要影响的就是对建筑结构的横向毁坏；缺点是空间划分不灵活。

认知 4.1.3 剪力墙结构常见种类

1. 剪力墙结构体系

剪力墙其实就是现浇钢筋混凝土墙，主要承受水平地震荷载，这样的水平荷载对墙、柱产生一种水平剪切力。剪力墙结构由纵横方向的墙体组成抗侧向力体系，它的刚度很大，空间整体性好，房间内不外露梁、柱楞角，便于室内布置，方便使用，如图 4-3 所示。剪力墙结构有较好的抗震性能，其不足之处是结构自重大，预应力剪力墙结构常可以做到大空间住宅布局。剪力墙结构形式是高层住宅采用最为广泛的一种结构形式。此时，房间的分隔墙和预应力厨房、卫生间分隔墙可采用预制的轻质隔墙来分隔空间，此种方式为装修改造带来了较大的方便，也深受广大住户欢迎。

图 4-3 剪力墙结构

2. 框支-剪力墙结构体系

框支-剪力墙是指在框架-剪力墙结构(在转换层的位置)上部布置剪力墙体系，部分剪力墙不落地，如图 4-4 所示。一般多用于下部要求大开间，上部住宅、酒店且房间内不能出现柱角的综合高层房屋。框支-剪力墙结构抗震性能差，造价高，应尽量避免采用。但它能满足现代建筑不同功能组合的需要，有时结构设计又不可避免此种结构形式，对此应采取措施积极改善其抗震性能，尽可能减少材料消耗，以降低工程造价。

图 4-4 框支-剪力墙结构

3. 框架-剪力墙结构体系

框架-剪力墙简称为框剪结构，是框架结构和剪力墙结构两种体系的结合，吸取了各自的长处，既能为建筑平面布置提供较大的使用空间，又具有良好的抗侧力性能。框剪结构中的剪力墙可以单独设置，也可以利用电梯井、楼梯间、管道井等墙体。因此，这种结构已被广泛地应用于各类房屋建筑中，如图 4-5 所示。

框剪结构房屋集成了框架结构和剪力墙结构的优点，空间布置灵活，抗震性能好。

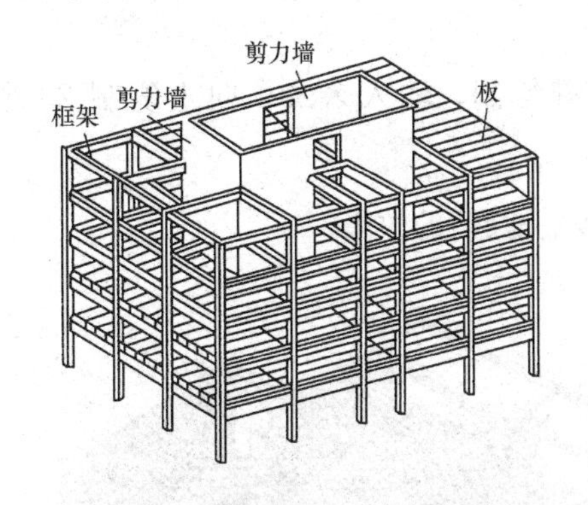

图 4-5　框架-剪力墙结构

实训　剪力墙结构仿真实训

实训任务：根据提供的剪力墙结构平面图纸和三维图，绘制剪力墙三维结构效果图(图 4-6)。(2 课时)步骤如下：

(1)使用 AutoCAD 或超级绘图王绘制 CAD 平面图，导入 SketchUp。

(2)直接在 SketchUp 中导入图片描图绘制平面图。

(3)在 SketchUp 中根据剪力墙位置拉伸墙体为 3 000 mm，并添加混凝土材质。

(4)制作红砖填充墙。

(5)完成一层的剪力墙绘制。

实训拓展：

(1)绘制楼板，拉伸厚度为 120 mm。

(2)选中所有模型，选择❖【移动工具】按 Ctrl 键复制，输入×20，向上复制 20 个(楼层)。

(3)完成 21 层剪力墙的主体工程，达到“万丈高楼平地起”的效果。

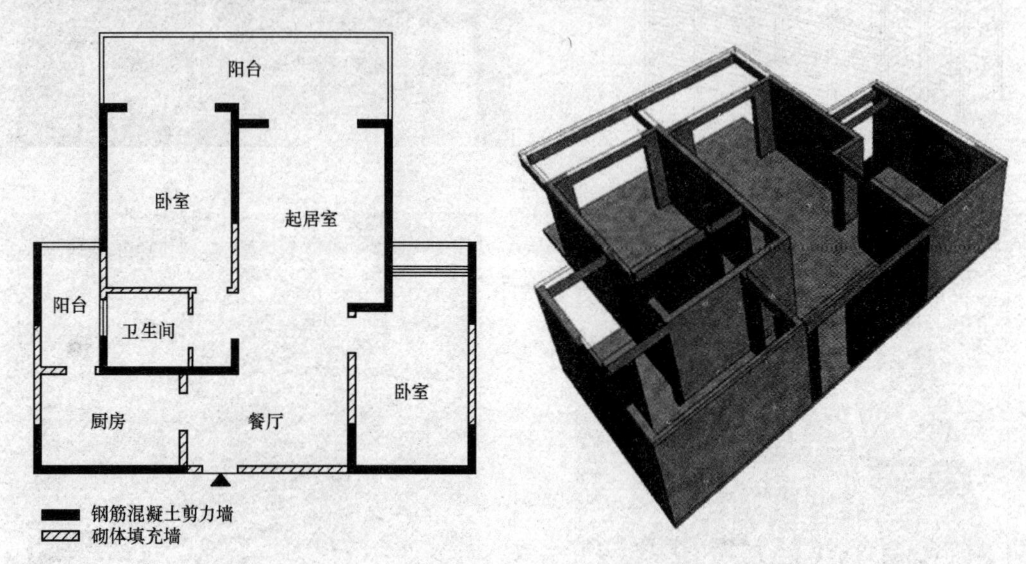

图 4-6　剪力墙平面图纸和三维图

认知 4.2　剪力墙结构建筑基础、承重方式

框架-剪力墙结构建筑多为高层住宅、写字楼等，住宅地下部分 1～2 层多为储藏室、车库和车位，写字楼地下部分 1～2 层多为停车场。车位和停车场位框架柱网分布，垂直电梯部分一般为剪力墙结构。

认知 4.2.1　基础

框架-剪力墙结构建筑的基础与框架结构建筑的基础基本一样。

常用的浅基础有单独基础、条形基础、筏形基础、箱形基础和壳体基础等；常用的深基础有桩基础、地下连续墙、沉井、沉箱和锚拉基础等。单独基础、条形基础、筏形基础、箱形基础、桩基础已在前面做了介绍。本节简单介绍地下连续墙等深基础，沉井和沉箱多用于桥梁基础，不作讲解。

1. 地下连续墙

地下连续墙可以作为主体结构的一部分，也可以作为基坑围护结构使用。目前，地下连续墙更多地用于地下水水位高的软土场地的基坑围护。按施工方法不同，地下连续墙可分为桩排式[图 4-7(a)]、槽段式[图 4-7(b)]和预制拼装式[图 4-7(c)]。常用的是槽段式地下连续墙。

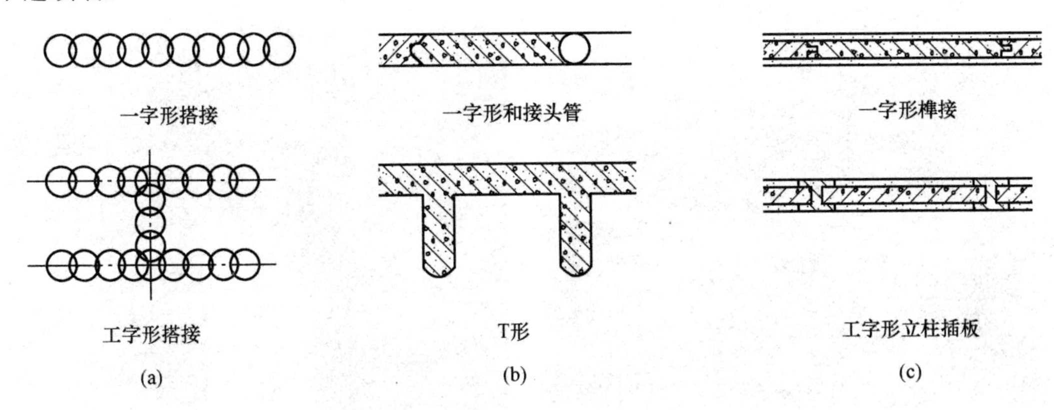

图 4-7　地下连续墙平面形式

(a)桩排式；(b)槽段式；(c)预制拼装式

地下连续墙须根据使用功能进行设计，以满足防渗、支护及承重的要求。在做支护结构时，需要计算土压力和水压力，必要时应选择土层锚杆或内支撑等稳定措施。

地下连续墙主要优点如下：

(1)具有多种功能，如防渗、承重、挡土、防爆等；

(2)结构刚度大，用于基坑支护变形小，无须设置井点降水，有效保护了临近建筑物；

(3)无噪声，无振动，特别适宜于城市内与密集的建筑群中施工；

(4)浇筑混凝土无须支模和养护，成本低；

(5)施工机械化，速度快。

地下连续墙主要缺点如下：

(1)施工工序多，技术要求高；

(2)有些土层槽壁易坍塌，墙体厚薄不均或质量达不到要求；

(3)泥浆的污染。

2. 筏形基础

剪力墙结构下为筏形基础，如图 4-8 所示。

图 4-8　基础与地下剪力墙

认知 4.2.2　剪力墙、框架-剪力墙、框支-剪力墙承重方式

1. 剪力墙承重

剪力墙结构是用钢筋混凝土墙板来代替框架结构中的梁、柱，能承担各类荷载引起的内力，并能有效控制结构的水平力。钢筋混凝土墙板能承受竖向和水平力，它的刚度很大，空间整体性好，房间内不外露梁、柱棱角，便于室内布置，方便使用。剪力墙的结构形式是高层住宅采用最为广泛的一种结构形式。

随着时代经济的发展，建筑用地越来越少，高层建筑越来越受到青睐。单纯的框架结构无法满足高层建筑对受力的要求。当楼层很高时，底层柱子的受力会非常大，相应的底层柱子的截面也会非常大，从而影响到底层空间布局。一方面是浪费材料；另一方面是柱子截面大，构件面积随之增大，使用空间就会小。

因此，为解决这一问题，剪力墙结构形式得到了很大发展。可以用很薄的剪力墙代替很粗的柱子受力，解决了高层建筑的柱子受力截面大占用建筑内部空间的问题，如图 4-9 所示。

图 4-9　剪力墙施工

剪力墙的墙体同时也作为房屋分隔构件。剪力墙结构可建得很高，剪力墙主要是用在高层建筑结构，如 12～30 层的住宅和酒店建筑中。

剪力墙是利用建筑外墙和内墙隔墙位置布置的钢筋混凝土结构墙，竖向荷载在墙体内主要产生向下的压力，侧向力在墙体中产生水平剪力和弯矩，因为这类墙体具有较大的承受水平力(水平剪力)的能力，故被称为剪力墙。剪力墙的高度一般与整个房屋高度相同，自基础至屋顶。

2. 框架-剪力墙承重

框架-剪力墙结构是在框架结构中设置适当的剪力墙的结构。其具有框架结构平面的布置灵活，有较大空间的优点，又具有侧向刚度较大的优点。

在框架-剪力墙结构中，剪力墙主要承受水平荷载，竖向荷载由框架承担。该结构一般适用于 10～20 层的建筑，如图 4-10 所示。

图 4-10　框架-剪力墙承重

3. 框支-剪力墙承重

框支-剪力墙结构建筑，结构如图 4-4 所示。建筑部件的图纸代号见表 4-1。

表 4-1　建筑部件图纸代号

名称	图纸代号	名称	图纸代号	名称	图纸代号
框支梁	KZL	连梁(拉梁)	LL	悬臂梁	XBL
边框梁	BKL	过梁	GL	平台梁	PTL
框支柱	KZZ	地梁	DL	冠梁	GL

(1)框支梁。框剪结构中上部为剪力墙结构，下部框架梁和框架柱一般称为框支梁和框支柱。因为建筑功能要求，下部大空间，上部部分竖向构件不能直接连续贯通落地，而通过水平转换结构与下部竖向构件连接。当布置的转换梁支撑上部的剪力墙时，转换梁称为框支梁。

框架梁出现在框架结构和框剪结构中，出现框支梁的是框支-剪力墙结构。

(2)边框梁。框架梁伸入剪力墙区域就变成边框梁。

(3)框支柱。因为建筑功能要求，下部大空间，上部部分竖向构件不能直接连续贯通落地，而通过水平转换结构与下部竖向构件连接。支撑框支梁的柱子叫作框支柱。

(4)拉梁。拉梁是指在独立基础之间设置的梁。

(5)过梁。当墙体上开设门窗洞口时，为了支撑洞口上部砌体所传来的各种荷载，并将这些荷载传递给窗间墙，常在门窗洞口上设置横梁，该梁称为过梁。

(6)悬臂梁。悬臂梁的一端为不产生轴向、垂直位移和转动的固定支座，另一端为自由端(可以产生平行于轴向和垂直于轴向的力)。

(7)平台梁。平台梁是指通常在楼梯段与平台相连处设置的梁，以支承上下楼梯和平台板传来的荷载。

(8)冠梁。冠梁是设置在基坑周边支护(围护)结构(多为桩和墙)顶部的钢筋混凝土连续梁。其作用，一是将所有的桩基连接到一起(如钻孔灌注桩、旋挖桩等)，防止基坑(竖井)顶部边缘产生坍塌；二是通过牛腿承担钢支撑(或钢筋混凝土支撑)的水平挤靠力和竖向剪力。

(9)连梁。连梁是指两端与剪力墙相连且跨高比小于 5 的梁。连梁一般具有跨度小、截面大，与连梁相连的墙体刚度又很大等特点。一般在风荷载和地震荷载的作用下，连梁的内力往往很大。

认知 4.2.3　墙体外部装饰

剪力墙结构外墙装饰一般使用玻璃幕墙或干挂瓷砖、大理石、花岗石，部分使用涂料。图 4-11 所示为外墙瓷砖涂料装饰。

图 4-11　外墙瓷砖涂料装饰

实训 框架-剪力墙结构建筑仿真实训

实训任务：根据提供的平面图纸，绘制框架-剪力墙三维结构效果图(图 4-12)。(2 课时)

步骤如下：

(1)使用 CAD 软件绘制建筑平面图，导入 SketchUp 软件中。

(2)直接在 SketchUp 软件中导入图片描图绘制平面图。

(3)在 SketchUp 软件中根据剪力墙位置拉伸墙体为 3 000 mm，并添加混凝土材质。

(4)完成一层的框架柱、剪力墙绘制。

实训拓展：

(1)绘制楼板，拉伸厚度为 120 mm。

(2)选中所有模型，选择✥【移动工具】按住 Ctrl 键复制，输入×20 按回车键，向上复制20 个(楼层)。

(3)完成 21 层框架-剪力墙的主体工程，达到“万丈高楼平地起”的效果。

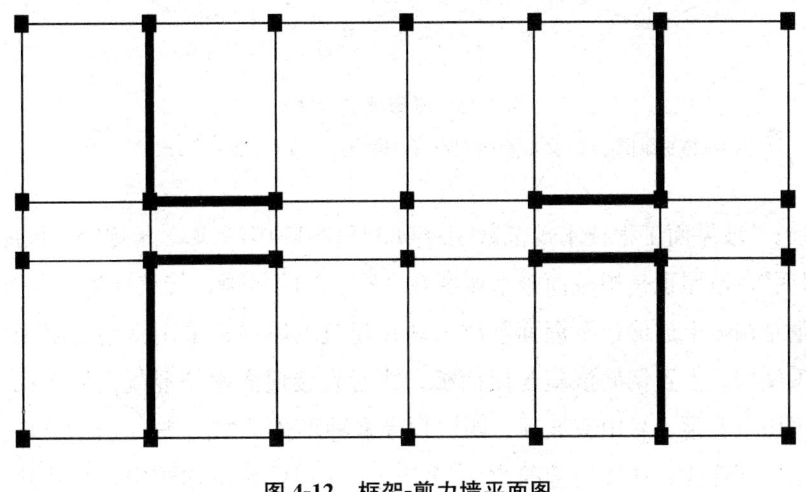

图 4-12 框架-剪力墙平面图

认知 4.3 屋顶及平屋顶认知

认知 4.3.1 屋顶的作用、类型及设计要求

1. 屋顶的作用

屋顶也称为屋盖，位于建筑物的最顶部，是建筑物最上层的覆盖构件。一般屋顶由屋

面、屋顶承重结构、保温隔热层和顶棚四部分组成。其主要作用有以下三个：

(1)承重作用。承受屋顶自重及作用于屋顶上的风、雨、雪荷载，以及检修、设备荷载等各种荷载。

(2)围护作用。防御自然界风、雨、雪、太阳辐射、气温变化等不利因素的影响，保证建筑内部有一个良好的环境。

(3)装饰美化作用。屋顶的形式对建筑立面和整体造型有很大的影响，是体现建筑风格的重要手段。

2. 屋顶的类型

(1)按排水坡度与外形分类。屋顶类型很多，按排水坡度、结构形式和建筑形象，一般可分为平屋顶、坡屋顶和曲面屋顶三种类型。

1)平屋顶。平屋顶是指屋面排水坡度小于或等于 3%的屋顶，一般常用坡度为 2%～3%，上人屋顶坡度通常为 1%～2%。目前，平屋顶的承重结构大多采用现浇钢筋混凝土板，也是在当前建筑工程中应用最广泛的屋顶形式，如图 4-13 所示。

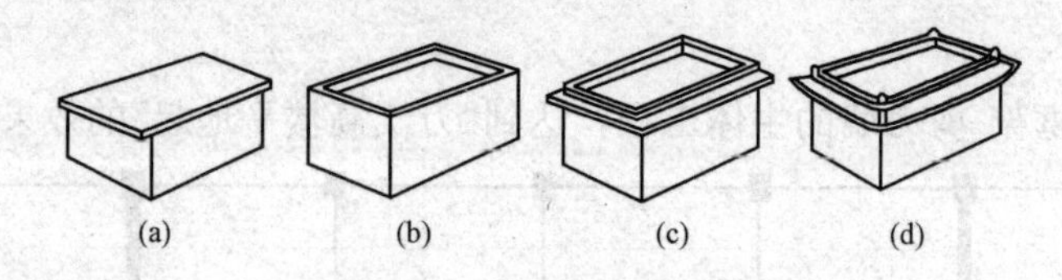

图 4-13　平屋顶的形式

(a)挑檐平屋顶；(b)女儿墙平屋顶；(c)挑檐女儿墙平屋顶；(d)盝顶平屋顶

2)坡屋顶。《坡屋面工程技术规范》(GB 50693—2011)第 2.0.1 条规定，坡屋面是指“坡度≥3%的屋面”。坡屋顶是指屋面排水坡度在 3%以上的屋顶。传统的坡屋顶常采用木梁、木屋架为承重结构，上放檩条及屋面基层。现在建筑坡屋顶常采用钢筋混凝土屋架或屋顶人字梁为承重结构，上置钢筋混凝土屋面板，或者直接现浇钢筋混凝土屋盖结构。坡屋顶有单坡顶、硬山双坡顶、悬山双坡顶、四坡顶等多种形式，如图 4-14 所示。坡屋顶是我国传统的建筑物屋顶形式，在民用建筑中应用广泛；在现代城市建筑中，某些建筑为满足景观要求或建筑风格要求也常采用各种形式的坡屋顶。

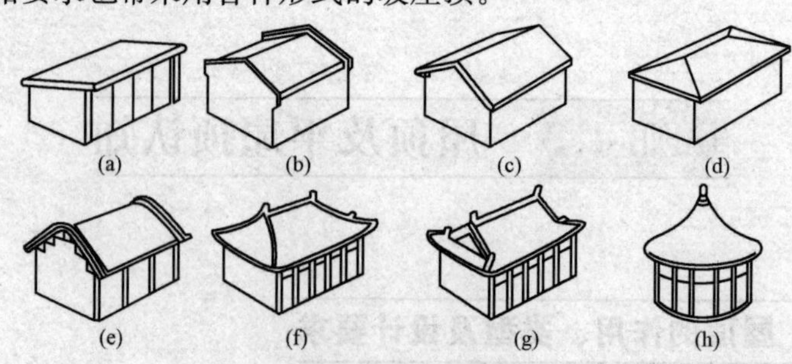

图 4-14　坡屋顶的形式

(a)单坡顶；(b)硬山双坡顶；(c)悬山双坡顶；(d)四坡顶；

(e)卷棚顶；(f)庑殿顶；(g)歇山顶；(h)圆攒尖顶

3)曲面屋顶。曲面屋顶是由各种薄壳结构或悬索结构等空间结构为屋顶承重结构的屋顶，如双曲拱屋顶、球形网壳屋顶等。这类屋顶结构内力分布均匀合理，节约材料，但施工复杂，造价高，一般适用于大跨度、大空间和造型特殊的建筑屋顶，如图 4-15 所示。

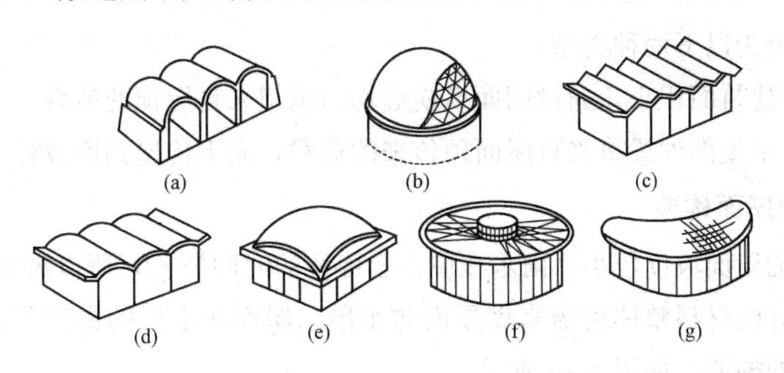

图 4-15　曲面屋顶的形式

(a)砖石拱屋顶；(b)球形网壳屋顶；(c)V 形折板屋顶；(d)筒壳屋顶；
(e)扁壳屋顶；(f)车轮形悬索屋顶；(g)鞍形悬索屋顶

(2)按屋面防水材料分类。按屋面使用的防水材料可分为柔性防水屋面、刚性防水屋面、构件自防水屋面和瓦屋面等。柔性防水屋面是以防水卷材做屋面防水层，具有一定的柔韧性；刚性防水屋面是以细石混凝土等刚性材料做屋面防水层，无韧性；构件自防水屋面是屋面板缝用嵌缝材料防水，屋面采用涂料防水的一种屋面；瓦屋面是以瓦材做防水层的屋面。

3. 屋顶的设计要求

屋顶应满足坚固耐久、防水排水、保温隔热、抵御侵蚀等要求，同时，还应做到构造简单、施工方便、造价经济、质量轻，并且与建筑整体形象协调。其中，防水是屋顶最基本的要求，也是屋顶构造设计的核心。

我国现行的《屋面工程技术规范》(GB 50345－2012)根据建筑物的类别、重要程度、使用功能要求确定防水等级，将屋面防水划分为Ⅰ级和Ⅱ级两个等级，见表 4-2。对防水有特殊要求的建筑屋面，应进行专项防水设计。

表 4-2　屋面防水等级和设防要求

防水等级	建筑类别	设防要求
Ⅰ级	重要建筑和高层建筑	二道防水设防
Ⅱ级	一般建筑	一道防水设防

认知 4.3.2　平屋顶认知

1. 平屋顶的组成

屋面排水坡度不大于 3%的屋顶为平屋顶。平屋顶既是承重构件，又是围护结构。大量民用建筑广泛采用的一种屋顶形式，易于协调建筑与结构的关系。

2. 平屋顶的承重结构

平屋顶的承重结构主要用来承受屋面顶传来的荷载，承重部件主要是平屋顶结构的屋面板和屋面梁。

承重结构可分为以下两种类型：

(1)墙承重。建筑面积小，通过四面纵横墙均匀承担来自屋顶的荷载。

(2)梁承重。承重部件梁将来自屋面顶传来的荷载，向下传递到墙或柱。

3. 平屋顶的屋面构造

由于平屋顶的屋面坡度较小，雨水在屋顶上停留的时间较长，所以需要加强屋面防水，应采用整体性较好的材料整体覆盖来做屋面防水层。屋面防水层的做法很多，本节主要介绍柔性防水屋面的构造，如图 4-16 所示。

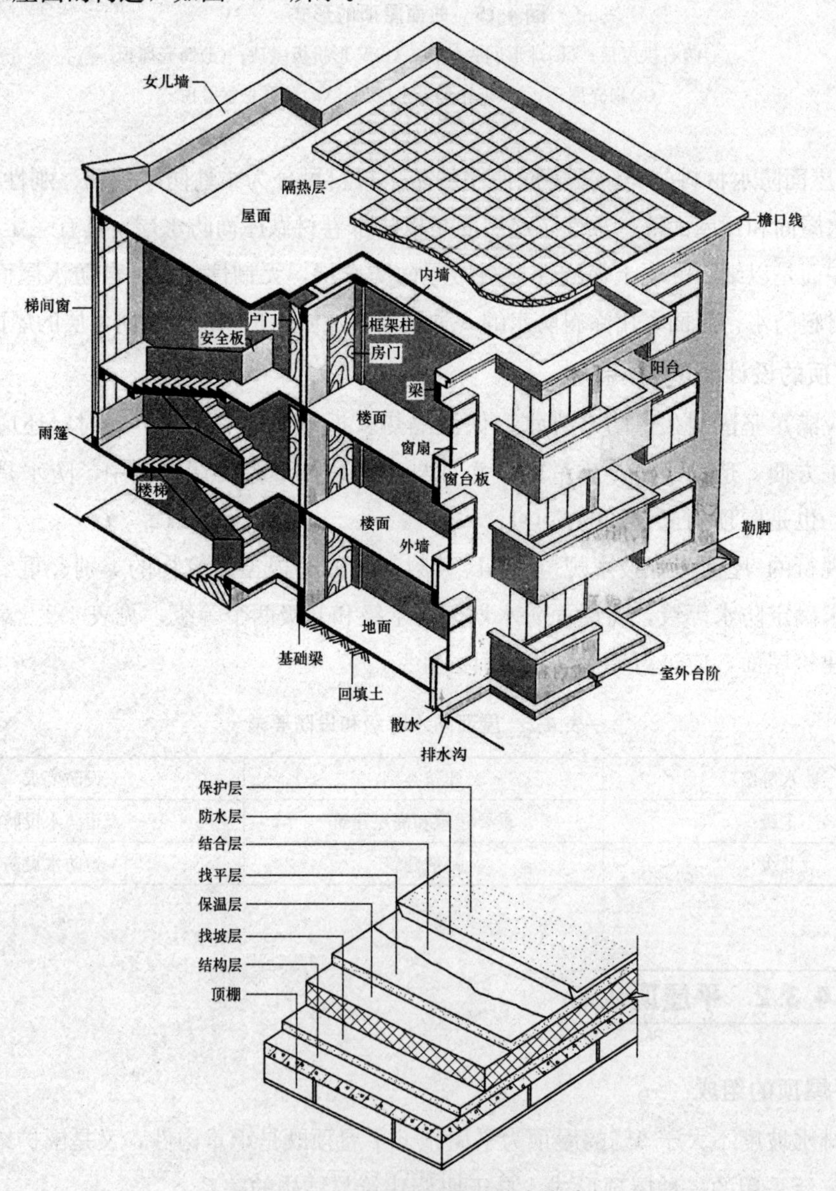

图 4-16　平面屋顶及屋面防水构造

柔性防水是指在相对于刚性防水（如防水砂浆和防水混凝土等）而言的一种防水材料形态。柔性防水通过柔性防水材料（如卷材防水、涂膜防水）来阻断水的通路，以达到建筑防水的目的或增加抗渗漏的能力。柔性防水屋面具有优良的防水性，适应性较强，防渗漏效果较好，但构造层次多，施工繁杂，受气候影响较大，维修烦琐，是目前广泛采用的一种屋面。

（1）柔性防水屋面的基本构造。按功能要求不同，柔性防水屋面可分为保温屋面与非保温屋面；上人屋面与不上人屋面；有架空通风层屋面和无架空通风层屋面。带保温层的柔性防水屋面基本构造层次见表 4-3。其主要构造层次有结构层、找平（坡）层、保温层、防水层和保护层，如图 4-17 所示。

表 4-3　屋面基本构造层次

屋面类型	基本构造层次（自上而下）
卷材、涂膜屋面	保护层、隔离层、防水层、找平层、保温层、找平层、找坡层、结构层
	保护层、保温层、防水层、找平层、找坡层、结构层
	种植隔热层、保护层、耐根穿刺防水层、防水层、找平层、保温层、找平层、找坡层、结构层
	架空隔热层、防水层、找平层、保温层、找平层、找坡层、结构层
	蓄水隔热层、隔离层、防水层、找平层、保温层、找平层、找坡层、结构层

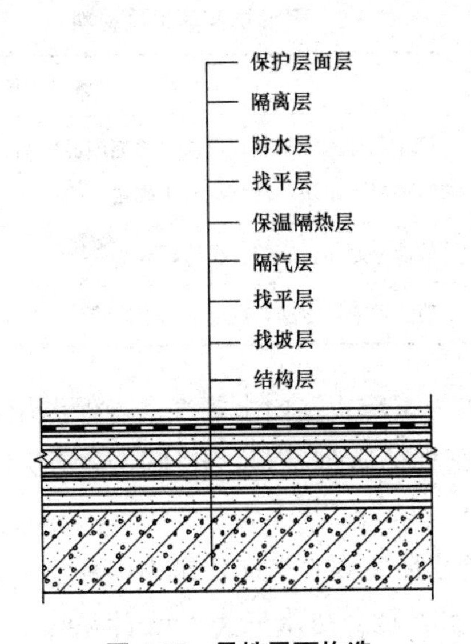

图 4-17　柔性屋面构造

1）承重结构层。各种类型的钢筋混凝土楼板均可作为柔性防水屋面的承重结构层。目前，一般采用现浇钢筋混凝土板，要求具有足够的强度和刚度。

2）找坡层。当屋顶采用材料找坡时，找坡层一般位于结构层之上。找坡材料宜采用质量轻、吸水率低和有一定强度的材料，通常是将适量水泥浆与陶粒、焦渣或加气混凝土碎块拌和而成。宜采用轻骨料混凝土，找坡材料应分层铺设和适当压实，表面平整，形成屋面坡度。找坡层最薄处的厚度不宜小于 30 mm。

当屋顶采用结构找坡时，则不需要设置找坡层，且坡度不应小于3%。

3)找平层。为了使柔性防水层或隔汽层有一个平整坚实的基层，避免防水卷材凹陷或被穿刺，卷材、涂膜的基层宜设找平层，同时，在结构层、找坡层或保温层上必须设置找平层。找平层厚度和技术要求应符合表4-4的规定。

找平层要求平整、密实、干净、干燥(含水率≤9%)，不允许有酥松、起砂、起皮和裂缝的现象，直接影响防水层和基层的粘结质量并导致防水层开裂。

表4-4 找平层厚度和技术要求

<table>
<tr><th>找平层分类</th><th>适用的基层</th><th>厚度/mm</th><th>技术要求</th></tr>
<tr><td rowspan="2">水泥砂浆</td><td>整体现浇混凝土板</td><td>15～20</td><td rowspan="2">1∶2.5水泥砂浆</td></tr>
<tr><td>整体材料保温层</td><td>20～25</td></tr>
<tr><td rowspan="2">细石混凝土</td><td>装配式混凝土板</td><td rowspan="2">30～35</td><td>C20混凝土，宜加钢筋网片</td></tr>
<tr><td>板状材料保温层</td><td>C20混凝土</td></tr>
</table>

4)保温层。保温层应根据屋面所需传热系数，选择轻质、高效的保温材料。保温层及其保温材料应符合表4-5的规定。屋顶保温层通常设置在结构层以上，其厚度应通过热工计算确定。

表4-5 保温层及其保温材料

保温层	保温材料
板状材料保温层	聚苯乙烯泡沫塑料，硬质聚氨酯泡沫塑料，膨胀珍珠岩制品，泡沫玻璃制品，加气混凝土砌块，泡沫混凝土砌块
纤维材料保温层	玻璃棉制品，岩棉、矿渣棉制品
整体材料保温层	喷涂硬泡聚氨酯，现浇泡沫混凝土

5)隔汽层。隔汽层是一种为了防止室内水蒸气渗入保温层，降低保温效果，在结构层上面设置的一层气密性、水密性的防护材料。找平层应设置排汽道，排汽道的宽度宜为40 mm。

6)防水层。防水层是隔绝水防止雨水等向建筑物内部渗透的构造层。目前，常用的防水材料有卷材防水、涂膜防水、复合防水三类，见表4-6。卷材厚度及搭接宽度应符合表4-7和表4-8的规定。卷材防水材料如图4-18所示。

表4-6 卷材、涂膜屋面防水等级和防水做法

防水等级	防水做法
Ⅰ级	卷材防水层和卷材防水层、卷材防水层和涂膜防水层、复合防水层
Ⅱ级	卷材防水层、涂膜防水层、复合防水层

注：在Ⅰ级屋面防水做法中，防水层仅作单层卷材时，应符合有关单层防水卷材屋面技术的规定。

表 4-7　每道卷材防水层最小厚度　　mm

防水等级	合成高分子防水卷材	高聚物改性沥青防水卷材		
		聚酯胎、玻纤胎、聚乙烯胎	自粘聚酯胎	自粘无胎
Ⅰ	1.2	3.0	2.0	1.5
Ⅱ	1.5	4.0	3.0	2.0

表 4-8　卷材搭接宽度　　mm

卷材类别		搭接宽度
合成高分子防水卷材	胶粘剂	80
	胶粘带	50
	单缝焊	60，有效焊接宽度不小于 25
	双缝焊	80，有效焊接宽度 10×2 空腔宽
合成高分子防水卷材	胶粘剂	100
	自粘	80

图 4-18　卷材防水材料

高分子聚合物改性沥青防水卷材一般可分为弹性体改性沥青防水卷材(即 SBS)、塑性体改性沥青防水卷材(即 APP)、高聚物改性沥青聚乙烯胎防水卷材、SBR 改性沥青防水卷材、丁苯橡胶改性氧化沥青聚乙烯胎防水材料等。

为使防水层与基层粘结牢固，应采用卷材胶粘剂。卷材粘合剂的材料宜根据防水卷材材质的不同来选择，如沥青类卷材和高聚物改性沥青防水卷材，一般采用冷底子油做结合层，见表 4-9。

表 4-9　卷材基层处理剂及胶粘剂的选用

卷　材	基层处理剂	卷材胶粘剂
高聚物改性沥青卷材	石油沥青冷底子油或橡胶改性沥青冷胶粘剂稀释液	橡胶改性沥青冷胶粘剂或卷材生产厂家指定产品
合成高分子卷材	卷材生产厂家随卷材配套供应产品或指定的产品	

7)隔离层。隔离层是消除相邻两层材料之间粘结力、机械咬合力、化学反应等不利影响的构造层。在刚性保护层(块体材料、水泥砂浆、细石混凝土保护层)与卷材、涂膜防水层之间应设隔离层。隔离层可采用铺塑料膜、土工布、卷材或铺抹低强度等级砂浆等方法。

8)保护层。为保护卷材防水层，延长其使用寿命，需要在防水层上设置保护层。保护层可分为不上人屋面和上人屋面两种做法。其适用范围和技术要求见表 4-10。

表 4-10　保护层材料的适用范围和技术要求

保护层材料	适用范围	技术要求
浅色涂料	不上人屋面	丙烯酸系反射涂料
铝箔	不上人屋面	0.5 mm 厚铝箔反射膜
矿物粒料	不上人屋面	不透明的矿物粒料
水泥砂浆	不上人屋面	20 mm 厚 1∶2.5 或 M15 水泥砂浆
块体材料	上人屋面	地砖或 30 mm 厚 C20 细石混凝土预制块
细石混凝土	上人屋面	40 mm 厚 C20 细石混凝土或 50 mm 厚 C20 细石混凝土内配 ϕ4@100 双向钢筋网片

保护层施工应待卷材铺贴完成或涂料固化成膜，并经检验合格后进行。用水泥砂浆做保护层时，表面需抹平压光；用细石混凝土作保护层时，混凝土应振捣密实，表面应抹平压光。

(2)柔性防水屋面的细部构造。防水层的转折和结束部位是防水层被切断的地方或边缘部位，是防水的薄弱环节，应特别加以处理和完善其防水。这些部位的构造处理称为细部构造。

1)泛水。泛水是指屋面与垂直面交接处的防水构造处理，是水平防水层在垂直面上的延伸。泛水的构造处理要点有以下几项：

①泛水高度不小于 250 mm，一般为 300 mm。

②立墙与屋面相交处应做成圆弧形，由于合成高分子防水卷材比高聚物改性沥青防水卷材的柔性好且卷材薄，因此找平层圆弧半径可以减小，高聚物改性沥青防水卷材的圆弧半径采用 50 mm，合成高分子防水卷材的圆弧半径为 20 mm，使卷材紧贴于找平层上，不致出现空鼓现象。

③将屋面的卷材防水层继续铺设至垂直面上，形成卷材防水，并在其下加铺附加卷材一层。

④做好泛水上口的卷材收头固定处理，防止卷材在垂直墙面上滑落。高女儿墙泛水处的防水层泛水高度大于 250 mm，泛水上部的墙体作防水处理；低女儿墙泛水处的防水层可直接铺贴或涂刷至压顶下，卷材收头应用金属压条钉压固定，并应用密封材料封严。泛水构造如图 4-19 所示。

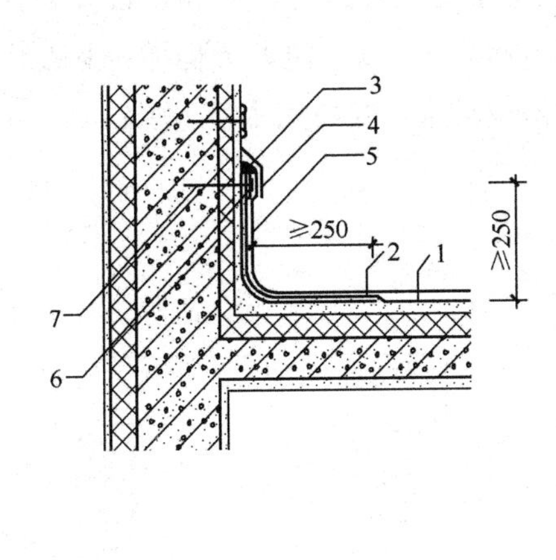

(a)

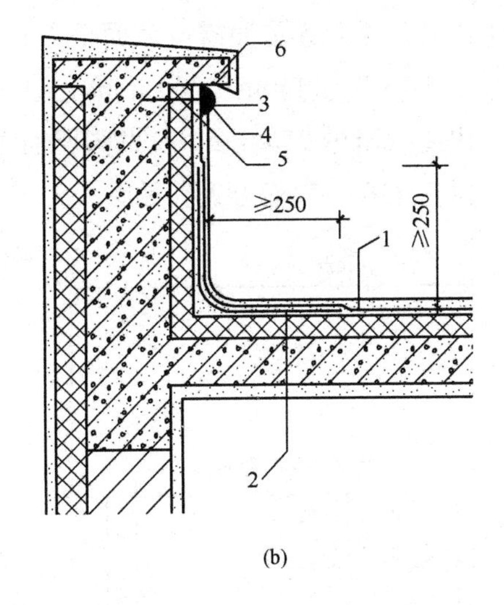

(b)

图 4-19　女儿墙泛水处理

(a)高女儿墙泛水；

1—防水层；2—附加层；3—密封材料；4—金属盖板钉；5—保护层；6—金属压条；7—水泥钉

(b)低女儿墙泛水图

1—防水层；2—附加层；3—密封材料；4—水泥钉；5—金属压条；6—保护层

2)檐口。檐口无组织排水构造的要点是檐口 800 mm 范围内卷材应采取满贴法，在混凝土檐口上用细石混凝土或水泥砂浆先做一凹槽，然后将卷材贴在槽内，将卷材收头用水泥钉钉牢，上面用防水油膏嵌填，下端作滴水处理，如图 4-20(a)所示。

有组织排水沟内转角部位找平层应做成圆弧形或 45°斜坡；檐沟和天沟的防水层下应增设附加层，附加层伸入屋面的宽度不应小于 250 mm；檐沟防水层和附加层应由沟底翻上至外侧顶部，卷材收头应用金属压条钉压，并应用密封材料封严；檐沟外侧下端应做滴水槽；檐沟外侧高于屋面结构板时，应设置溢水口，如图 4-20(b)所示。

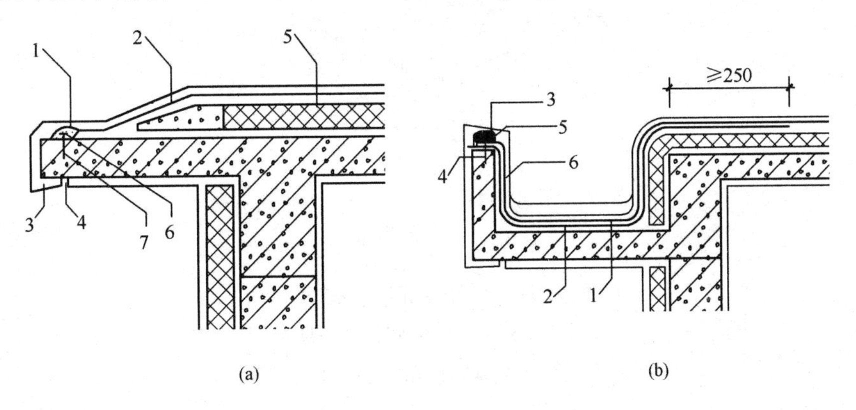

图 4-20　檐口排水做法

(a)卷材防水屋面无组织排水；(b)檐口卷材防水屋面有组织排水檐口

1—密封材料；2—卷材防水层；3—鹰嘴；4—滴水槽；5—保温层；6—金属压条；7—水泥钉

3)上人孔。不上人屋面需设屋面上人孔，以便于对屋面进行检修和设备安装。上人孔的平面尺寸不小于600 mm×700 mm，且应位于靠墙处，以方便设置爬梯。上人孔的孔壁一般应高出屋面至少250 mm，孔壁与屋面之间做成泛水，孔口用木板上加钉0.6 mm厚的镀锌钢板进行盖孔。屋面上人孔如图4-21所示。

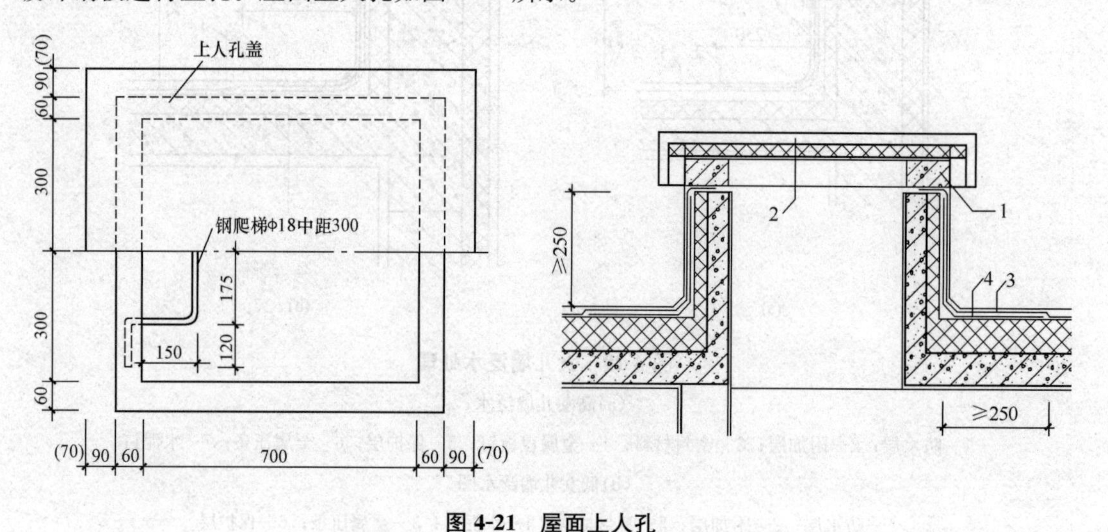

图4-21 屋面上人孔

1—混凝土压顶圈；2—上人孔盖；3—防水层；4—附加层

4)水平出入口。屋面是建筑的重要组成部分，有出入口的，是上人屋面，不上人屋面也有检修口，即上人孔。出入口主要起人员和材料的交通作用，火灾时有重要的疏散作用，一般位于步行楼梯顶端楼顶出口处。屋面水平出入口泛水处应增设附加层和护墙，附加层在平面上的宽度不应小于250 mm；防水层收头应压在混凝土踏步下，如图4-22所示。

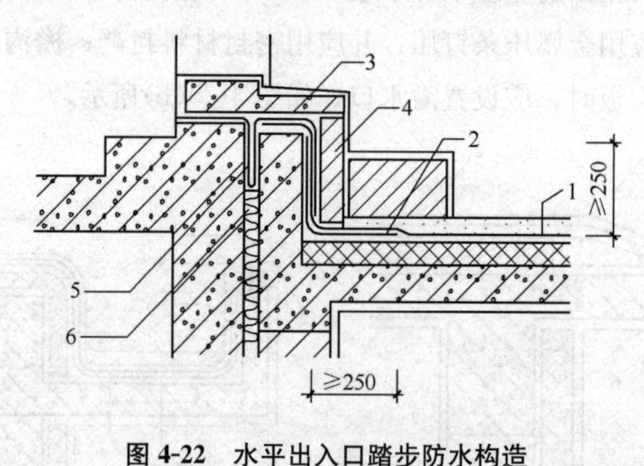

图4-22 水平出入口踏步防水构造

1—防水层；2—附加层；3—踏步；

4—护墙；5—防水卷材封盖；6—不燃保温材料

5)分格缝。分格缝又称分隔缝，是刚性防水层在大面积施工时为防止结构受外力作用、湿度变化、结构层变形等因素的影响产生的开裂和裂缝而预先留设的缝隙。

①在找平层、保护层上都应设置分格缝。

②在保温层上的找平层应留设分格缝，兼作排汽道。缝宽宜为5～20 mm，纵横缝的间

距不宜大于 6 m。

③保护层采用块体材料时，宜设置分格缝，分格缝纵横间距不应大于 6 m，分格缝的宽度宜为 20 mm；用水泥砂浆时，应设表面分格缝，分格面积宜为 36 m^2；用细石混凝土时，分格缝纵横间距不应大于 6 m。分格缝的宽度宜为 10～20 mm。

④分格缝应设置在温度变形允许的范围内和结构变形敏感的部位。一般设置不同类型的刚性防水层分格缝间距除应满足计算需要外，还应在下列部位设置分格缝：屋面结构变形敏感部位；屋脊及屋面排水方向变化处；防水层与凸出屋面结构的交接处；一般情况下，每个开间承重墙处宜设置分格缝。防水层与承重或非承重女儿墙或山墙之间应设置分格缝，并在节点构造上作适当处理。图 4-23 所示为刚性屋面分格缝。

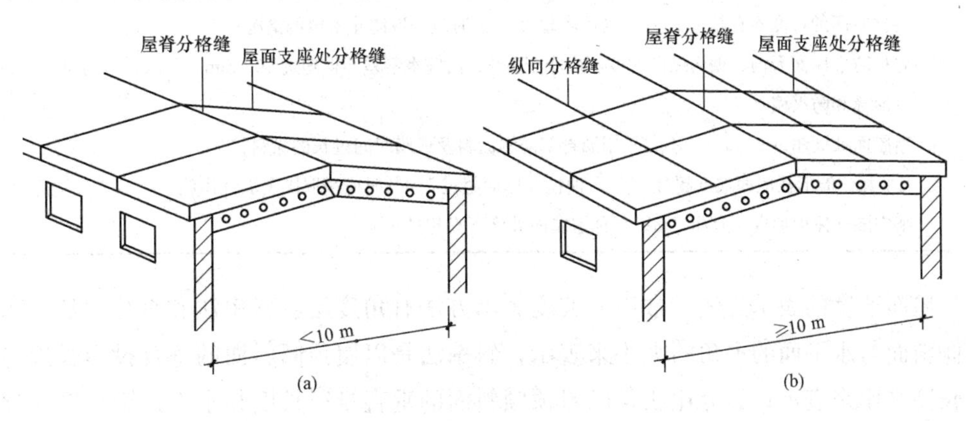

图 4-23　刚性屋面分格缝

⑤分格缝有平缝和凸缝两种。平缝适用于纵向分格缝；凸缝适用于横向分格缝和屋脊处的分格缝。分格缝的宽度为 20～40 mm，缝内嵌填防水密封材料，上部铺贴附加防水卷材，卷材宽度为 200～300 mm，如图 4-24 所示。

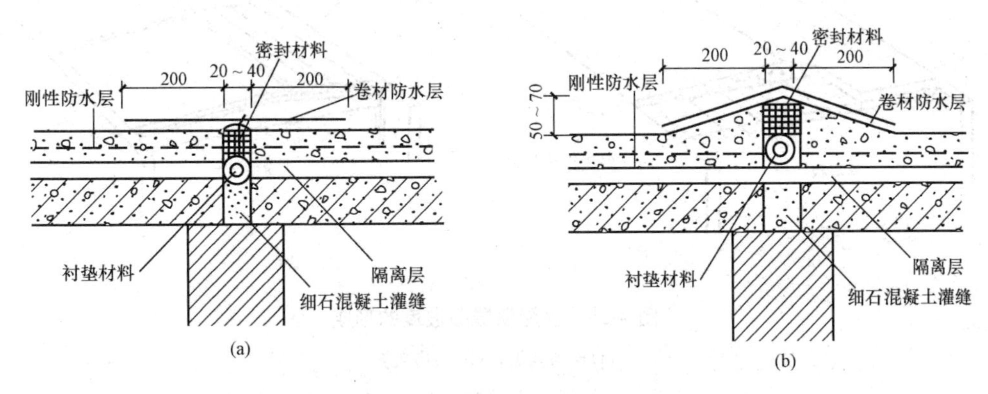

图 4-24　刚性屋面分格缝构造

(a)平缝；(b)凸缝

4. 平屋顶的排水

(1)屋面坡度及其形成。为保证雨水能尽快排除，屋面应设有一定的排水坡度。屋面排水坡度应根据屋顶结构形式、屋面基层类别、防水构造形式、材料性能及当地气候等条件确定，并应符合表 4-11 的规定。

表 4-11　屋面的排水坡度

屋面类别	屋面排水坡度/%
卷材防水、刚性防平水	≥2
平瓦	20～50
波形瓦	10～50
油毡瓦	≥20
金属屋面	10～35

注：1. 卷材屋面的坡度不宜超过 25%，当坡度超过 25%时应采取防止下滑的措施；
2. 卷材防水屋面天沟、檐沟纵向坡度不应小于 1%；沟底水落差不得超过 200 mm。天沟、檐沟排水不得流经变形缝和防火墙；
3. 当屋面坡度超过 25%时，不宜采用沥青基防水涂料及成膜时间过长的涂料；
4. 当平瓦、波形瓦屋面坡度超过 50%，油毡瓦屋面超过 150%时应采取固定加强措施；
5. 架空隔热屋面坡度不宜超过 5%，种植屋面坡度不宜超过 3%。

1)屋面坡度的表示方法。常用的坡度表示方法有角度法、斜率法和百分比法。角度法是以倾斜面与水平面的夹角的大小来表示；斜率法是以屋顶倾斜面的垂直投影长度与水平投影长度之比来表示；百分比法是以屋顶倾斜面的垂直投影长度与水平投影长度之比的百分比值来表示；平屋顶多采用百分比法；坡屋顶多采用斜率法，角度法很少采用。

2)屋面坡度的形成方法。平屋顶屋面坡度的形成方法有材料找坡和结构找坡，如图 4-25 所示。

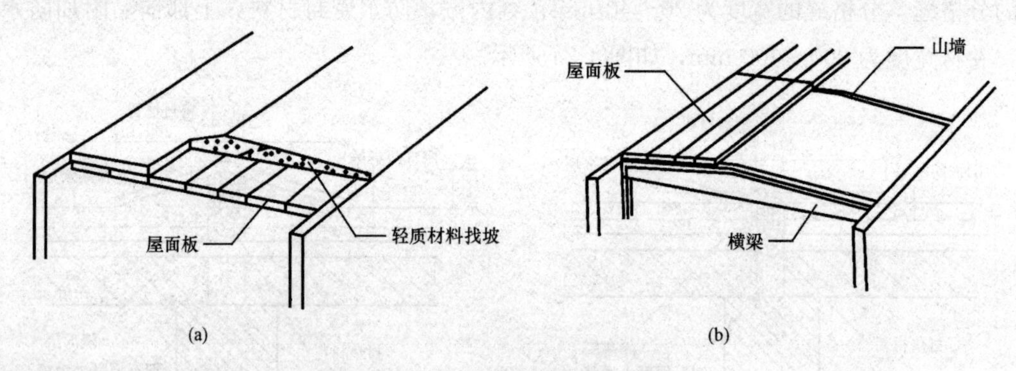

图 4-25　平屋顶屋面坡度的形成

(a)材料找坡；(b)结构找坡

①材料找坡。材料找坡也称垫置坡度，是在水平搁置的屋面板上铺设轻质材料形成屋面的排水坡度。这种找坡方式的特点是结构底面平整，容易保证室内空间的完整性，但屋面荷载加大，坡度不宜过大。在北方地区，当屋顶设置保温层时，常利用保温层兼作找坡层，但这种做法会使保温材料消耗增多，屋顶荷载和造价升高。

②结构找坡。结构找坡也称搁置坡度，是将屋面板搁置在倾斜的梁上或墙上形成屋面

的排水坡度。这种找坡方式的特点是减轻了屋面的荷载，省工省料，较为经济，但屋顶结构底面倾斜，在一般民用建筑中较少采用，多用于生产性建筑和有吊顶的公共建筑。

(2)屋顶的排水方式。屋顶的排水方式主要可分为无组织排水和有组织排水两大类。

1)无组织排水。屋面雨水经挑檐自由下落至室外地面的排水方式，称为无组织排水，也称为自由落水，如图 4-26 所示，这种排水方式构造简单，造价低，但沿檐口下落的雨水会溅湿墙脚，有风时雨水还会污染墙面。无组织排水一般用于低层或次要建筑及降雨量较小地区的建筑。

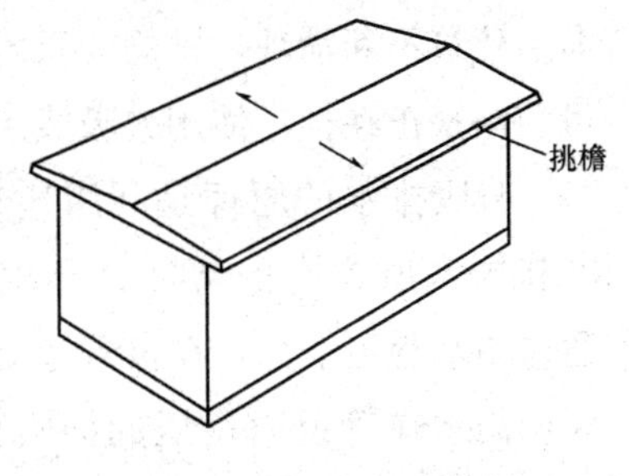

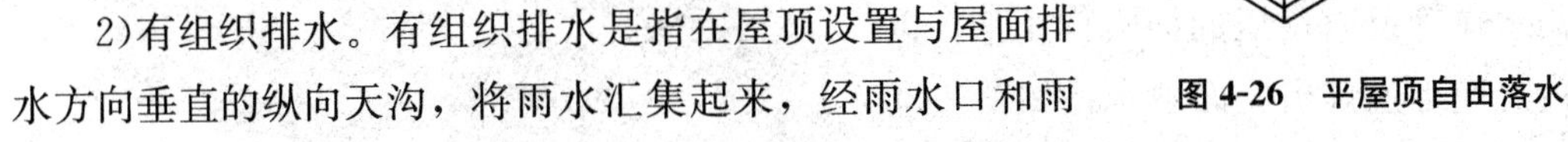

图 4-26　平屋顶自由落水

2)有组织排水。有组织排水是指在屋顶设置与屋面排水方向垂直的纵向天沟，将雨水汇集起来，经雨水口和雨水管有组织地排到室外地面或室内地下排水系统的排水方式，也称为天沟排水。有组织排水的屋顶构造复杂，造价高，但避免了雨水自由下落对墙面和地面的冲刷与污染。按照雨水管的位置不同，有组织排水可分为外排水和内排水或内外排水相结合的方式。

①外排水。外排水是屋顶雨水由室外雨水管排到室外的排水方式。这种方式构造简单，造价较低，被广泛应用。按照檐沟在屋顶的位置，外排水有挑檐沟外排水[图 4-27(a)]、女儿墙内檐沟外排水[图 4-27(b)]、女儿墙挑檐沟外排水[图 4-27(c)]、暗管外排水和长天沟外排水等方式。

②内排水。内排水是屋顶雨水由设在室内的雨水管排到地下排水系统的排水方式。这种排水方式构造复杂，造价及维修费用高，雨水管占室内空间，一般适用于大跨度建筑、高层建筑、严寒地区及对建筑立面有特殊要求的建筑。雨水管可设在跨中的管道井内，如图 4-27(a)所示，也可设在外墙内侧，如图 4-27(b)所示；当屋顶空间较大，设有较高吊顶时，也可采用内落外排的排水方式，如图 4-27(c)所示。

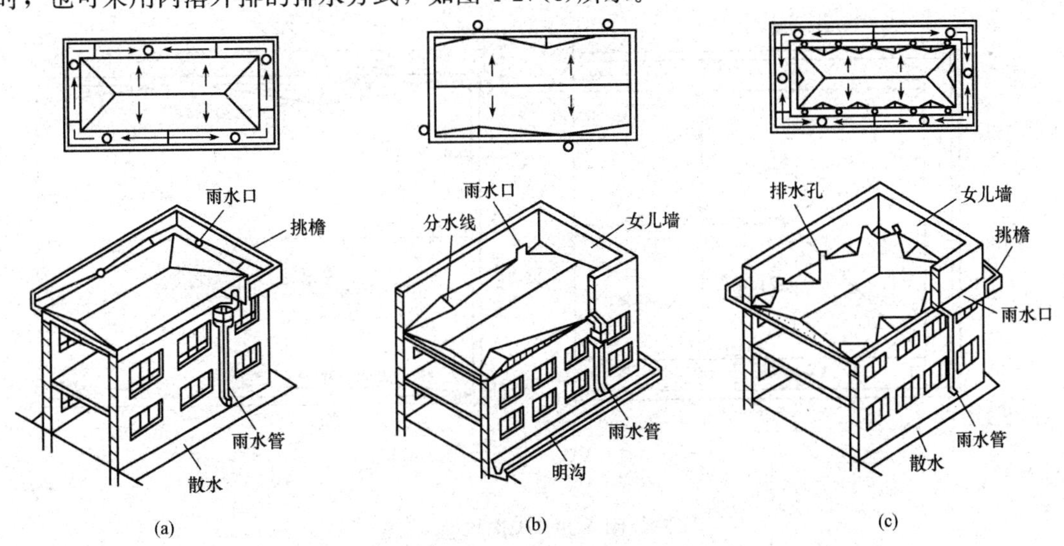

图 4-27　平屋顶有组织排水

(a)挑檐沟排水；(b)女儿墙内檐沟排水；(c)女儿墙挑檐沟排水

总之，在民用建筑中，应根据建筑物的高度、地区年降雨量及气候等其情况，恰当地选用排水方式。采用无组织排水，必须做挑檐；采用有组织排水，必须设置天沟。

目前，在屋面工程中大部分采用重力流排水，但是随着建筑技术的不断发展，一些超大型建筑不断涌现，常规的重力流排水方式就难满足屋面排水的要求，为了解决这一问题，目前国家正在推广使用虹吸式屋面排水系统。

虹吸排水的原理是利用建筑屋面的高度和雨水所具有的势能，产生虹吸现象，通过雨水管道变径，在该管道处形成负压，屋面雨水在管道内负压的抽吸作用下，以较高的流速迅速排出屋面雨水，如图4-28所示。

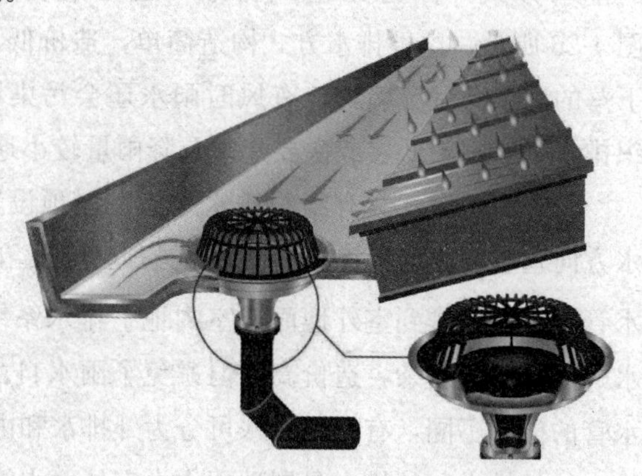

图4-28 虹吸排水示意

相对于普通重力流排水，虹吸式雨水排水系统的排水管道均按满流有压状态设计，悬吊横管可以无坡度铺设。由于产生虹吸作用时，管道内水流流速很高，相对于同管径的重力流排水量大，故可减少排水立管的数量，同时可减小屋面的雨水负荷，最大限度地满足建筑使用功能要求。

3)屋顶的排水构造。屋顶的排水构造介绍如下：

①天沟。天沟是汇集屋面雨水的沟槽，有钢筋混凝土槽形天沟(也称为矩形天沟)和在屋面板上用找坡材料形成的三角形天沟两种，如图4-29所示。当天沟位于檐口处时称为檐沟。天沟的断面尺寸应根据地区降雨量利汇水面积的大小确定，一般天沟净宽不小于200 mm，沟底的纵向排水坡度一般为0.5%～1%。

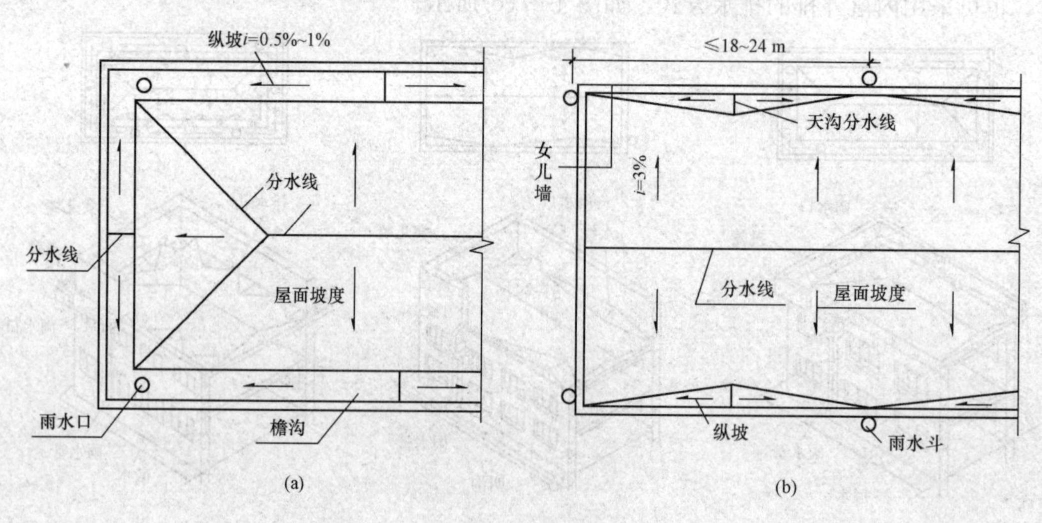

图4-29 天沟构造

(a)槽形天沟；(b)三角形天沟

②雨水口。雨水口是将天沟的雨水汇集到雨水管的连通构件，要求其排水通畅、不易堵塞、防止渗漏。可采用塑料或金属制品，金属配件均应作防锈处理；雨水口周围直径500 mm范围内坡度不应小于5%，防水层下应增设涂膜附加层；防水层和附加层伸入水落口杯内不应小于50 mm，并应粘结牢固。雨水口有直式雨水口和横式雨水口两种，如图4-30所示。

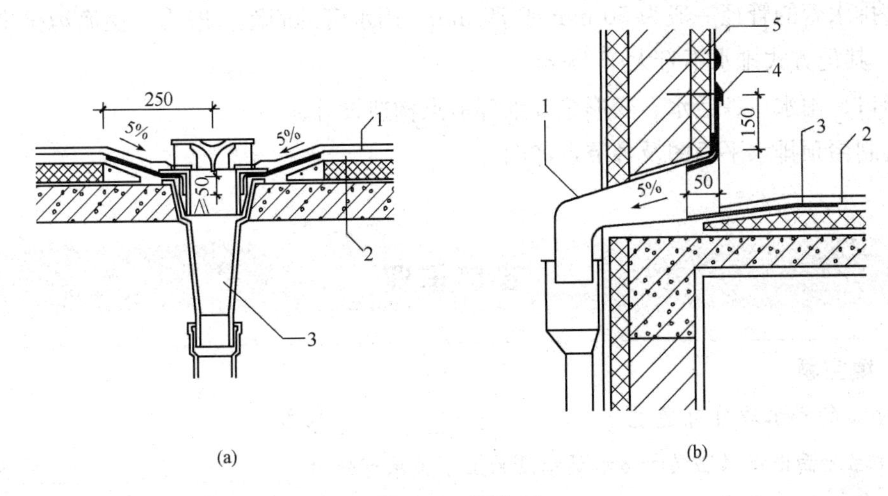

图4-30　雨水口

(a)直式雨水口；

1—防水层；2—附加层；3—水落斗

(b)横式雨水口

1—水落斗；2—防水层；3—附加层；4—密封材料；5—水泥钉

③雨水管。雨水管按材料不同有镀锌薄钢管、PVC管、铸铁管等。其直径一般有50 mm、75 mm、100 mm、125 mm、150 mm和200 mm等几种规格，一般民用建筑屋面排水中常用直径为100 mm的镀锌薄钢管和PVC管。

4)屋面排水组织设计。屋面排水组织设计的目的是迅速排除屋面雨水，使屋面不积水，减少渗水漏水的可能。其设计要求是使排水线路简捷，雨水口负荷均匀，排水顺畅。

屋面排水组织设计一般可按以下步骤进行：

①确定屋面排水坡度。屋面排水坡度的确定应综合考虑屋顶结构形式、屋面基层类别、防水构造形式、使用性质、防水材料性能与尺度及当地气候条件等因素的影响。

②确定排水方式，屋顶的排水方式应根据建筑物的高度、地区年降雨量、屋顶形式及气候等情况来确定。屋面排水宜优先采用外排水；高层建筑、多跨及集水面积较大的屋面宜采用内排水。

③划分排水区域。排水区域的划分应注意使每个排水区的面积大小均衡，一般不宜大于200 m^2，同时需要考虑雨水口的设置位置。雨水口的设置位置要尽量避开门窗洞口的垂直上方，一般设置在窗间墙部位。

④确定天沟的断面形状、尺寸及纵向坡度。天沟的断面形状有槽形和三角形两种。

一般天沟净宽不小于 200 mm，天沟上口距离分水线的垂直高度不小于 120 mm，沟底的纵向排水坡度一般为 5%～1%，卷材防水屋面沟底的纵向排水坡度不应小于 1%，沟底水落差不得超过 200 mm 天沟排水不得流经变形缝和防火墙。

⑤确定雨水管所用材料、规格和雨水管间距。目前，民用建筑屋面排水常常采用 PVC 管、PVC－U(硬塑)管和镀锌薄钢管。屋面排水雨水管的管径一般为 100 mm，阳台、露台、雨篷排水管的管径一般为 50 mm 或 75 mm。雨水管的间距一般为：桃檐沟排水不宜大于 24 m，其他方式排水不宜大于 18 m。

⑥檐口、雨水口、泛水、变形缝等细部节点构造设计。

⑦绘制屋顶排水平面图及各节点详图。

课后作业

一、填空题

1. 屋面的排水坡度可通过＿＿＿＿＿和＿＿＿＿＿形成。

2. 保温屋面根据保温层和防水层铺设的上下关系可分为＿＿＿＿＿、＿＿＿＿＿屋面。

3. 屋面防水根据采用的防水材料不同可分为＿＿＿＿＿防水和＿＿＿＿＿防水。

4. 刚性屋面为了减少结构变形对防水层的拉裂，宜在结构层与防水层间设＿＿＿＿＿层。

二、单选题

1. 下列不属于高聚物改性沥青防水卷材的是(　　)。

A. SBS 改性沥青油毡　　B. 再生胶沥青聚酯油毡

C. 铝箔塑胶聚酯油毡　　D. 三元乙丙橡胶防水卷材

2. 关于屋面无组织、有组织的排水方式中，下列说法错误的是(　　)。

A. 无组织排水方式就是自由落水，其构造简单，造价低廉

B. 有组织排水方式就是通过排水系统，将屋面积水有组织地排到地面

C. 有组织排水方式广泛用于多层及高层建筑，高标准的低层建筑和临街建筑、严寒地区的建筑多用无组织排水

D. 无组织排水方式多用于低层的中、小型建筑物或少雨地区建筑

3. 屋面泛水构造是将屋面的防水卷材继续铺至垂直墙面上，形成卷材构造，泛水高度不小于(　　)mm。

A. 200　　B. 250　　C. 300　　D. 400

三、简答题

1. 什么是无组织排水和有组织排水？它们的优点、缺点和适用范围是什么？

2. 卷材屋面的构造层有哪些？各层做法如何？

3. 刚性防水屋面为什么易开裂？为什么要设隔离层？

实训　屋顶及平屋顶实训

(1)根据图 4-31 提供的图例，使用 SketchUp 软件绘制平面屋顶构造防水层三维图，并画出屋面的防水、保温等构造层次，表明构造做法、材料、尺寸等。

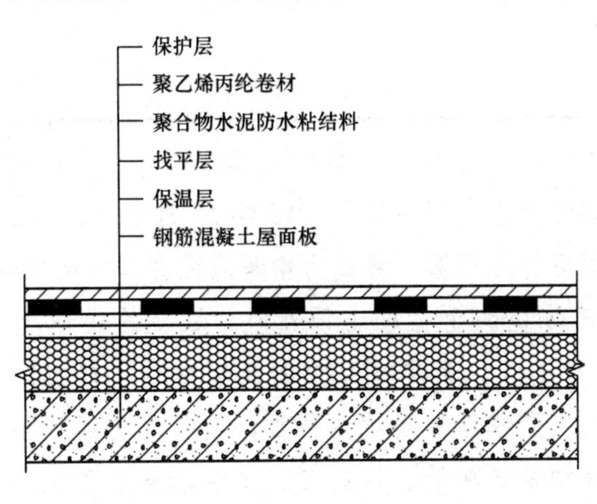

图 4-31　屋面防水构造图

(2)参照图 4-19 所示的图纸或图集使用 CAD 软件抄绘任一女儿墙卷材泛水构造节点详图，标明泛水构造做法、材料、尺寸等。

(3)参照图 4-20 所示的图纸或图集使用 CAD 软件抄绘任一檐口排水构造节点详图。

项目 5 传统木结构建筑构造认知

情境导入

天安门，坐落在中华人民共和国首都北京市的中心、故宫的南端，以其杰出的建筑艺术和特殊的政治地位为世人所瞩目。1949 年 10 月 1 日，在这里举行了中华人民共和国开国大典，由此被设计入国徽，并成为中华人民共和国的象征。

天安门城楼为我国传统的重檐歇山顶建筑，城楼的主体建筑可分为上、下两层(图 5-1)。上层是重檐歇山式，黄琉璃瓦顶的巍峨城楼，东西面阔九间，南北进深五间，取“九五”之数。天安门城楼外观稳健持重，又不失美丽的曲线，实为古代建筑中不可多得的佳作。其结构布局巧妙、建筑工艺精湛，凝聚了我国上千年来劳动人民的智慧和伟大创造，集中体现了他们高超的建筑水平和艺术表现力。它不仅是我国古代宫殿建筑史上辉煌的杰作，也是中华文明悠久历史的象征。

天安门以其 550 多年厚重的历史文化内涵，高度浓缩的中华古代文明和现代文明，以及作为新中国的象征和无与伦比的政治地位，成了世界和中国各族人民向往的地方。

图 5-1 天安门城楼

单元教学导航

<table>
<tr><td rowspan="5">项目认知任务</td><td colspan="2">认知 5.1　传统木结构建筑概述</td><td rowspan="5">项目实训任务</td><td>实训　参观校园古建筑或校外古建筑</td></tr>
<tr><td colspan="2">认知 5.2　传统木结构建筑构造</td><td>实训　参观仿古建筑施工场地</td></tr>
<tr><td colspan="2">认知 5.3　仿古建筑认知</td><td>实训　了解虚拟仿真软件 SketchUp 的基本操作</td></tr>
<tr><td colspan="2">认知 5.4　坡屋顶认知</td><td>实训　使用虚拟仿真软件进行基本任务操作</td></tr>
<tr><td colspan="2"></td><td></td></tr>
<tr><td>建议课时</td><td colspan="2">4～8 课时</td><td>建议课时</td><td>4～8 课时</td></tr>
<tr><td>任务描述</td><td colspan="4">了解传统木结构建筑的分类及构造的基本组成部分，能够判别传统古建筑的构造形式</td></tr>
<tr><td>教学载体</td><td colspan="4">教学 PPT 课件及教材相关内容；校园古建筑、校外古建园林旅游建筑</td></tr>
<tr><td rowspan="2">教学目标</td><td>知识目标</td><td colspan="3">1. 了解中国古建筑的特色与特点、建筑设计及建造的模数、施工技术分工；
2. 掌握木结构建筑的分类；
3. 了解古建筑构造的基本组成部分，掌握不同等级传统建筑构造结构形式</td></tr>
<tr><td>能力目标</td><td colspan="3">1. 能够通过学习传统木结构建筑的基础知识及分类，进行传统建筑的识别与修复；
2. 具备根据传统建筑物的营造特点来解决仿古建筑的设计建造与施工问题的能力</td></tr>
<tr><td>过程设计</td><td colspan="4">知识引导→分组学习、讨论和搜集资料→制作 PPT、集中汇报→教师点评或总结；任务布置→参观考察→学生编写实训报告→提交评价</td></tr>
<tr><td>教学方法</td><td colspan="4">结合视频和图片加以讲解的多媒体教学法、项目教学法、现场教学法</td></tr>
<tr><td>学习课时</td><td colspan="4">8～16 课时</td></tr>
</table>

认知 5.1　传统木结构建筑概述

认知 5.1.1　传统建筑认知

古建筑是指具有历史价值的、新中国成立之前的民用建筑和公共建筑，如民居、皇家建筑、宗教建筑等。其包括民国时期的建筑，其中明清时期的古建筑留存最多。我国传统古建筑历史文化悠久，具有鲜明的东方特色，是我国建筑历史文化的瑰宝，是我国传统文化的一部分。

1. 我国传统古建筑的特色

我国传统古建筑以木结构为框架，到清末延绵几千年。其优美的屋顶曲线和厚重的木梁架体系，独有的斗栱及油饰彩画(雕梁画栋)构成我国古建筑的特色。

2. 传统木结构建筑的特点

我国传统古建筑的优点是抗震性好。抗震性好的主要原因是由于木结构既有一定的刚度又有一定的柔度，很好地将地震力加以缓冲和抵消。现代框架结构建筑正是吸取借鉴了这一优点，并将其发扬光大，钢筋混凝土替代了传统木柱梁架，现在框架结构建筑占据了当前建造建筑的大部分。

木结构建筑的缺点是怕火、怕潮、怕腐蚀、怕虫蛀。以上问题解决了就可以大量使用，特别是国家在装配式建筑里面就提到了装配式木结构建筑的使用，现在多适用于木材多产地区。

3. 木结构建筑的设计模数

传统木结构建筑是中国早期的装配式建筑典范。以清式建筑为例，根据一定的模数即柱径和斗口计算各构件尺寸。带斗栱的大式建筑用斗口计量；不带斗栱的小式建筑用柱径计量。先在木工厂将原木按照模数尺寸生产加工成各种部件和构件，然后运至建筑工地现场拼装，施工速度快，现场无污染。这可以说是我国早期的装配式木结构建筑。

4. 传统木结构建筑施工技术分工

传统木结构建筑的施工分工明确，各负其责。清代分八大作，即建造工程由八个部门来分工合作完成。八大作分别是：木作、石作、瓦作、土作、油漆作、彩画作、裱糊作、搭材作。

(1)木作可分为大木作、小木作。小木作负责古建木构架施工，范围较广，包括门窗、槅扇、飞罩、天花板等装修制作；大木作负责柱、梁、枋、垫板、斗栱、屋架、檩三件(檩、垫板、枋)、椽、望板、挑山博风板等的制作。

(2)石作负责台基、山墙、门石槛石、须弥座、台阶等的石料加工成型及安装在一座建筑里，往往砖石混用，以致可以相互代替，如台基和墙体，石作负责古建的石构件部分的施工，如台基、台明、地面、桥体等。

(3)瓦作负责古建屋顶、墙体、砖地面等黏土类材料的施工。

(4)土作负责基础从挖地槽到夯土、填土、灰土土层处理、内里填厢等各个环节的工作。

(5)油漆作负责对门窗、柱子、大门等木构件的油饰施工。

(6)彩画作负责在木构件上绘制装饰彩画，彩画不仅美观，还能保护木构件。

(7)裱糊作就是在顶棚、窗户或槅扇上糊纸或锦缎。

(8)搭材作负责施工过程中脚手架的搭建和拆除。

认知 5.1.2　传统木结构建筑的分类

1. 按屋顶样式分

木结构建筑按屋顶样式可分为庑殿顶、歇山顶、悬山顶、硬山顶、卷棚歇山顶、攒尖顶、盝顶等，如图 5-2 所示。

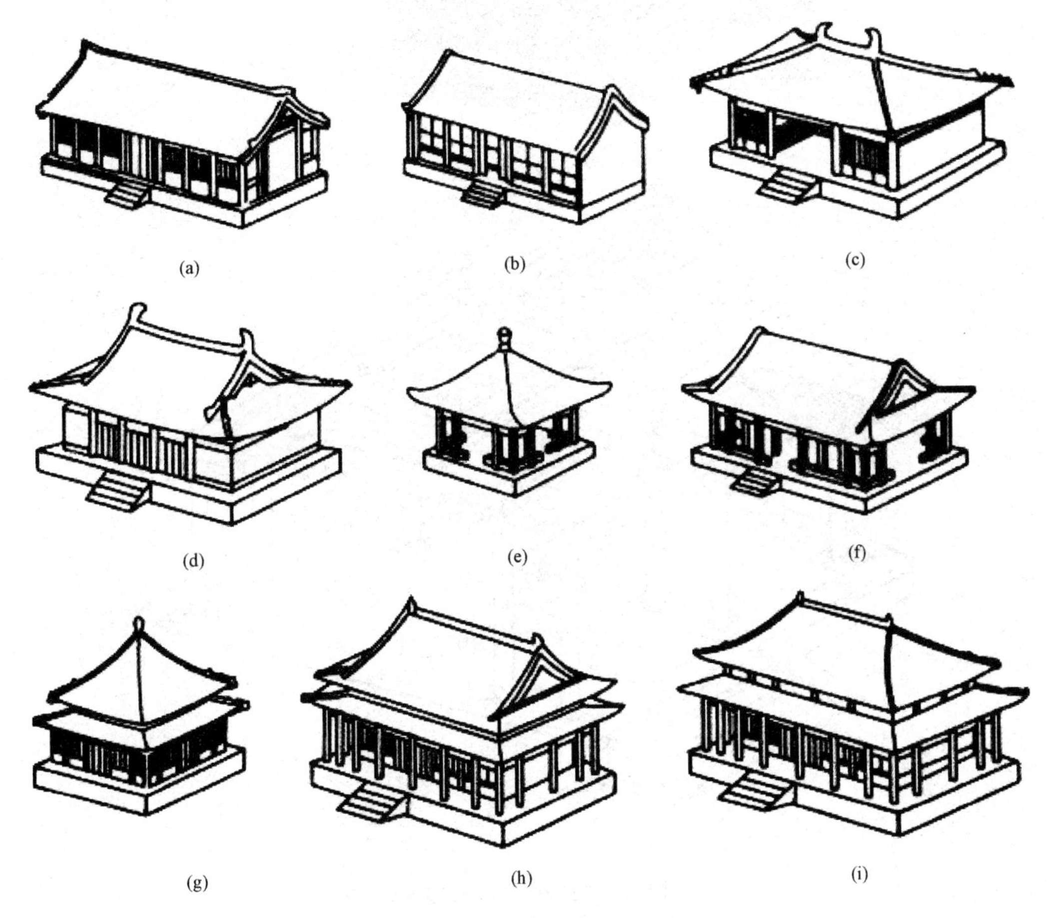

图 5-2　木结构建筑屋顶分类

(a)悬山顶；(b)硬山顶；(c)庑殿顶；(d)歇山顶；(e)攒尖顶；

(f)卷棚歇山顶；(g)重檐攒尖；(h)重檐歇山；(i)重檐庑殿

2. 按有无斗栱分

木结构建筑按有无斗栱可分为大式建筑和小式建筑。

清代大式建筑一般是指建筑规模较大、等级较高、构造复杂、做工精细，多为带斗栱的建筑；小式建筑一般是指建筑规模较小、等级较低、构造简单、不带斗栱的建筑。大式建筑大多数有斗栱；小式建筑一般无斗栱，如图 5-3 和表 5-1 所示。

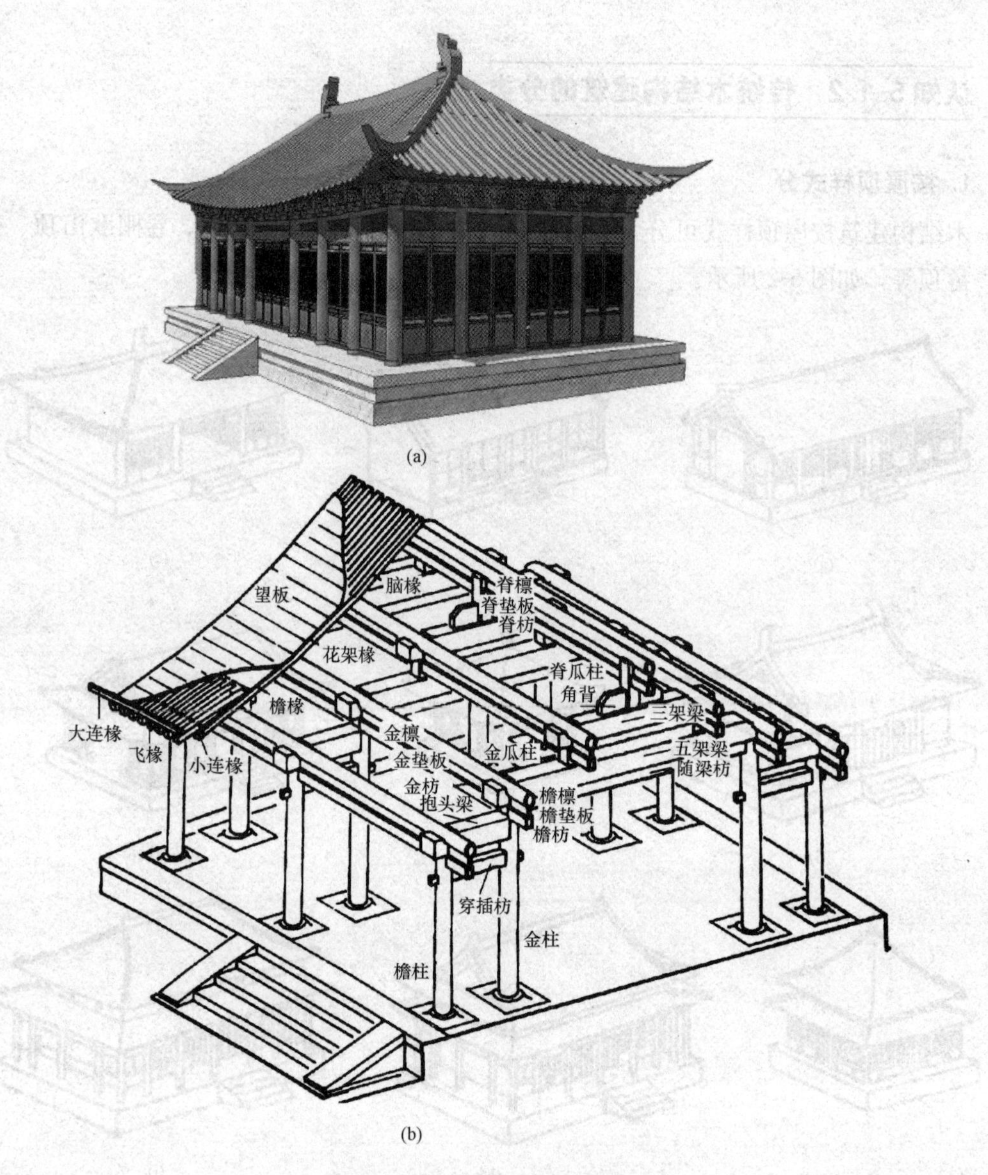

图 5-3　大式建筑和小式建筑

(a)大式建筑；(b)小式建筑

表 5-1　大式建筑和小式建筑木构架方面的区别

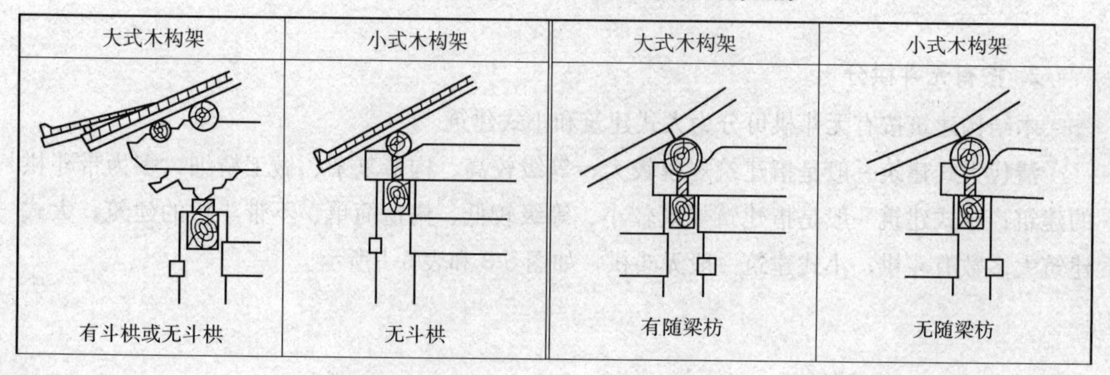

大式木构架	小式木构架	大式木构架	小式木构架
有斗栱或无斗栱	无斗栱	有随梁枋	无随梁枋

续表

大式木构架	小式木构架	大式木构架	小式木构架
有飞椽	无飞椽	有角背	无角背
有扶脊木	无扶脊木	节点复杂	节点简单

3. 按架构形式分

木结构建筑按架构形式可分为北方的抬梁式建筑和南方的穿斗式建筑，以及干栏式建筑和井干式建筑。

抬梁式常见于官式和北方民间建筑；穿斗式常见于中国南方，如四川、湖南及长江中下游各省；干栏式常见于西南少数民族民居(傣族民居)；井干式常见于东北、西南多木地区民居，如图 5-4 所示。

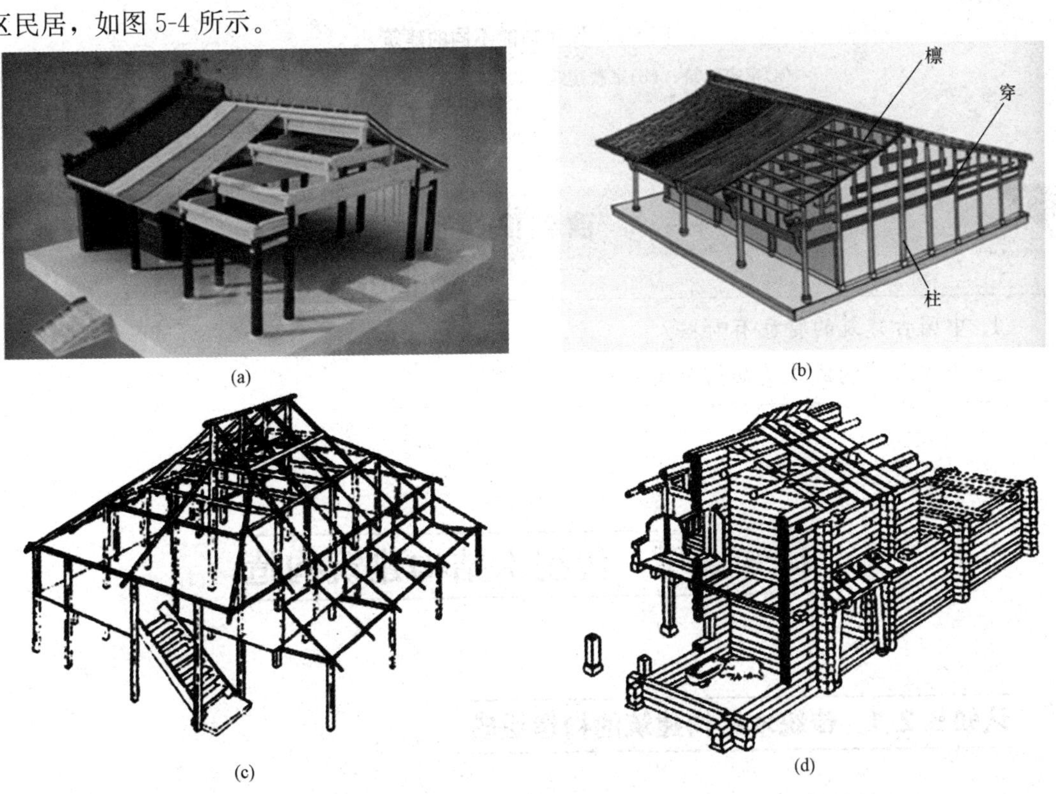

(a) (b) (c) (d)

图 5-4　架构形式不同的建筑

(a)北方的抬梁式建筑；(b)南方的穿斗式建筑；(c)干栏式建筑；(d)井干式建筑

4. 按使用功能分

本结构建筑按使用功能可分为皇家建筑、宗教建筑、民用建筑(住宅、四合院)、园林建筑(亭台楼阁)等，如图 5-5 所示。

(a)　(b)　(c)　(d)

图 5-5　使用功能不同的建筑

(a)皇家建筑；(b)宗教建筑；(c)四合院建筑；(d)园林建筑

课后作业

1. 中国古建筑的特色有哪些?
2. 传统木结构建筑是如何分类的?

认知 5.2　传统木结构建筑构造

认知 5.2.1　传统木结构建筑的构造组成

传统木结构建筑的构造由三大部分组成，即“三分式建筑”：台基、屋身、屋顶。下分：基础、台基、地面；中分：屋身；上分：屋顶。

1. 基础

基础是建筑物的底部承重部分，承受着建筑柱子或墙体上部传来的荷载，是建筑物保持稳定的重要部分。古建筑基础是指木柱以下部分，包括柱基础、磉墩和台基部分，一般也将磉墩以下的人工地基计算在基础之内。传统建筑一般是浅基础。古建筑施工时，对基础的埋置深度、土质、牢固程度、施工做法都有着严格的要求。

2. 台基

台基即基座。台基是基础的地面部分，又称台明，是全部建筑的基础，是中国古建筑中的一个主要特征，在传统建筑里是特别发达的一部分，是建筑上的重要等级标志，有着悠久的历史。

按台基的形式可分为以下内容(图 5-6)：

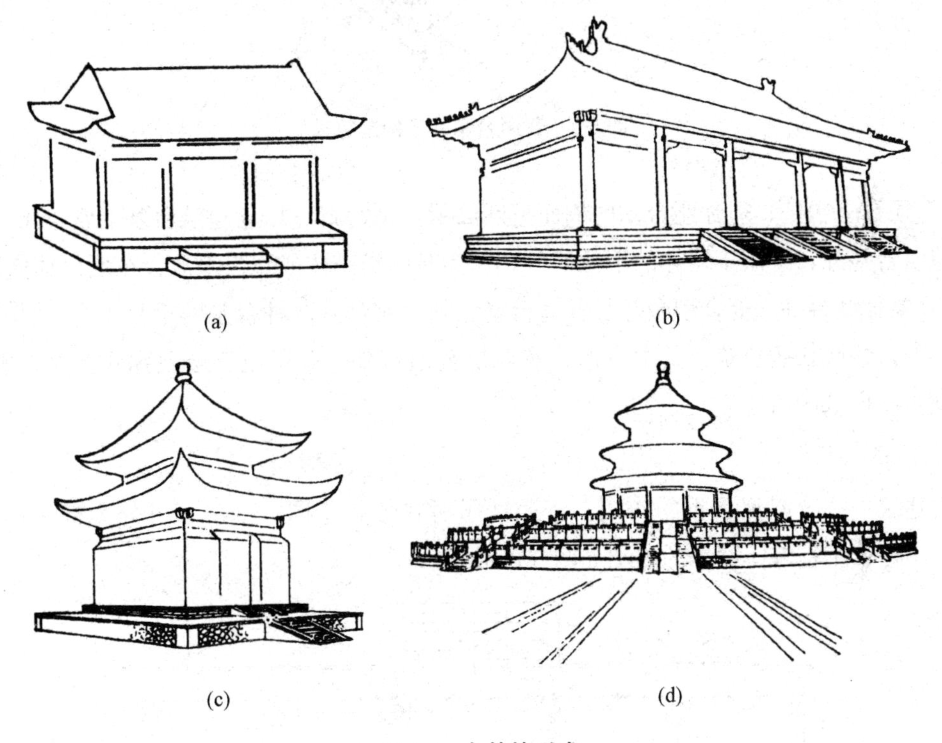

图 5-6　台基的形式

(a)普通台基；(b)须弥座台基；(c)复合型台基(普通台基的重叠)；

(d)复合台基(须弥座台基重叠)

(1)普通台基。普通台基一般为长方形，是普通房屋建筑台基的通用形式。

普通台基的构造是四面砖墙、上压阶条石、里面填土、上面墁砖的台子。柱础又称为柱顶石，下方砖砌磉墩。柱子立在柱顶石上，柱顶石则放在磉墩上。磉墩下方打灰土，磉墩间的土墙称为拦土墙。室外台阶则由踏跺、燕窝石、垂带、象眼等组成。硬山、悬山等建筑的普通台基，如图 5-7 所示。

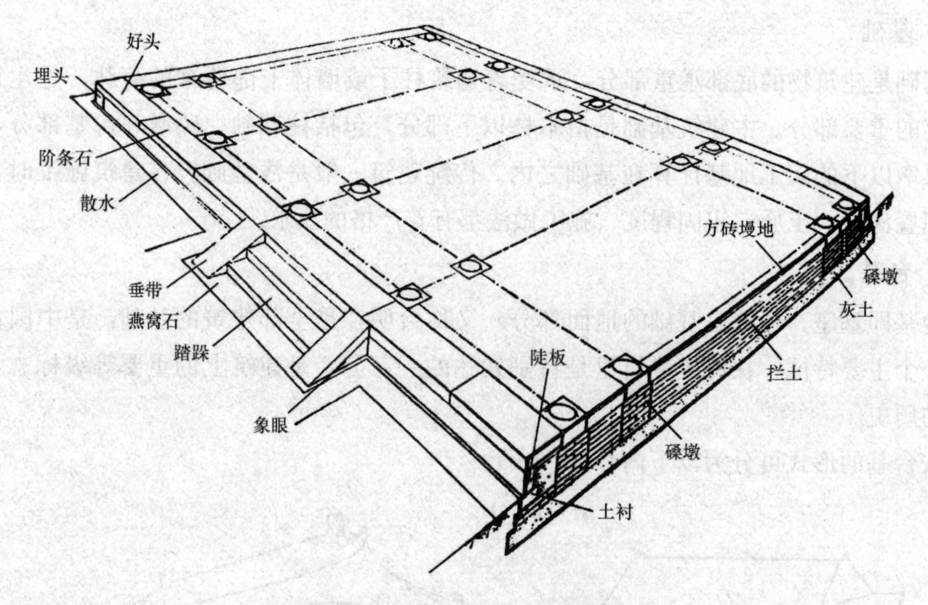

图 5-7 普通台基基座构造组成

(2)须弥座台基。须弥座台基的侧面呈凹凸状，是宫殿、坛庙建筑台基的常见形式，除用于建筑台基外，还用于墙体的下碱部位，作为基座类砌体或作为水池、花坛单独使用。

(3)复合型台基。复合型台基是普通台基、须弥座台基两种台基的重叠复合。其用于比较重要的宫殿或坛庙建筑。其组合形式有双层普通台基、双层或三层须弥座台基、普通台基与须弥座台基的组合。

3. 柱子

古建筑中柱子起到承重的作用。按照柱子所在位置不同，基本上可分为檐柱、金柱、角柱、中柱、山柱等。柱子的种类如图 5-8 所示。

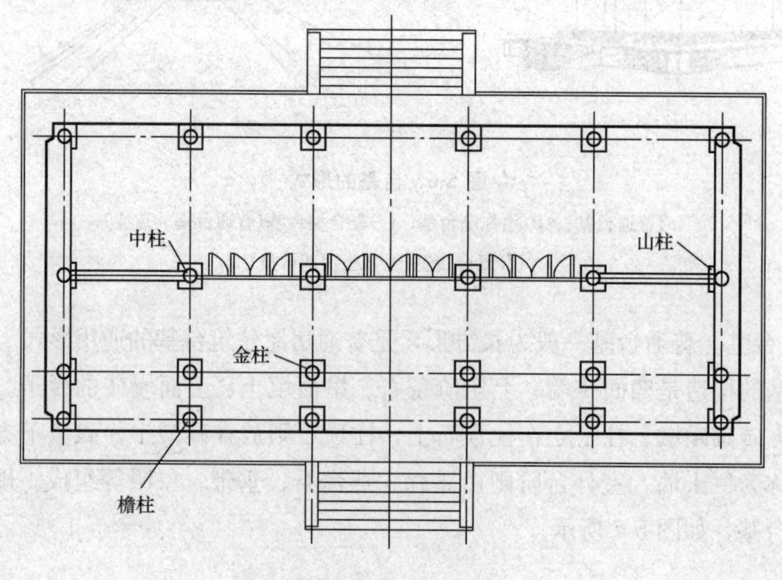

图 5-8 柱子的种类

(1)檐柱。位置在建筑物的最外侧，面向室外，屋檐质量全由檐柱支承。

(2)金柱。即檐柱以内的柱子，全部在室内，并且不在纵轴线上。金柱有里外之分，距离檐柱最近的是外金柱，远的是里金柱。

(3)角柱。在建筑物的四个角上，起到支持屋角上檐重量的柱子。

(4)中柱。在建筑物的纵轴线上，位于室内，柱的上端正在屋脊中线以下，但不在山墙之内。

(5)山柱。同中柱，但在山墙的正中。

(6)童柱。竖立在横梁或扒梁之上，下端不接地，与其他柱的作用相同。

(7)攒金柱。应用于重檐建筑物，在金柱的位置之上，高出下檐，起到支承上檐的作用。

(8)擎檐柱。一般用在双层檐的建筑上，柱子的下端立在下层檐上的平座上，起到支撑挑檐的作用。

4. 斗栱

斗栱是我国古建筑独有的构件。其由坐斗、瓜拱、万拱、昂、三才升等构件组成，形成斗栱的基本造型，汉唐斗栱硕大宏伟，明清斗栱繁杂细腻，各有千秋，如图 5-9 所示。

明清斗栱按其所在位置，基本上可分为平身科斗栱、柱头科斗栱、角科斗栱三种。

(1)平身科斗栱：位于柱子之间的平板枋上。

(2)柱头科斗栱：位于柱子上方的平板枋上。

(3)角科斗栱：位于角上柱子上方的平板枋上。

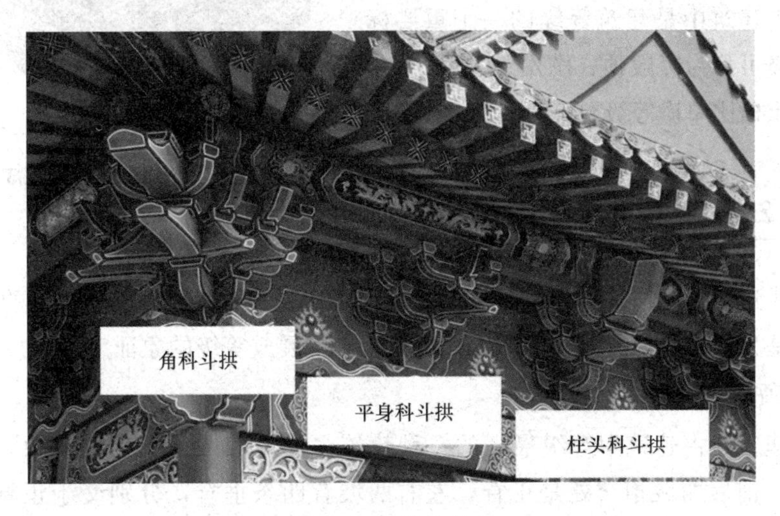

图 5-9　斗栱的种类

5. 墙体

在古建筑中墙体基本上不承重，主要起到围护、保温隔热的作用。墙体按所在位置不同，基本上可分为槛墙、山墙、檐墙等，如图 5-10 所示。

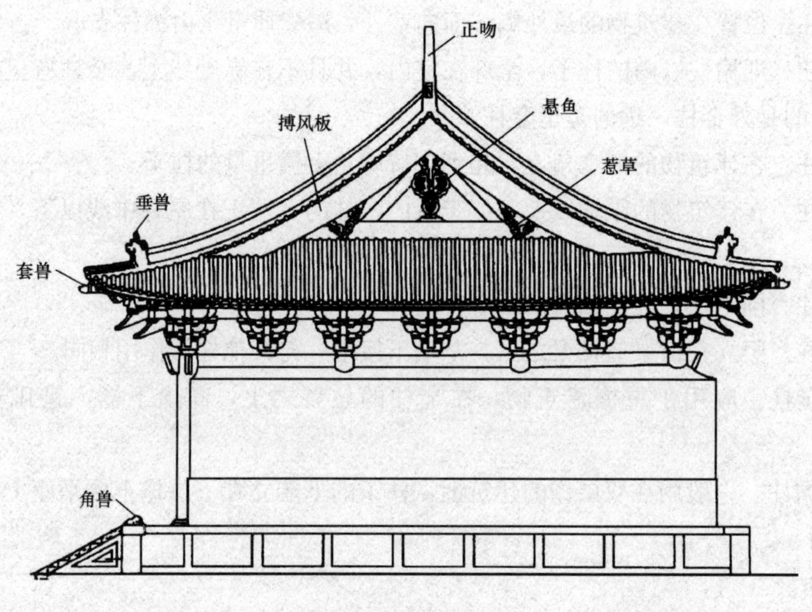

图 5-10　墙体的种类

6. 梁架

梁架是古建筑中上部的主要承重部分，由梁枋、瓜柱、檩条、椽子、望板等组成，如图 5-11 所示。

图 5-11　梁架的组成

7. 屋顶

屋顶在古建筑中是建筑等级的一个重要标志。其按等级可分为庑殿顶、歇山顶、悬山顶、硬山顶等。重檐比单檐等级要高。

认知 5.2.2　不同等级建筑构造认知

我国古代建筑的屋顶被称为中国建筑的冠冕，最显著的特征是屋顶流畅的曲线和飞檐，最初的功能是为了快速排泄屋顶的积水，后来逐步发展成等级的象征。

1. 庑殿顶建筑构造

庑殿顶建筑是古建筑中等级最高的一种建筑样式，庑殿顶又称四阿顶，五脊四坡式又称五脊顶。前后两坡相交处是正脊，左右两坡有四条垂脊，分别交于正脊的一端。庑殿顶可分为单檐和重檐两种。重檐庑殿顶，是在庑殿顶之下，又有短檐，四角各有一条短垂脊，共九脊。重檐庑殿顶庄重雄伟，是古建筑屋顶的最高等级，多用于皇宫或寺观的主殿，如故宫太和殿就是重檐庑殿顶，是等级最高的，开间十一间，带有三个汉白玉栏杆的台基座，整座建筑拔地而起，气势恢宏，体量巨大。其他有曲阜孔庙大成殿等，如图 5-12 所示。

(a)

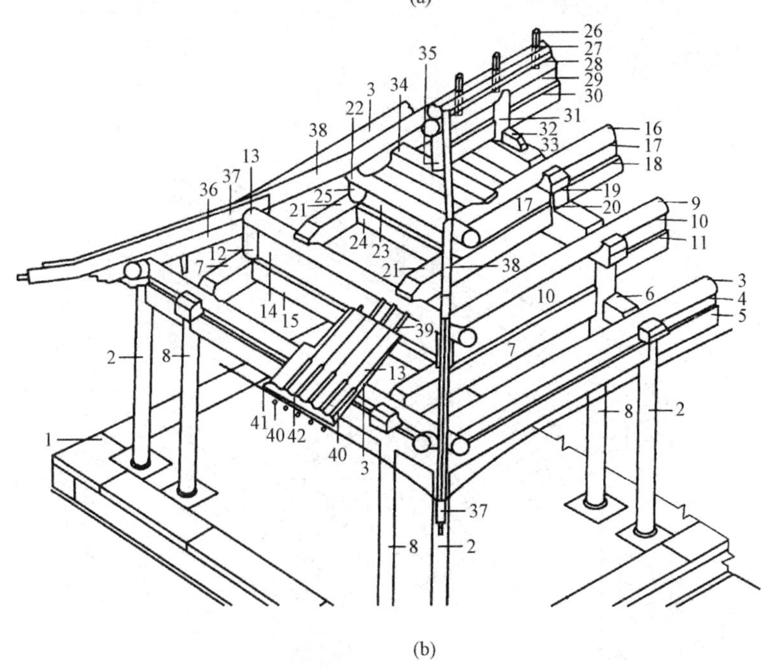

(b)

图 5-12　庑殿顶

(a)重檐庑殿顶——太和殿；(b)庑殿顶构造

1—台基；2—檐柱；3—檐檩；4—檐垫板；5—檐枋；6—抱头梁；7—下顺扒梁；8—金柱；9—下金檩；10—下金垫板；11—下金枋；12—下交金瓜柱；13—两山下金檩；14—两山下金垫板；15—两山下金枋；16—上金檩；17—上金垫板；18—上金枋；19—柁墩；20—五架梁；21—上顺扒梁；22—两山上金檩；23—两山上金垫板；24—两山上金枋；25—上交金瓜柱；26—脊桩；27—扶脊木；28—脊檩；29—脊垫板；30—脊枋；31—脊瓜柱；32—角背；33—三架梁；34—太平梁；35—雷公柱；36—老角梁；37—仔角梁；38—由戗；39—檐椽；40—飞檐椽；41—连檐；42—瓦口

2. 歇山顶建筑构造

歇山顶又称九脊顶，有一条正脊、四条垂脊、四条戗脊。前后两坡为正坡，左右两坡为半坡，半坡以上的三角形区域为山花。重檐歇山顶等级仅次于重檐庑殿顶，多用于规格很高的殿堂中，如故宫的天安门、太和门、保和殿、钟楼、鼓楼等。一般的歇山顶应用非常广泛，但凡宫中其他诸建筑，以及祠庙社坛、寺观衙署等官家、公共殿堂等都用歇山顶，如图 5-13 所示。

(a)

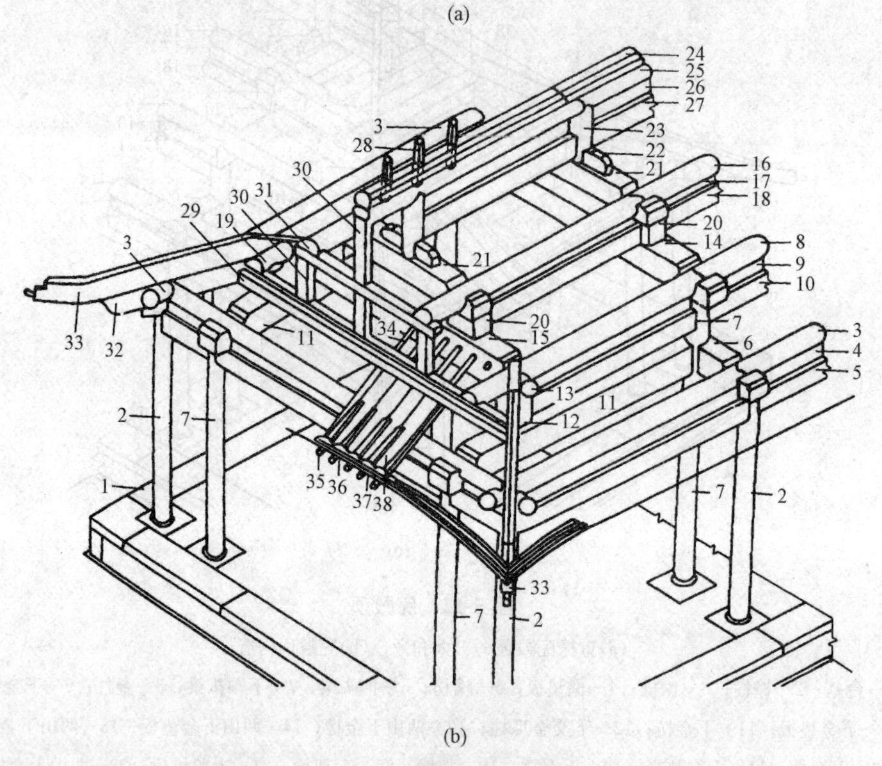

(b)

图 5-13　歇山顶构造

(a)重檐歇山顶——天安门；(b)歇山顶构造

1—台基；2—檐柱；3—檐檩；4—檐垫板；5—檐枋；6—抱头梁；7—金柱；8—下金桿；9—下金垫板；10—下金枋；11—顺扒梁；12—交金墩；13—假桁头；14—五架梁；15—踩步金；16—上金檩；17—上金垫板；18—上金枋；19—挑山；20—柁墩；21—三架梁；22—角背；23—脊瓜柱；24—扶脊木；25—脊檩；26—脊垫板；27—脊枋；28—脊桩；29—踏脚木；30—草架柱子；31—穿梁；32—老角梁；33—仔角梁；34—檐椽；35—飞檐椽；36—连檐；37—瓦口；38—望板

3. 悬山顶建筑构造

悬山顶又称挑山顶，有五脊二坡。屋顶两侧伸出山墙之外，并由下面伸出的桁(檩)承托。因其桁(檩)悬挑出山墙之外，故名“挑山”“悬山”。悬山顶四面出檐，也是两面坡屋顶的早期做法，但在我国重要的古建筑中不被采用，如图 5-14 所示。

(a)

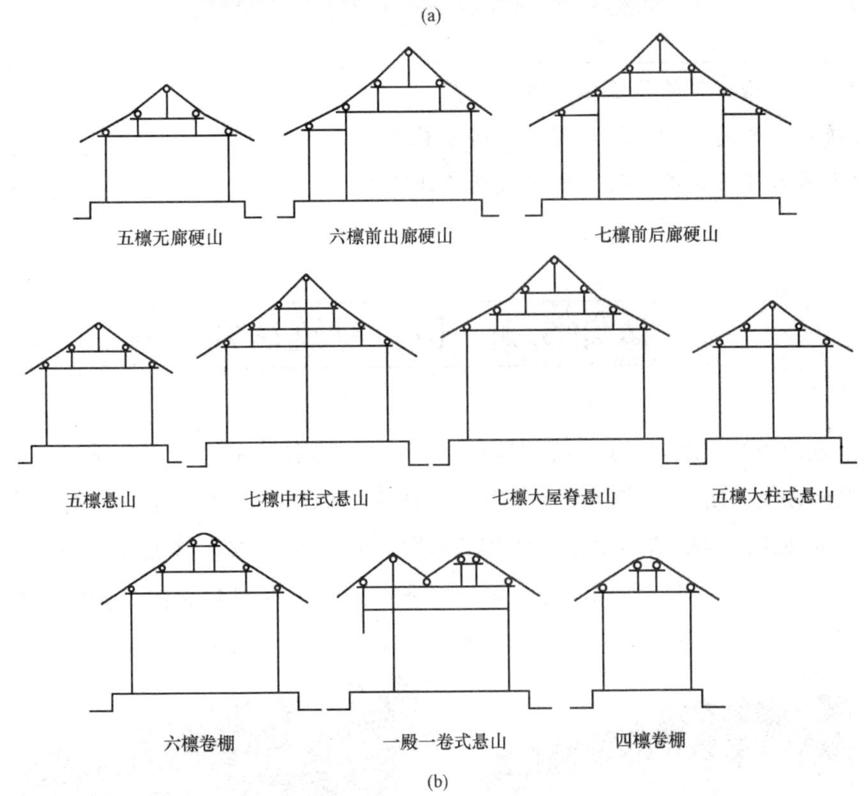

(b)

图 5-14　悬山顶构造

(a)悬山顶建筑；(b)悬山顶建筑构造

4. 硬山建筑构造

硬山建筑是古建筑中等级较低的建筑，多用在四合院、农村建筑，故宫中等级较低的房屋也有，如图 5-15 所示。

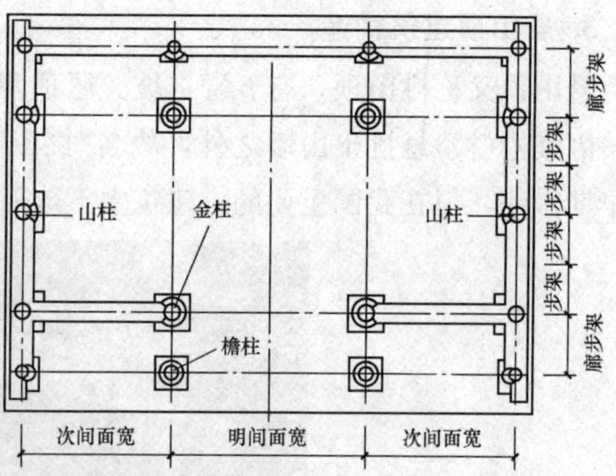

图 5-15　硬山建筑

课后作业

1. 传统木结构建筑的构造组成有哪些？
2. 传统木结构建筑屋顶的类型是如何分类的？
3. 试列举古建筑构造中的 5 种不常见的部件。

认知 5.3　仿古建筑认知

随着旅游经济的发展，各地名胜古迹重建不少，特别是文化历史名城的建设，对仿古建筑的需求量较大。仿古建筑的设计本着节约成本的原则，基本上是“外古内新”，即外部装修采用传统做法，内部结构采用现代钢筋混凝土做法。外部装修如外墙、墀头、外挂楣子、槅扇门窗、外部柱子、外部檐椽、屋顶等皆采用传统材料和做法，如图 5-16(a)所示；内部梁柱、屋架、屋面板均采用钢筋混凝土结构施工做法，如图 5-16(b)所示。

(a)

(b)

图 5-16　仿古建筑构造施工做法

(a)外部装修采用传统木装修做法；(b)内部采用现代框架结构做法

1. 青州宋城项目介绍

宋城是青州市打造古城风貌的第一个城建项目，由上海同济大学规划设计研究院进行总体规划和设计，以万年桥为中心，位于青云桥以西，万年桥以东，南阳河北岸，坐落于山东青州市最繁华的商业中心区，总面积约占地 215 亩，总建筑面积为 10 万 m^2。宋城是集文化旅游、餐饮、商贸、娱乐为一体的大型仿古建筑群，主要以安定城为主的古建筑商业休闲文化娱乐区和安定府为主的古建文化四合院两大主题版块构成。按照画家张择端《清明上河图》中的内容和建筑风格规划布局，在南阳河上一公里多长的“宋城”范围内，恢复历史上的虹桥、表海亭、归来堂、商业店铺、风俗表演等场所，充分展示宋朝辉煌的文化和民风习俗，将其打造成为青州历史文化的一个新亮点。

在河滨路中心，恢复地标性建筑宋代安定门。商住区内有古建筑四合院，它有着强烈的设计倾向性，它重视传统的强烈个性标示着其核心价值——一种近于诗意、现代与传统完美结合的居住形态。在设计中体现古韵，在居住空间各个方面不断提及、强化。宋城自 2009 年 3 月动工建设，2010 年 10 月月底整个项目基本竣工，2011 年交付使用，规划图如图 5-17 所示。

图 5-17　青州宋城规划图

2. 宋城建筑大致概况

(1)建筑类型：仿宋代古建筑。

(2)结构：框架结构。

(3)层数：1～3 层低层建筑。

(4)承重：框架梁板柱。

(5)基础：独立基础、条形基础、筏形基础。

(6)墙体：红砖或多孔砖；混凝土砌块。

(7)屋顶：坡屋顶。

3. 宋城建筑的构成

宋城主要由安定门、古塔、沿街楼、临水园林建筑、商住区四合院等建筑构成，如图 5-18 所示。

(a)　(b)　(c)　(d)　(e)　(f)

图 5-18　青州宋城建筑类型

(a)宋城规划建筑模型；(b)大戏台；(c)古塔；
(d)四合院；(e)临水园林建筑；(f)沿街楼

4. 宋城建筑——四合院硬山建筑为例

外古内新法是指外部装修采用传统做法，内部结构采用现代做法。外部装修如外墙、墀头、外挂楣子、槅扇门窗、外部柱子、外部檐椽、屋顶等皆采用传统材料和做法；内部梁柱、屋架、屋面板均采用钢筋混凝土结构施工做法，如图 5-19 所示。

图 5-19　青州宋城四合院建筑类型

(1)基础：一般采用条形基础、筏形基础、独立基础。解决了多层仿古建筑由于自身屋架荷载质量重，地基不均匀沉降造成墙体开缝等弊端，如图 5-20 所示。

图 5-20　井格基础、独立基础

(2)建筑结构——钢筋混凝土框架结构代替传统木结构。框架柱、框架梁、楼板、楼梯皆为现浇钢筋混凝土，施工速度快，整体结构好，如图 5-21 所示。

(3)墙体——红砖或加气混凝土砌块填充墙。框架结构建筑的墙体为红砖或加气混凝土砌块填充墙，不承重，仅起到围护、分割空间、隔热保温、隔声的作用，如图 5-22 所示。

1)外墙处理：贴近框架柱和填充墙外围再砌筑全顺式仿古青砖墙，或贴仿古青砖墙面砖，如图 5-23 所示。

图 5-21　仿古建筑钢筋混凝土框架结构代替传统木结构

(a)一楼框架结构——钢筋混凝土梁板柱；(b)二楼框架结构——钢混梁板柱、外檐木结构；
(c)屋顶梁架用钢筋混凝土替代传统木构架；(d)整体屋架结构形式

图 5-22　仿古建筑填充墙

(a)

(b)

图 5-23　外墙处理

(a)砌筑全顺式仿古青砖；(b)贴仿古青砖墙面砖

2)山墙墀头：山墙外围与屋顶檐子相接处，有一装饰性外挑部分，称为墀(chi)头，如图 5-24 所示。

3)铃铛排山：在硬山的博缝上方排列滴水瓦片，形似铃铛，用于山墙排水，故称铃铛排山，如图 5-25 所示。

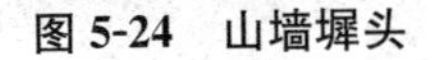

图 5-24　山墙墀头

图 5-25　铃铛排山

(4)门窗。传统建筑的木制门窗常见的有板门、撒带门、棋盘门、攒边门、风门、槅扇，还有槛窗、支摘窗、门连窗、漏窗等样式，其中以槅扇最为常见。槅扇的基本形状是用木料制成门框，木框内可分为三部分，上为隔心，这是用来采光与通风的主要部分，所以用木棂条组成格网，用纸贴糊或安装玻璃以避风雨；中为绦环板，因为绦环板接近人的视线，所以多在上面刻有浅浮雕木雕装饰；下为裙板，如图 5-26 所示。在宫殿、寺庙等大型殿堂上往往在正面所有立柱之间全部安装这类槅扇门。两柱之间的下半段用砌砖墙，称为槛墙。槛墙上方安装槅扇，则称为槅扇窗，它只有槅扇上部的格心与绦环板部分。

在大多数住宅和一般建筑上用槅扇门窗的不多，它们多用板门和单扇或双扇的木窗，窗的外形有长方、正方、固形、多角形等，窗上都有各种形式的木棂格，组成为丰富多彩的极富装饰效果的门窗系列。

(5)屋顶。屋顶施工较传统施工简单，工序少，在现浇屋面上方平摊使用素混凝土进行粘贴压实瓦面即可，如图 5-27 所示。

图 5-26　仿古建筑木制门窗

图 5-27　工人师傅正在铺设瓦面

（6）瓦件。在古建筑中，屋顶使用瓦片用于坡屋顶的排水，根据建筑的等级高低，瓦的形制也不一样。皇家建筑一般使用烧制的琉璃瓦，效果富丽堂皇，显示皇家气派，平民一般使用青砖灰瓦。琉璃瓦的颜色有多种，如黄琉璃瓦、蓝琉璃瓦、绿琉璃瓦等，故宫乾隆花园里有一亭子为紫琉璃瓦，据说紫色琉璃瓦的烧制工艺方法已失传，常见瓦件如图 5-28 和图 5-29 所示。

图 5-28　硬山屋顶瓦面

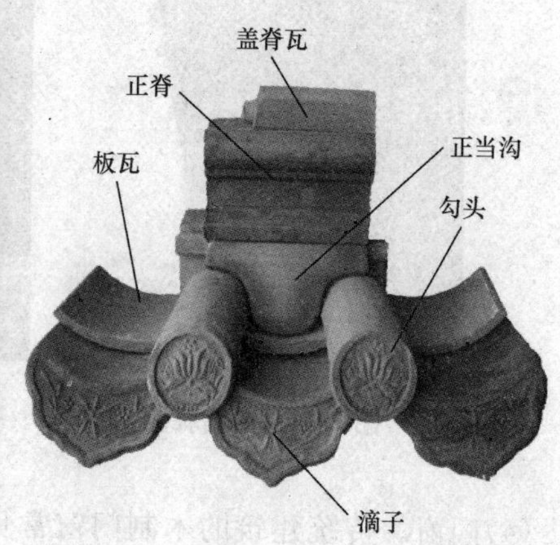

图 5-29　瓦件名称

课后作业

1. 青州宋城项目有哪些规划设计特点？
2. 仿古建筑的设计施工与传统建筑有何不同？
3. 试列举古建筑门窗中的 5 种类型。

认知 5.4　坡屋顶认知

认知 5.4.1　坡屋顶的特点与组成

坡屋顶具有坡度大，排水快，防水功能好的特点，是我国传统建筑中广泛采用的屋面形式。坡屋顶的组成与平屋顶基本相同，一般由承重结构、屋面和顶棚等基本部分组成，必要时可设保温隔热层等，但坡屋顶的构造与平屋顶相比有明显的不同。

认知 5.4.2　坡屋顶的承重结构

坡屋顶的承重结构与平屋顶明显不同，其结构层顶面坡度较大，直接形成屋顶的排水坡度。坡屋顶结构大体上可分为檩式、板式和椽式三种。本节主要介绍檩式结构。

檩式结构是以檩条为主要的支承结构，直接支承在屋架或山墙上，檩条上支承屋面板或椽条。檩条的支承结构常见的有以下几种。

1. 横墙承重

将横墙顶部按屋面坡度大小砌成三角形，直接搁置檩条以承受屋顶荷载，这种承重方式称为横墙承重，又称硬山搁檩，如图 5-30 所示。

2. 屋架承重

一般建筑屋顶屋架承重常采用三角形屋架，上面搁置檩条以承受屋面荷载，如图 5-31 所示。

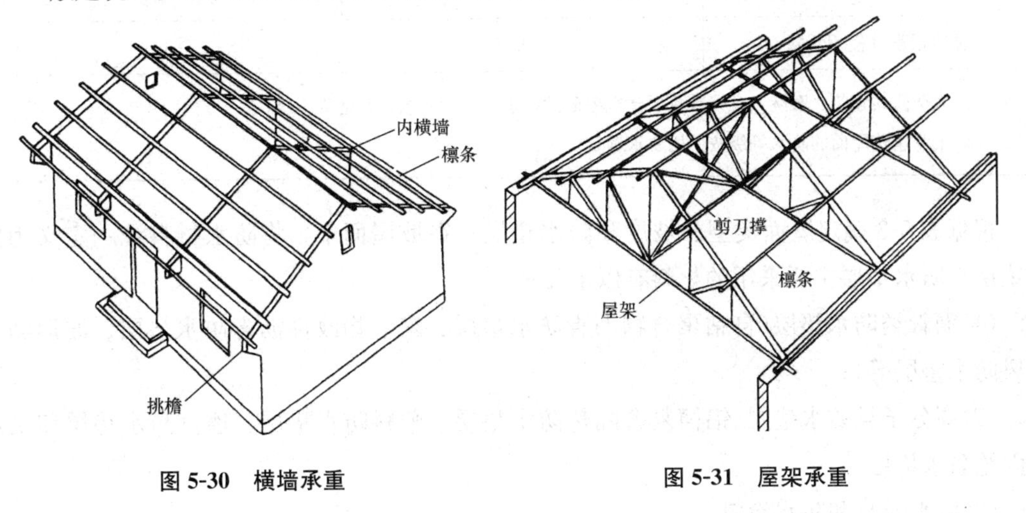

图 5-30　横墙承重　　　图 5-31　屋架承重

3. 梁架承重

梁架承重是我国传统建筑屋顶的结构形式，一般由立柱和横梁组成屋顶和墙身部分的承重骨架，并利用檩条和连系梁将整个建筑形成一个整体骨架，如图 5-32 所示。

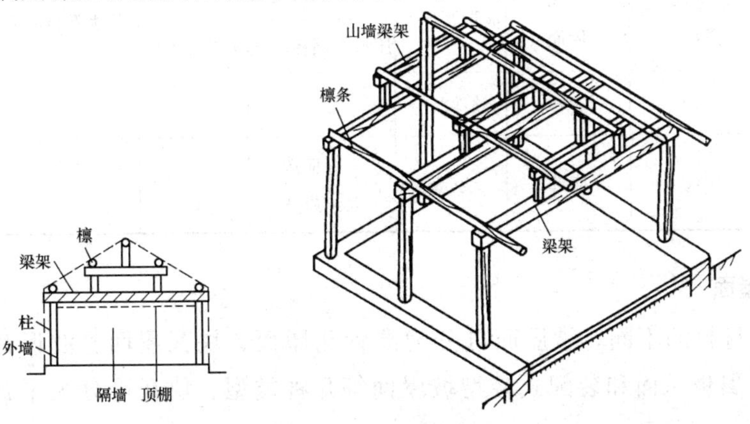

图 5-32　梁架承重

认知 5.4.3　坡屋顶的屋面构造

1. 屋面类型、坡度和防水垫层

我国传统坡屋面的构造防水，一般是靠屋面瓦片的构造形式及挂瓦的构造工艺来实现。现代建筑的坡屋面向以材料防水和构造方式相结合及多种工艺并进的方向发展。

根据《坡屋面工程技术规范》(GB 50693—2011)规定，坡屋面工程设计根据建筑物的性质、重要程度、地域环境、使用功能要求，以及依据屋面防水层设计使用年限，可分为一级防水和二级防水，见表 5-2。

表 5-2　坡屋面防水等级

项目	坡屋面防水等级	
	一级	二级
防水层设计使用年限	≥20 年	≥10 年
注：1. 大型公共建筑、医院、学校等重要建筑屋面的防水等级为一级，其他为二级； 2. 工业建筑屋面的防水等级按使用要求确定。		

根据表 5-3 确定屋面类型、坡度和防水垫层。在坡屋面中，将防水材料统一定义为防水垫层。防水垫层主要采用的材料有以下几种：

(1)沥青类防水垫层(自粘聚合物沥青防水垫层、聚合物改性沥青防水垫层、波形沥青通风防水垫层等)；

(2)高分子类防水垫层(铝箔复合隔热防水垫层、塑料防水垫层、透汽防水垫层和聚乙烯丙纶防水垫层等)；

(3)防水卷材和防水涂料。

表 5-3　屋面类型、坡度和防水垫层

坡度与垫层	屋面类型						
	沥青瓦屋面	块瓦屋面	波形瓦屋面	屋面		防水卷材屋面	装配式轻型屋面
				压型金属板屋面	夹芯板屋面		
适用坡度/%	≥20	≥30	≥20	≥5	≥5	≥3	≥20
防水垫层	应选	应选	应选	一级应选 二级应选	—	—	应选

2. 块瓦屋面

根据屋面材料的不同，坡屋面可分为沥青瓦屋面、块瓦屋面、波形瓦屋面、防水卷材屋面、金属板屋面和装配式轻型坡屋面等几种类型。块瓦可分为平瓦、小青瓦和筒瓦。其适用于防水等级为一级和二级的坡屋面，广泛用于我国坡屋面中，如图 5-33 所示。

图 5-33　块瓦

平瓦尺寸一般为：长 380～420 mm，宽 240 mm，净厚 20 mm。根据基层的不同有以下几种常见做法：

(1)冷摊瓦屋面，是指在檩条上搁置椽条，在椽条上钉挂瓦条后直接挂瓦的屋面，如图 5-34(a)所示。这种屋面构造简单、经济，但易飘进雨雪。

(2)木望板平瓦屋面，是指在檩条或椽条上钉木望板，木望板上干铺一层油毡，用顺水条固定后，再钉挂瓦条挂瓦所形成的屋面，如图 5-34(b)所示。这种屋面的防水和保温效果均比冷摊瓦屋面好。

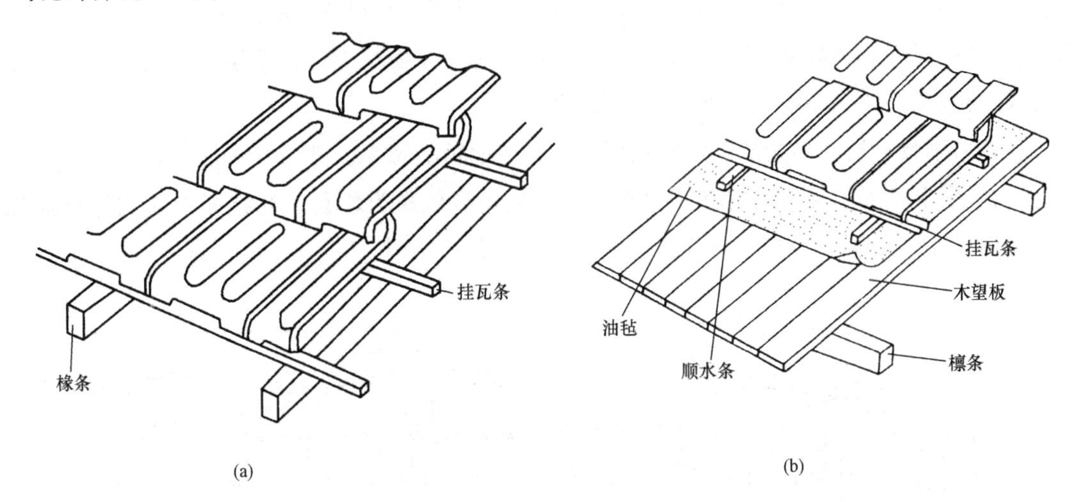

图 5-34　冷摊瓦与木望板平瓦屋面

(a)冷摊瓦屋面；(b)木望板平瓦屋面

(3)钢筋混凝土板瓦屋面，是指将预制钢筋混凝土空心板或现浇平板作为瓦屋面的基层，其上盖瓦所形成的屋面，见表 5-4。当防水垫层采用波形沥青板通风防水板时，可以不用顺水条。挂瓦条的安装固定做法见块瓦屋面说明和通用构造详图。

表 5-34　钢筋混凝土板瓦屋面

简图	屋面构造	备注	简图	屋面构造	备注
	1. 平瓦 2. 挂瓦条∟ 30×4 中距按瓦材规格 3. 顺水条− 25×5 中距 60 4. C20 细石混凝土找平层 厚 40（配 φ4@150×150 钢筋网） 5. 防水垫层 6. 1∶3 水泥砂浆找平层 厚 15 7. 保温或隔热层 8. 钢筋混凝土屋面板	1. 屋面防水等级为一级 2. 屋面有保温隔热层		1. 平瓦 2. 挂瓦条 30×30（h）中距按瓦材规格 3. 波形沥青板通风防水垫层 厚 2.4 4. 钢筋混凝土屋面板	1. 不用顺水条 2. 屋面防水等级为一级 3. 屋面无保温隔热层
		1. 屋面防水等级为二级 2. 屋面有保温隔热层		1. 平瓦 2. 挂瓦条 30×30（h）中距按瓦材规格 3. 波形沥青板通风防水垫层 厚 2.4 4. 保温或隔热层 5. 钢筋混凝土屋面板	1. 不用顺水条 2. 屋面防水等级为一级 3. 屋面有保温隔热层

3. 平(块)瓦屋面构造

(1)保温隔热层上铺设细石混凝土保护层做持钉层时，防水垫层应铺设在持钉层上，构造层依次为块瓦、挂瓦条、顺水条、防水垫层、持钉层、保温隔热层、屋面板[图 5-35(a)]。

(2)保温隔热层镶嵌在顺水条之间时，应在保温隔热层上铺设防水垫层，构造层依次为块瓦、挂瓦条、防水垫层或隔热防水垫层、保温隔热层、顺水条、屋面板[图 5-35(b)]。

(3)屋面为内保温隔热构造时，防水垫层应铺设在屋面板上，构造层次依次为块瓦、挂瓦条、顺水条、防水垫层、屋面板[图 5-35(c)]。

(4)采用具有挂瓦功能的保温隔热层时，在屋面板上做水泥砂浆找平层，防水垫层应铺设在找平层上，保温板应固定在防水垫层上，构造层依次为块瓦、有挂瓦功能的保温隔热层、防水垫层、找平层(兼作持钉层)、屋面板[图 5-35(d)]。

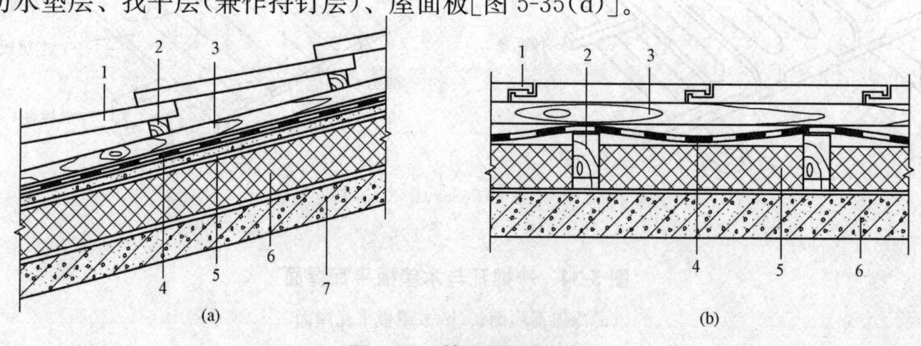

图 5-35　块瓦屋面构造

(a)块瓦屋面构造(1)；

1—瓦材；2—挂瓦条；3—顺水条；4—防水垫层；5—持钉层；6—保温隔热层；7—屋面板

(b)块瓦屋面构造(2)

1—块瓦；2—顺水条；3—挂瓦条；4—防水垫层或隔热防水垫层；5—保温隔热层；6—屋面板

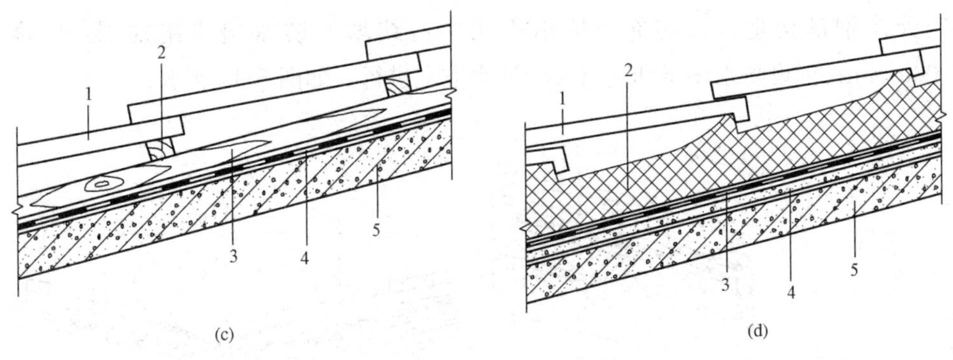

图 5-35　块瓦屋面构造(续)

(c)块瓦屋面构造(3)；

1—块瓦；2—挂瓦条；3—顺水条；4—防水垫层；5—屋面板

(d)块代屋面构造(4)

1—块瓦；2—带挂瓦条的保温板；3—防水垫层；4—找平层；5—屋面板

认知 5.4.4　坡屋顶的细部构造

(1)屋脊部位构造。屋脊部位应增设防水垫层附加层，宽度不应小于 500 mm；防水垫层应顺流水方向铺设和搭接，如图 5-36 所示。

(2)檐口部位构造。檐口部位应增设防水垫层附加层。严寒地区或大风区域，应采用自粘聚合物沥青防水垫层加强，下翻宽度不应小于 100 mm，屋面铺设宽度不应小于 900 mm；金属泛水板应铺设在防水垫层的附加层上，并伸入檐口内；在金属泛水板上应铺设防水垫层，如图 5-37 所示。

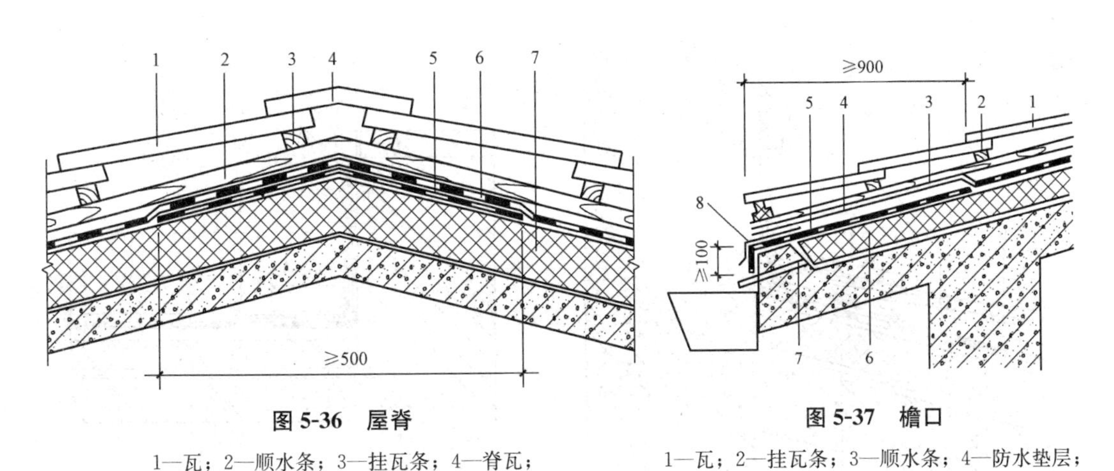

图 5-36　屋脊

1—瓦；2—顺水条；3—挂瓦条；4—脊瓦；

5—防水垫层附加层；5—防水垫层；7—保温隔热层

图 5-37　檐口

1—瓦；2—挂瓦条；3—顺水条；4—防水垫层；

5—防水垫层附加层；6—保温隔热层；

7—排水管；8—金属泛水板

(3)钢筋混凝土檐沟细部构造。檐沟部位应增设防水垫层附加层；檐口部位防水垫层的附加层应延展铺设到混凝土檐沟内，如图 5-38 所示。

(4)天沟细部构造。天沟部位应沿天沟中心线增设防水垫层附加层，宽度不应小于 1 000 mm；铺设防水垫层和瓦材应顺流水方向进行，如图 5-39 所示。

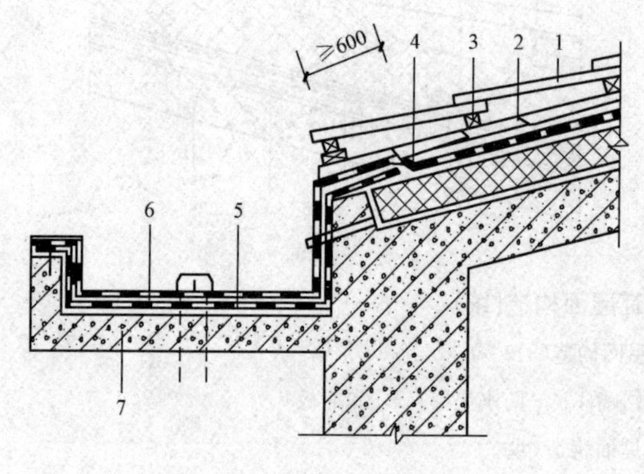

图 5-38 钢筋混凝土檐沟

1—瓦；2—顺水条；3—挂瓦条；4—保护层(持钉层)；5—防水垫层附加层；6—防水垫层；7—钢筋混凝土槽沟

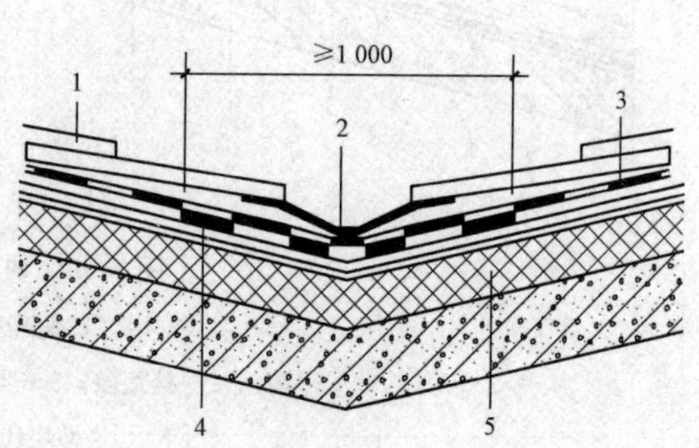

图 5-39 天沟

1—瓦；2—成品天沟；3—防水垫层；4—防水垫层附加层；5—保温隔热层

(5)立墙部位构造。阴角部位应增设防水垫层附加层；防水垫层应满粘铺设，沿立墙向上延伸不少于 250 mm；金属泛水板或耐候型泛水带覆盖在防水垫层上，泛水带与瓦之间应采用胶粘剂满粘；泛水带与瓦搭接应大于 150 mm，并应粘结在下一排瓦的顶部；非外露型泛水的立面防水垫层宜采用钢丝网聚合物水泥砂浆层保护，并用密封材料封边，如图 5-40 所示。

(6)山墙部位构造。阴角部位应增设防水垫层附加层；防水垫层应满粘铺设，沿立墙向上延伸不少于 250 mm；金属泛水板或耐候型泛水带覆盖在瓦上，用密封材料封边，泛水带与瓦搭接应大于 150 mm，如图 5-41 所示。

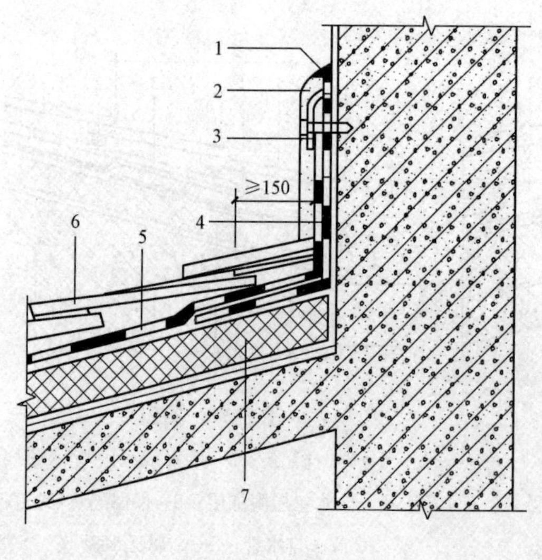

图 5-40 立墙

1—密封材料；2—保护层；3—金属压条；4—防水垫层附加层；5—防水垫层；6—瓦；7—保温隔热层

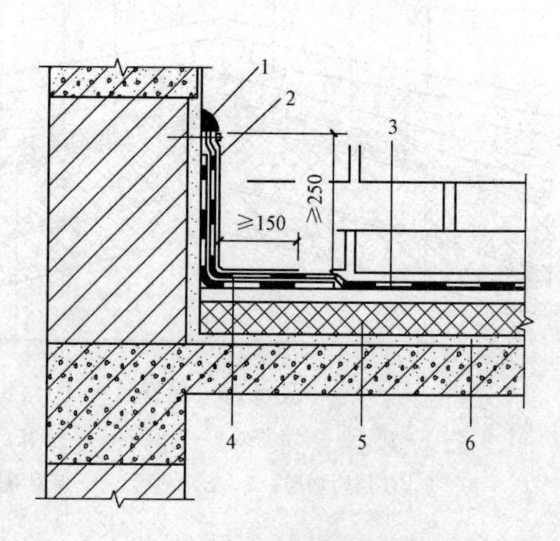

图 5-41 山墙

1—密封材料；2—泛水；3—防水垫层；4—防水垫层附加层；5—保温隔热层；6—找平层

(7)女儿墙部位构造(图 5-42)。

1)阴角部位应增设防水垫层附加层；

2)防水垫层应满粘铺设，沿立墙向上延伸不应少于 250 mm；屋面与山墙连接部位的防水垫层上应铺设自粘聚合物沥青泛水带；

3)金属泛水板或耐候型自粘柔性泛水带覆盖在防水垫层或瓦上，泛水带与防水垫层或瓦搭接应大于 300 mm，并应压入上一排瓦的底部；在沿墙屋面瓦上应做耐候型泛水材料；

4)泛水宜采用金属压条固定，并密封处理。

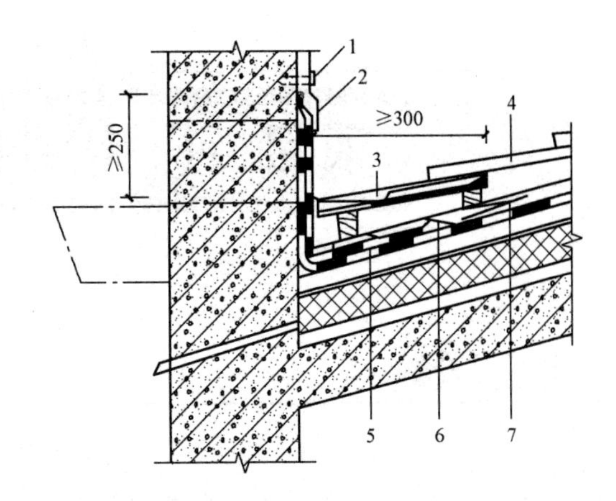

图 5-42　女儿墙

1—耐候密封胶；2—金属压条；3—耐候型自粘柔性泛水带；4—瓦；5—防水垫层附加层；6—防水垫层；7—顺水条

(8)穿出屋面管道部位构造(图 5-43)。

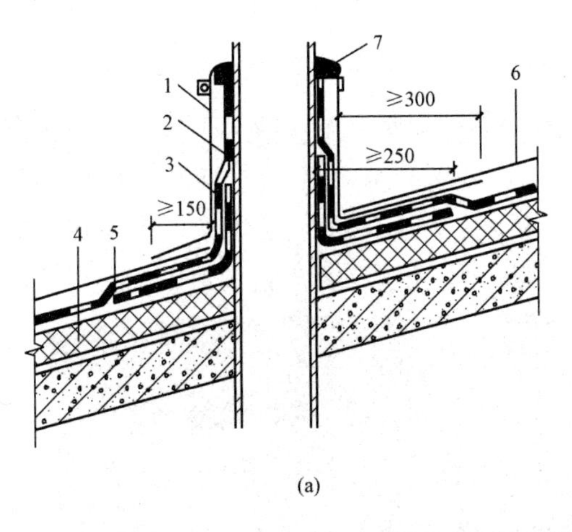

(a)

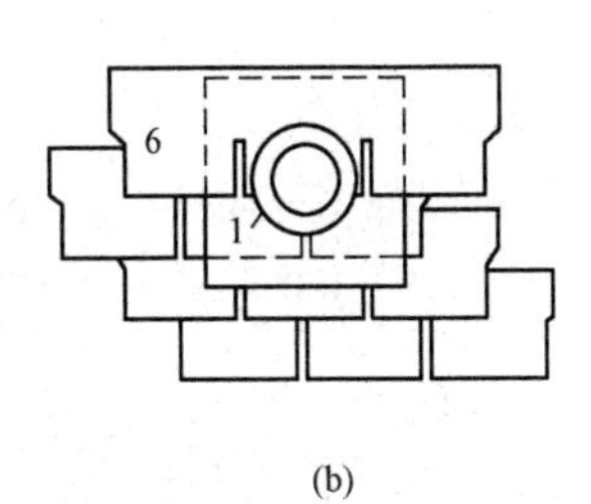

(b)

图 5-43　穿出屋面管道

1—成品泛水件；2—防水垫层；3—防水垫层附加层；4—保护层(持钉层)；5—保温隔热层；6—密封材料；7—瓦

1)穿出屋面管道上坡方向：应采用耐候型自粘泛水与屋面瓦搭接，宽度应大于 300 mm，并应压入上一排瓦片的底部；

2)穿出屋面管道下坡方向：应采用耐候型自粘泛水与屋面瓦搭接，宽度应大于 150 mm，并应粘结在下一排瓦片的上部，与左右面的搭接宽度应大于 150 mm；

3)穿出屋面管道的泛水上部应用密封材料封边；

4)金属泛水板、耐候型自粘柔性泛水带表面可覆盖瓦材或其他装饰材料；

5)应用密封材料封边。

项目 6　钢结构厂房认知

情境导入

国家体育场(鸟巢)(图 6-1)位于北京奥林匹克公园中心区南部，为 2008 年北京奥运会的主体育场。建筑造型呈椭圆的马鞍形，外壳由钢结构有序编织成“鸟巢”状独特的建筑造型，内部三层碗状看台下为四～七层混凝土框架结构。工程总占地面积为 21 公顷，场内观众座席约为 91 000 个。举行了奥运会、残奥会开闭幕式、田径比赛及足球比赛决赛。奥运会后成为体育活动及享受体育娱乐的大型专业场所，并成为地标性的体育建筑和奥运遗产。

国家体育场主钢结构总用钢量 4.2 万 t，钢结构构件体型大、单体重量重，构件翻身、吊装难度大。由 24 榀门式钢架围绕着体育场内部混凝土碗状看台区旋转而成，其中 22 榀是通过桁架对接拉通或基本拉通。桁架柱最大外形尺寸达 25 m×20 m×68.5 m，每延米最重达 10 t，工程结构跨度大、体型复杂，整体安装方案优化选择难度大，1.4 万 t 钢屋盖支撑卸载在全世界钢结构史上也是史无前例的。

图 6-1　国家体育场(鸟巢)

单元教学导航

<table>
<tr><td rowspan="4">项目认知任务</td><td colspan="2">认知 6.1　轻型钢结构工业厂房特点与组成</td><td rowspan="4">项目实训任务</td><td>实训　仿真教学实训</td></tr>
<tr><td colspan="2">认知 6.2　门式刚架</td><td>实训　观看轻钢结构厂房</td></tr>
<tr><td colspan="2">认知 6.3　檩条</td><td></td></tr>
<tr><td colspan="2">认知 6.4　压型钢板外墙及屋面</td><td></td></tr>
<tr><td>建议课时</td><td colspan="4">2 课时</td></tr>
<tr><td>任务描述</td><td colspan="4">掌握轻型钢结构厂房的结构分类及构造组成，能够进行钢结构厂房的建造指导施工</td></tr>
<tr><td>教学载体</td><td colspan="4">教学 PPT 课件及教材相关内容；板书设计：电子课件讲义配图片；建筑构造模型实训室、建筑实体模型展示或虚拟仿真</td></tr>
<tr><td rowspan="2">教学目标</td><td>知识目标</td><td colspan="3">能够描述轻型钢结构厂房的结构组成；分清门式刚架的各种形式，认识刚架节点的拼接形式，知道檩条的形式并能理解檩条连接方法，尽量看懂外墙及屋面的构造详图</td></tr>
<tr><td>能力目标</td><td colspan="3">了解轻型钢结构厂房的特点及组成；掌握门式刚架的形式、特点及节点构造；知道檩条的常见形式及连接构造，明确压型钢板在轻钢厂房中的应用</td></tr>
<tr><td>过程设计</td><td colspan="4">课前预习，带着问题上课；知识介绍→演示教学→实训→完成作业；课上认真听课，积极参与讨论；虚拟仿真实训</td></tr>
<tr><td>教学方法</td><td colspan="4">结合视频和图片，课堂讲授为主，进行多媒体教学、项目教学、虚拟仿真教学。师生互动；课堂问答</td></tr>
<tr><td>学习课时</td><td colspan="4">2 课时</td></tr>
</table>

认知 6.1　轻型钢结构工业厂房的特点与组成

认知 6.1.1　钢结构发展前景与优势

1. 钢结构发展前景

我国钢结构(含轻钢结构)发展的形势很好，年产已超过 1 亿 t，21 世纪将是钢结构快速发展时期，长期以来，由混凝土结构、砌体结构一统天下的格局将被打破，从事钢结构制造的施工企业前景广阔。

美国、日本等发达国家，钢结构建筑要占整个建筑的50%以上，而我国只占5%还不到，差距甚远。钢结构建筑具有很大的发展潜力。

具备了经济基础，目前国内门式轻钢结构建筑综合造价已低于同类钢筋混凝土结构，同时制作安装速度远快于钢筋混凝土结构。

2. 钢结构优势

(1)自重轻。自重轻不仅可以减少运输和吊装费用，还可以降低基础造价，20层以上的建筑物，钢结构建筑优势显现。

(2)节约结构占有面积，增加使用面积，空间利用率高。比同类钢筋混凝土结构、高层建筑钢结构可以节约结构占有面积28%，从而增加使用面积约为4%。

(3)易改造、可回收，绿色环保。钢结构的材料基本上是绿色、可回收或能降解的材料，在建筑物拆除时，大部分材料可以再用或降解，不会造成垃圾。

(4)抗震抗风性能优越。用于住宅建筑可充分发挥其作用，将大大提高结构的安全可靠性。尤其在遭遇地震等灾害的情况下，钢结构能够避免建筑物的倒塌性破坏。

(5)节能效果好。墙体采用轻型节能标准化的方钢、C形钢、夹芯板，保温性能好，抗震性好，节能。

(6)安装容易，施工期短，节约了人工成本，投资回收快。构件工厂化生产节约了人工成本，使钢结构建筑在人工成本很高的欧美和日本得到了广泛应用。

3. 钢结构在我国的应用

钢结构在我国工业与民用建筑中的应用，大致有以下几个范围：

(1)重型厂房结构，一般的工业车间也采用了钢结构。

(2)大跨结构(体育馆、展览馆)。

(3)塔桅结构(电视塔、输电线塔)。

(4)多层、高层及超高层建筑(工业建筑中的多层框架)。

(5)承受振动荷载影响及地震作用的结构(设有较大锻锤的车间)。

(6)板壳结构(油罐、烟囱、水塔)。

(7)其他构筑物(海上采油平台)。

(8)可拆卸或移动的结构。

认知6.1.2 轻型钢结构厂房的特点

轻型钢结构是在普通钢结构的基础上发展起来的一种新型结构形式。其包括所有轻型屋面下采用的钢结构。

轻型钢结构有较好的经济指标，不仅自重轻、钢材用量省、施工速度快，而且其本身具有较强的抗震能力，并能提高整个房屋的综合抗震性能。其是目前工业厂房应用比较广泛的一种结构。

认知 6.1.3　轻型钢结构厂房的组成

轻型钢结构厂房由主结构、次结构、围护结构、辅助结构、基础(图 6-2、图 6-3)组成。

(1)主结构：横向刚架、楼面梁、托梁、支撑体系等。

(2)次结构：屋面檩条、墙面檩条等。

(3)围护结构：屋面板、墙板。

(4)辅助结构：楼梯、平台、扶手栏杆等。

(5)基础：基础、基础梁。

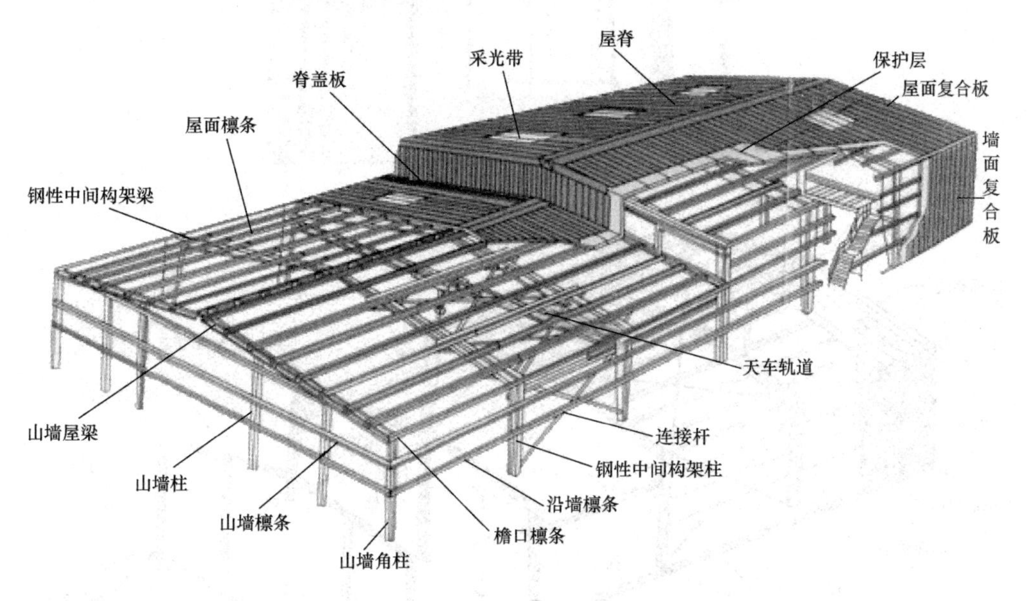

图 6-2　轻型钢结构厂房的组成

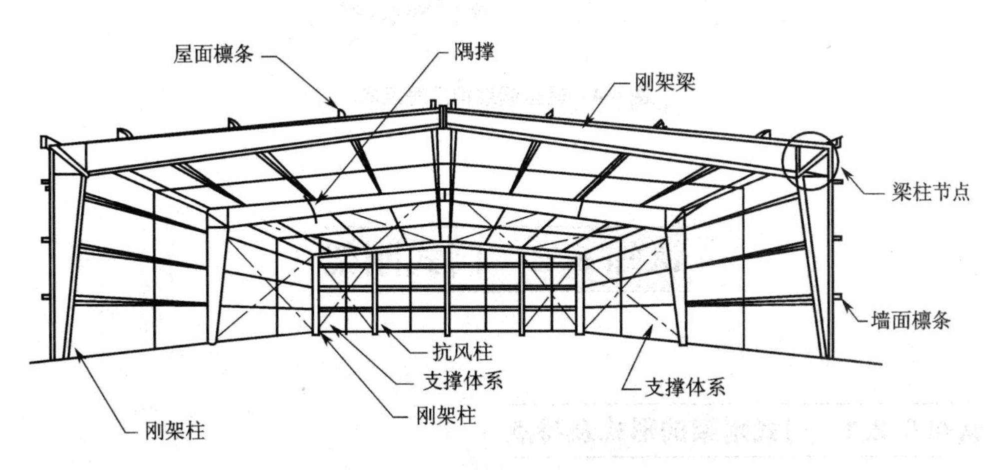

图 6-3　轻型钢结构厂房的结构

单层轻型房屋一般采用门式刚架，屋架和网架为承重结构。其上设檩条、屋面板(或板檩合一的轻质大型屋面板），下设柱（对刚架则梁柱合一）、基础，柱外侧有轻质墙架，柱内侧可设吊车梁，如图 6-4 所示。

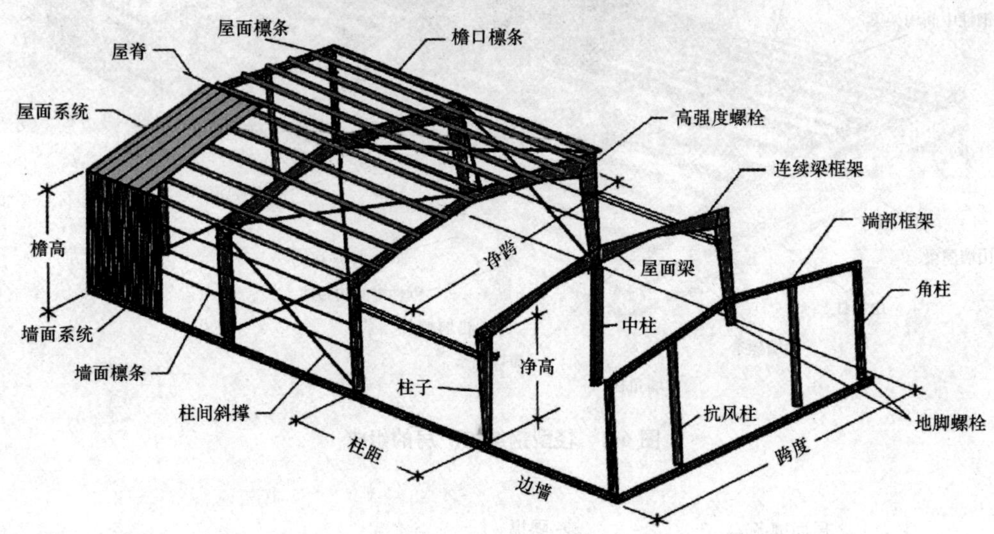

图 6-4　轻型钢结构厂房组成

认知 6.2　门式刚架

认知 6.2.1　门式刚架的形式及特点

门式刚架如图 6-5 所示。

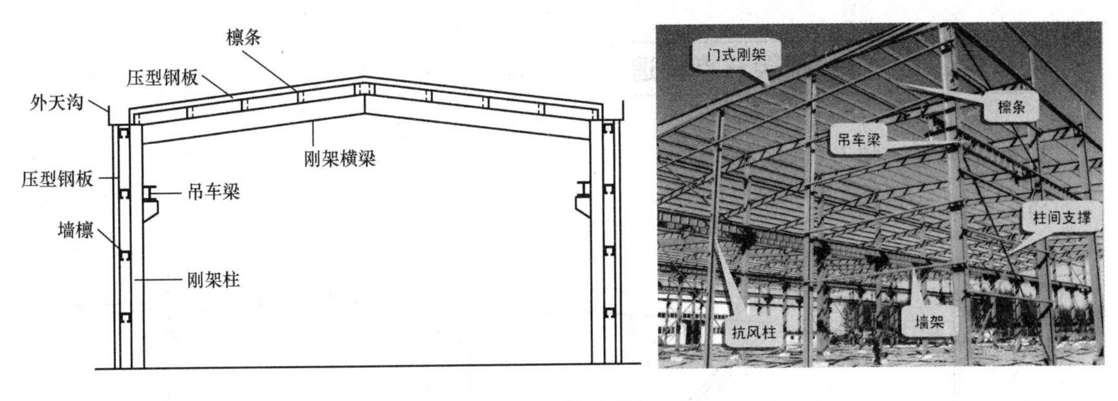

图 6-5　门式刚架

1. 门式刚架的形式

刚架结构是梁、柱单元构件的组合体，应用较多的为单跨、双跨或多跨的单、双坡门式刚架。图 6-6 所示为门式刚架的形式。

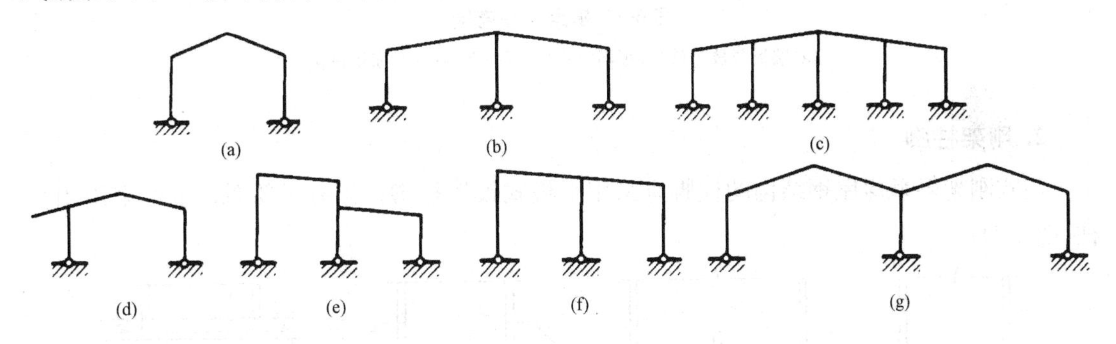

图 6-6　门式刚架的形式

(a)单跨双坡；(b)双跨双坡；(c)四跨双坡；(d)单跨双坡带挑檐；

(e)双跨单坡(毗屋)；(f)双跨单坡；(g)双跨四坡

2. 门式刚架的特点

(1)采用轻型屋面，不仅可减小梁、柱截面尺寸，基础也相应减小。

(2)在多跨建筑中可做成一个屋脊的大双坡屋面，为长坡面排水创造了条件。

(3)刚架的侧向刚度有檩条的支撑保证，省去纵向刚性构件，并减小翼缘宽度。

(4)刚架可采用变截面，截面与弯矩成正比；变截面时根据需要可改变腹板的高度和厚度及翼缘的宽度，做到材尽其用。

(5)刚架的腹板可按有效宽度设计，即允许部分腹板失稳，并可利用其屈曲后强度。

(6)竖向荷载通常是设计的控制荷载，但当风荷载较大或房屋较高时，风荷载的作用不应忽视。在轻屋面门式刚架中，地震作用一般不起控制作用。

(7)支撑可做得较轻便。将其直接或用水平节点板连接在腹板上，可采用张紧的圆钢。

(8)结构构件可全部在工厂制作，工业化程度高。构件单元可根据运输条件划分，单元之间在现场用螺栓相连，安装方便快速，土建施工量小。

认知 6.2.2　门式刚架节点构造

1. 横梁和柱连接及横梁拼接

横梁和柱连接如图 6-7 所示。

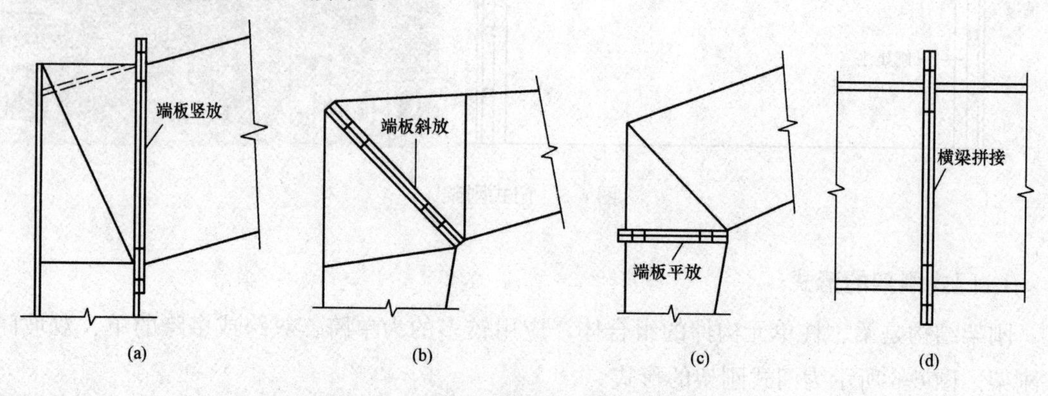

图 6-7　横梁和柱连接

(a)端板竖放；(b)端板斜放；(c)端板平放；(d)横梁拼接

2. 刚架柱脚

门式刚架轻型房屋钢结构的柱脚宜采用平板式铰接柱脚。当有必要时，也可采用刚性柱(图 6-8)。

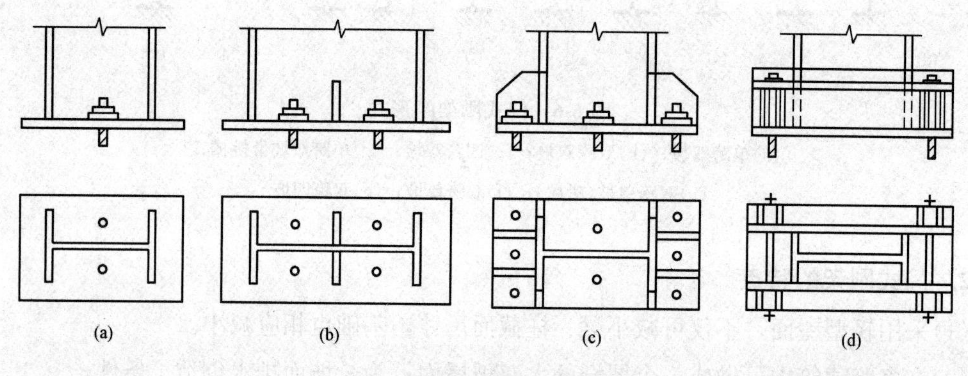

图 6-8　刚架柱脚

3. 牛腿

牛腿通过焊接或螺栓与柱连接(图 6-9)。

图 6-9　牛腿

认知 6.3 檩条

认知 6.3.1 檩条的形式

檩条宜优先采用实腹式构件，也可采用空腹式或格构式构件。檩条一般为单跨简支构件，实腹式檩条也可是连续构件。檩条断面如图 6-10 所示。

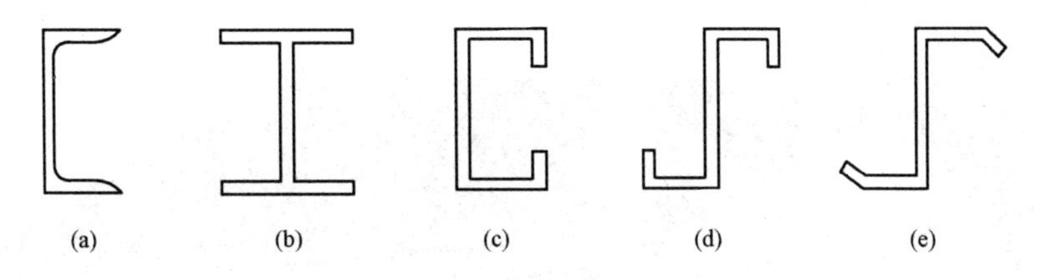

图 6-10 檩条断面

(a)热轧型钢；(b)H 型钢；(c)、(d)、(e)弯薄型钢

1. 实腹式檩条

(1)槽钢檩条。槽钢檩条可分为普通槽钢檩条和轻型槽钢檩条两种。普通槽钢檩条因型材的厚度较厚，所以强度不能充分发挥，用钢量较大；轻型槽钢檩条虽比普通槽钢檩条有所改进，但仍不够理想。

(2)高频焊接轻型 H 型钢檩条(图 6-11)。高频焊接轻型 H 型钢是引进国外先进技术生产的一种轻型型钢，具有腹板薄、抗弯刚度好、两主轴方向的惯性矩比较接近，以及翼缘板平直易于连接等优点。

(3)卷边槽形冷弯薄壁型钢檩条(图 6-12)。卷边槽形(C 形)冷弯薄壁型钢檩条的截面互换性大，应用普遍，用钢量省，制造和安装方便。

(4)卷边 Z 形冷弯薄壁型钢檩条(图 6-13)。卷边工形冷弯薄壁型钢檩条可分为直卷边 Z 形和斜卷边 Z 形。其用作檩条时挠度小，用钢量省，制造和安装方便。

斜卷边 Z 形型钢存放时还可以叠层堆放，占地少。当屋面坡度较大时，这种檩条的应用较为普遍。

2. 空腹式檩条

空腹式檩条由角钢的上、下弦和缀板焊接组成。其主要特点是用钢量较少，能合理地利用小角钢和薄钢板，因缀板的间距较密，拼装和焊接的工作量较大，故应用较少。

3. 格构式檩条

格构式檩条可采用平面桁架式、空间桁架式及下撑式檩条(图 6-14)。

图 6-11　H 型钢

图 6-12　卷边槽形钢

图 6-13　卷边 Z 形钢檩条

图 6-14　格构式檩条

认知 6.3.2　檩条的连接构造

1. 檩条在屋架(刚架)上的布置和搁置

(1)檩条宜位于屋架上弦节点处。当采用内天沟时，边檩应尽量靠近天沟。

(2)实腹式檩条的截面均宜垂直于屋面坡面。对槽钢和 Z 形钢檩条，宜将上翼缘肢尖(或卷边)朝向屋脊方向，以减小屋面荷载偏心而引起的扭矩。

(3)桁架式(平面格构式)檩条的上弦杆宜垂直于屋架上弦杆，而腹杆和下弦杆宜垂直于地面。

图 6-15　脊檩方案图

(4)脊檩方案图(6-15)：实腹式檩条应采

用双檩方案，屋脊檩条可采用槽钢、角钢或圆钢相连。桁架式檩条在屋脊处采用单檩方案时，虽用钢量较省，但檩条型号增多，构造复杂，故一般以采用双檩为宜。

(5)实腹式檩条与刚架的连接处可设置角钢檩托，以防止檩条在支座处的扭转变形和倾覆，檩条端部与檩托的连接螺栓不应少于两个，并沿檩条高度方向设置。螺栓直径根据檩条的截面尺寸大小，取 M12～M16。

桁架式檩条一般用螺栓直接与屋架上弦连接。

(6)每隔一根檩条需要设置隅撑与刚架梁连接。

2. 檩条与屋面的连接

檩条与屋面应可靠连接，以保证屋面能起阻止檩条侧向失稳和扭转的作用，这对一般不需验算整体稳定性的实腹式檩条尤为重要。檩条与压型钢板屋面的连接，宜采用带橡胶垫圈的自攻螺钉。

3. 檩条的拉条和撑杆

(1)拉条的设置。对于侧向刚度较差的实腹式和平面桁架式檩条，为了减小檩条在安装和使用阶段的侧向变形和扭转，保证其整体稳定性，一般需在檩条间设置拉条，作为侧向支撑点。

檩条的拉条设置与否主要与檩条的侧向刚度有关，对于侧向刚度较大的轻型 H 型钢和空间桁架式檩条一般可不设拉条。

1)当檩条跨度≤4 m 时，可按计算要求确定是否需要设置拉条；

2)当屋面坡度 $i>1/10$，檩条跨度>4 m 时，宜在檩条的跨中位置设置一道拉条；

3)当跨度>6 m 时，宜在檩条跨度三分点处各设一道拉条或撑杆，在檐口处还应设置斜拉条和撑杆。

拉条的直径为 8～12 mm，根据荷载和檩距大小选用。

(2)撑杆的设置。檩条撑杆的作用主要是限制檐檩和天窗缺口处边檩向上或向下两个方向的侧向弯曲。

撑杆可采用钢管、方管或角钢做成。目前也有采用钢管内设拉条的做法，它的构造简单。撑杆处应同时设置斜拉条。

认知 6.4　压型钢板外墙及屋面

认知 6.4.1　压型钢板外墙

1. 外墙材料

压型钢板是目前墙面和轻型屋面有檩体系中应用最广泛的材料，采用热镀锌钢板或彩色镀锌钢板，经辊压冷弯成各种波型。有轻质、高强、美观、耐用、施工简便、抗震、防火等特点。

非保温单层压型钢板，厚度为 0.4～1.6 mm，一般使用寿命可达 20 年左右(图 6-16)。

当有保温隔热要求时，可采用保温复合式压型钢板。

第一类施工是在内外两层钢板中填充以板状的保温材料(聚苯乙烯泡沫板)；第二类施工是利用成品板中填充发泡型保温材料，利用材料凝固使两层钢板结合在一起。

图 6-16　单层压型钢板

2. 外墙构造

钢结构厂房的外墙，一般采用下部为砌体(一般高度不超过 1.2 m)，上部为压型钢板墙体，或全部采用压型钢板墙体的构造形式。

当抗震烈度为 7 度、8 度时，不宜采用柱间嵌砌砖墙；当抗震烈度为 9 度时，宜采用与柱子柔性连接的压型钢板墙体。

主要解决的问题如下：

(1)固定点要牢靠。

(2)连接点要密封。

(3)门窗洞口要作防排水处理。压型钢板外墙构造力求简单、施工方便、与墙梁连接可靠、转角等细部构造应有足够的搭接长度，以保证防水效果，如图 6-17～图 6-19 所示。

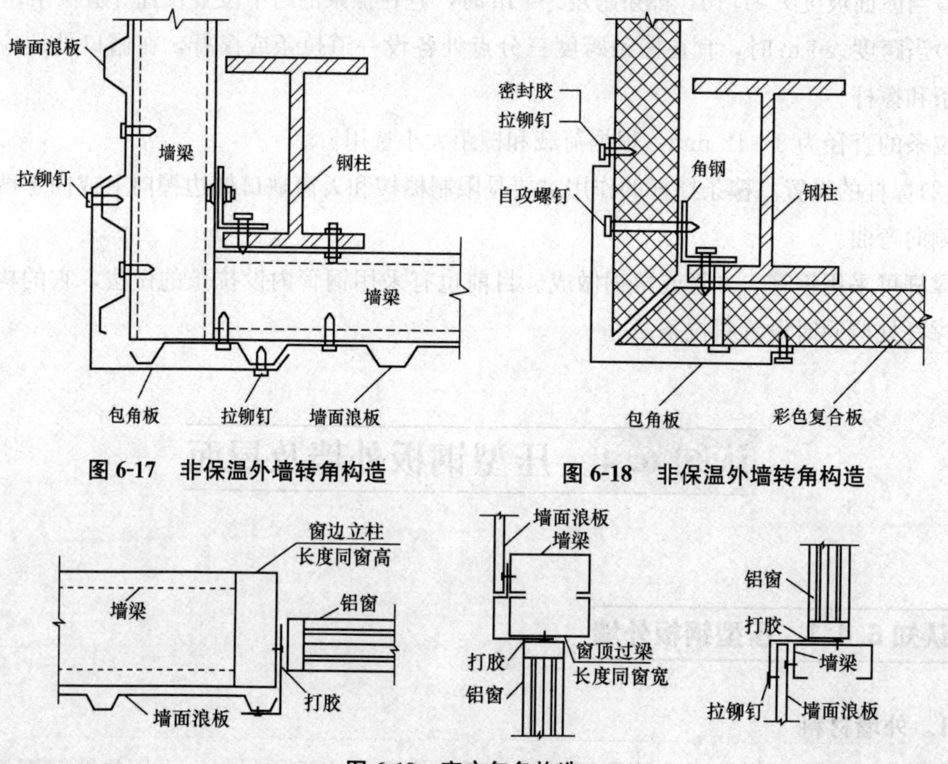

图 6-17　非保温外墙转角构造

图 6-18　非保温外墙转角构造

图 6-19　窗户包角构造

3. 围护结构(外墙、屋面板)保温

寒冷和严寒地区冷加工车间冬季室内温度较低，对生产工人身体健康不利，一般应考虑采暖要求。为节约能源，不使围护结构(外墙、屋面、外门窗)流失的热量过多，外墙、屋面及门窗应采取保温措施。

认知 6.4.2 压型钢板屋面

钢结构厂房屋面采用压型钢板有檩体系，即在钢架斜梁上设置钢檩条，再铺设压型钢板屋面板。其优点是彩色型钢屋面施工速度快、自重轻，表面有彩色涂层，防锈、耐腐、美观，可根据需要设置保温、隔热、防结露涂层等，适应性强。

1. 屋面构造

压型钢板屋面需要解决压型钢板与檩条的连接方式，即用自攻螺钉进行檩条和压型钢板的连接。另外，由于彩钢屋面的特殊构造，两块方形板拼接的位置将存在空隙，此处需要用填充材料进行处理，并且进行防水、保温封堵。图 6-20 所示为压形钢板屋面及檐沟构造。

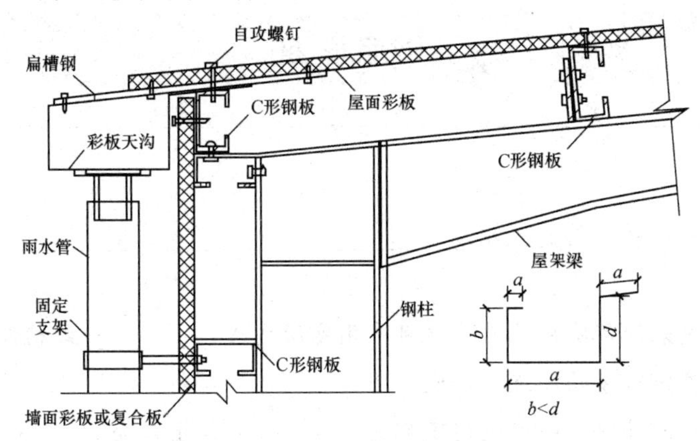

图 6-20 压型钢板屋面及檐沟构造

2. 檐口构造

在轻钢工业厂房屋面的檐口部位，需用角钢进行处理。檐口构造如图 6-21 所示。以防止墙面板的板顶及屋面板变形，保证施工质量。

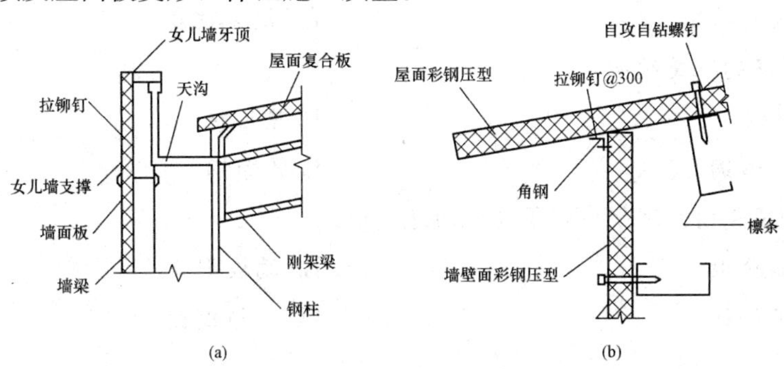

图 6-21 屋面檐沟与挑檐构造

(a)屋面檐沟构造；(b)屋面挑檐构造

3. 屋面隅撑安装构造

屋面隅撑安装构造如图 6-22 所示。

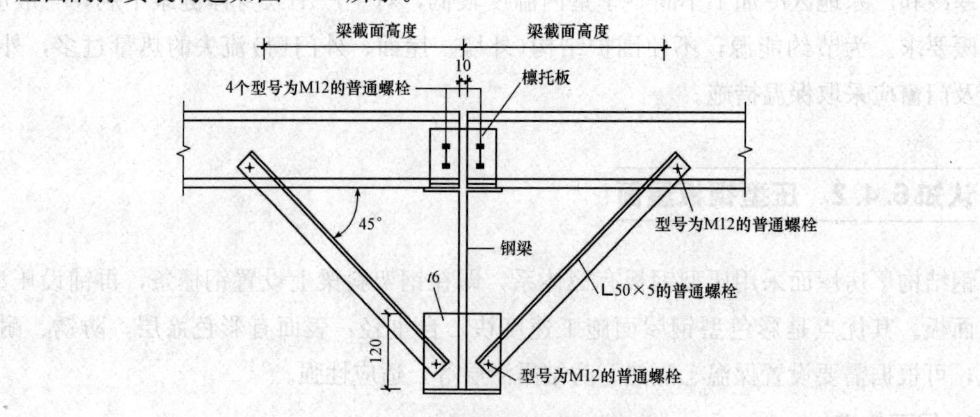

图 6-22　屋面隅撑安装构造

注：图中 t 表示钢板厚度，∟ 50×5 中∟ 是型钢标识，表示角钢。

课后作业

一、填空题

1. 轻型钢结构厂房主结构包括__________、__________、__________、__________等组成部分。

2. 檩条宜优先采用实腹式构件，也可采用空腹式或__________式构件。

3. 檩条与压型钢板屋面的连接，宜采用__________螺钉。

4. 钢结构厂房的外墙，一般采用下部为__________，上部为__________墙体，或全部采用压型钢板墙体的构造形式。

二、单选题

1. (　　)不是轻钢结构厂房的优点。

A. 施工速度快　　　　B. 绿色环保

C. 耐火耐腐蚀　　　　D. 抗风抗震

2. 轻钢厂房的承重结构不包括(　　)。

A. C 形钢　　　　B. 槽形钢

C. 工字形钢　　　　D. Z 形钢

3. (　　)不是门式刚架中横梁与柱的连接形式。

A. 端板竖放　　　　B. 端板平放

C. 端板斜放　　　　D. 端板倒放

4. 关于檩条的构造做法中，下列做法错误的是(　　)。

A. 为使屋架上弦杆不产生弯矩，檩条宜位于屋架上弦节点处

B. 对槽钢和Z形钢檩条，宜将上翼缘肢尖(或卷边)朝向屋脊方向

C. 桁架式檩条的上弦杆宜垂直于屋架上弦杆，而腹杆和下弦杆宜垂直于地面

D. 实腹式檩条应采用双檩方案，桁架式檩条在屋脊处宜采用单檩方案

三、简答题

1. 轻型钢结构厂房的特点有哪些?
2. 门式刚架的特点有哪些?
3. 屋面檩条的形式有哪些?
4. 比较单层排架结构厂房和钢结构厂房的异同点?

工程模拟实训

1. 抄绘某轻钢厂房屋面节点构造详图。
2. 参照图6-2描述轻钢厂房的构造组成。
3. 参观一座轻型钢结构厂房进行构造调研。

参考文献

[1] 唐徐林，田维立．建筑构造与识图[M]. 西安：西北工业大学出版社，2015.
[2] 肖芳．建筑构造[M].2版．北京：北京大学出版社，2016.
[3] 魏华，王海军．房屋建筑学[M].2版．西安：西安交通大学出版社，2015.
[4] 闫国奇．简明基础工程[M]. 郑州：黄河水利出版社，2014.
[5] 张军．12G901图集精识快算框架-剪力墙[M]. 江苏：江苏凤凰科学技术出版社，2015.
[6] 何培斌．民用建筑设计与构造[M].2版．北京：北京理工大学出版社，2014.
[7] 马虎臣，马振州，程艳艳．美丽乡村规划与施工新技术[M]. 北京：机械工业出版社，2015.
[8] 苏炜．建筑构造[M]. 大连：大连理工大学出版社，2011.
[9] 魏松，刘涛．房屋建筑构造[M].2版．北京：清华大学出版社，2018.
[10] 尚久明．建筑识图与房屋构造[M].2版．北京；电子工业出版社，2014.
[11] 韩建绒，孔玉琴．建筑构造[M].2版．北京；科学出版社，2016.
[12] 聂洪达．房屋建筑学[M].3版．北京：北京大学出版社，2016.
[13] 梁思成．清式营造则例[M]. 北京：清华大学出版社，2006.
[14] 王晓华．中国古建筑构造技术[M].2版．北京：化学工业出版社，2019.
[15] 陈岚．房屋建筑学[M].2版．北京：北京交通大学出版社，2017.
[16] 徐秀香，刘英明．建筑构造与识图[M].2版．北京：化学工业出版社，2015.
[17] 童霞．房屋建筑构造与设计[M]. 西安：西北工业大学出版社，2013.
[18] 姜泓列．建筑识图与构造[M]. 北京：人民邮电出版社，2014.
[19] 王旭东，林钧芳．建筑构造[M]. 北京：北京工业大学出版社，2017.